高职高专"十一五"规划教材★农林牧渔系列

应 用 化 学

王秀敏 主编

化学工业出版社

·北京·

本书是高职高专"十一五"规划教材★农林牧渔系列之一。本书对无机化学、有机化学、分析化学、生物化学四门课程的理论、实践知识进行整合，简化了与畜牧兽医类专业课关系不大的内容，每一部分内容都与畜牧兽医类专业课直接联系，以满足畜牧兽医类专业需求。本书主要内容包括溶液、化学平衡原理、分析化学基础知识、酸碱滴定法、氧化还原滴定法、沉淀滴定法、配位滴定法、吸光光度法、烃、烃的衍生物、杂环化合物和生物化学基础知识，共十二章，并设计了相应的实验实训。

本教材主要适用于动物生产类相关专业，农林类其他专业也可使用。

图书在版编目（CIP）数据

应用化学/王秀敏主编 . —北京：化学工业出版社，2010.7（2024.8重印）

高职高专"十一五"规划教材★农林牧渔系列

ISBN 978-7-122-08914-4

Ⅰ．应⋯　Ⅱ．王⋯　Ⅲ．应用化学-高等学校：技术学院-教材　Ⅳ．O69

中国版本图书馆 CIP 数据核字（2010）第 119702 号

责任编辑：李植峰　　　　　　　　文字编辑：唐晶晶

责任校对：陈　静　　　　　　　　装帧设计：史利平

出版发行：化学工业出版社（北京市东城区青年湖南街 13 号　邮政编码 100011）

印　　装：涿州市般润文化传播有限公司

787mm×1092mm　1/16　印张 13¼　字数 300 千字　2024 年 8 月北京第 1 版第 10 次印刷

购书咨询：010-64518888　　　　　　　售后服务：010-64518899

网　　址：http://www.cip.com.cn

凡购买本书，如有缺损质量问题，本社销售中心负责调换。

定　　价：35.00 元　　　　　　　　　　　　　　　　　　版权所有　违者必究

"高职高专'十一五'规划教材★农林牧渔系列"建设单位

（按汉语拼音排列）

安阳工学院
保定职业技术学院
北京城市学院
北京林业大学
北京农业职业学院
本钢工学院
滨州职业学院
长治学院
长治职业技术学院
常德职业技术学院
成都农业科技职业学院
成都市农林科学院园艺研究所
重庆三峡职业学院
重庆水利电力职业技术学院
重庆文理学院
德州职业技术学院
福建农业职业技术学院
抚顺师范高等专科学校
甘肃农业职业技术学院
广东科贸职业学院
广东农工商职业技术学院
广西百色市水产畜牧兽医局
广西大学
广西职业技术学院
广州城市职业学院
海南大学应用科技学院
海南师范大学
海南职业技术学院
杭州万向职业技术学院
河北北方学院
河北工程大学
河北交通职业技术学院
河北科技师范学院
河北省现代农业高等职业技术学院
河南科技大学林业职业学院
河南农业大学
河南农业职业学院
河西学院

黑龙江农业工程职业学院
黑龙江农业经济职业学院
黑龙江农业职业技术学院
黑龙江生物科技职业学院
黑龙江畜牧兽医职业学院
呼和浩特职业学院
湖北生物科技职业学院
湖南怀化职业技术学院
湖南环境生物职业技术学院
湖南生物机电职业技术学院
吉林农业科技学院
集宁师范高等专科学校
济宁市高新技术开发区农业局
济宁市教育局
济宁职业技术学院
嘉兴职业技术学院
江苏联合职业技术学院
江苏农林职业技术学院
江苏畜牧兽医职业技术学院
金华职业技术学院
晋中职业技术学院
荆楚理工学院
荆州职业技术学院
景德镇高等专科学校
丽水学院
丽水职业技术学院
辽东学院
辽宁科技学院
辽宁农业职业技术学院
辽宁医学院高等职业技术学院
辽宁职业学院
聊城大学
聊城职业技术学院
眉山职业技术学院
南充职业技术学院
盘锦职业技术学院
濮阳职业技术学院
青岛农业大学
青海畜牧兽医职业技术学院

曲靖职业技术学院
日照职业技术学院
三门峡职业技术学院
山东科技职业学院
山东理工职业学院
山东省贸易职工大学
山东省农业管理干部学院
山西林业职业技术学院
商洛学院
商丘师范学院
商丘职业技术学院
深圳职业技术学院
沈阳农业大学
沈阳农业大学高等职业技术学院
苏州农业职业技术学院
温州科技职业学院
乌兰察布职业学院
厦门海洋职业技术学院
仙桃职业技术学院
咸宁学院
咸宁职业技术学院
信阳农业高等专科学校
延安职业技术学院
杨凌职业技术学院
宜宾职业技术学院
永州职业技术学院
玉溪农业职业技术学院
岳阳职业技术学院
云南农业职业技术学院
云南热带作物职业学院
云南省曲靖农业学校
云南省思茅农业学校
张家口教育学院
漳州职业技术学院
郑州牧业工程高等专科学校
郑州师范高等专科学校
中国农业大学

《应用化学》编审人员

主　　编　王秀敏

副 主 编　李　蓉

　　　　　石　锐

　　　　　李国平

参编人员　（按姓名汉语拼音排列）

　　　　　李国平　（湖北生物科技职业学院）

　　　　　李　蓉　（江苏畜牧兽医职业技术学院）

　　　　　庞　坤　（信阳农业高等专科学校）

　　　　　石　锐　（黑龙江民族职业学院）

　　　　　陶玉霞　（黑龙江畜牧兽医职业学院）

　　　　　王　静　（黑龙江农业经济职业学院）

　　　　　王秀敏　（黑龙江畜牧兽医职业学院）

　　　　　周向科　（河南农业职业学院）

主　　审　马寿欣　（山东畜牧兽医职业学院）

序

　　当今，我国高等职业教育作为高等教育的一个类型，已经进入以加强内涵建设、全面提高人才质量为主旋律的发展新阶段。各高职高专院校针对区域经济社会的发展与行业进步，积极开展新一轮的教育教学改革。以服务为宗旨，以就业为导向，在人才培养质量工程建设的各个方面加大投入，不断改革、创新和实践。尤其是在课程体系与教学内容改革上，许多学校都非常关注利用校内、校外两种资源，积极推动校企合作与工学结合。如邀请行业企业参与制定培养方案，按职业要求设置课程体系；校企合作共同开发课程；根据工作过程设计课程内容和改革教学方式；教学过程突出实践性，加大生产性实训比例等。这些工作主动适应了新形势下高素质技能型人才培养的需要，是落实科学发展观、努力创办人民满意的高等职业教育的主要举措。教材建设是课程建设的重要内容，也是教学改革的重要物化成果。教育部《关于全面提高高等职业教育教学质量的若干意见》（教高［2006］16号）指出"课程建设与改革是提高教学质量的核心，也是教学改革的重点和难点"，明确要求要"加强教材建设，重点建设好3000种左右国家规划教材，与行业企业共同开发紧密结合生产实际的实训教材，并确保优质教材进课堂"。目前，在农林牧渔类高职院校中，教材建设还存在一些问题，如行业变革较大与课程内容老化的矛盾、能力本位教育与学科型教材供应的矛盾、教学改革加快推进与教材建设严重滞后的矛盾、教材需求多样化与教材供应形式单一的矛盾等。随着经济发展、科技进步和行业对人才培养要求的不断提高，组织编写一批真正遵循职业教育规律和行业生产经营规律、适应职业岗位群的职业能力要求和高素质技能型人才培养的要求、具有创新性和普适性的教材将具有十分重要的意义。

　　化学工业出版社为中央级综合科技出版社，是国家规划教材的重要出版基地，为我国高等教育的发展做出了积极贡献，曾被新闻出版总署领导评价为"导向正确、管理规范、特色鲜明、效益良好的模范出版社"，2008年荣获首届中国出版政府奖——先进出版单位奖。近年来，化学工业出版社密切关注我国农林牧渔类职业教育的改革和发展，积极开拓教材的出版工作，2007年底，在原"教育部高等学校高职高专农林牧渔类专业教学指导委员会"有关专家的指导下，化学工业出版社邀请了全国100余所开设农林牧渔类专业的高职高专院校的骨干教师，共同研讨高等职业教育新阶段教学改革中相关专业教材的建设工作，并邀请相关行业企业作为教材建设单位参与建设，共同开发教材。为做好系列教材的组织建设与指导服务工作，化学工业出版社聘请有关专家组建了"高职高专'十一五'规划教材★农林牧渔系列建设委员会"和"高职高专'十一五'规划教材★

农林牧渔系列编审委员会"，拟在"十一五"期间组织相关院校的一线教师和相关企业的技术人员，在深入调研、整体规划的基础上，编写出版一套适应农林牧渔类相关专业教育的基础课、专业课及相关外延课程教材——"高职高专'十一五'规划教材★农林牧渔系列"。该套教材将涉及种植、园林园艺、畜牧、兽医、水产、宠物等专业，于2008～2010年陆续出版。

　　该套教材的建设贯彻了以职业岗位能力培养为中心，以素质教育、创新教育为基础的教育理念，理论知识"必需"、"够用"和"管用"，以常规技术为基础，关键技术为重点，先进技术为导向。此套教材汇集众多农林牧渔类高职高专院校教师的教学经验和教改成果，又得到了相关行业企业专家的指导和积极参与，相信它的出版不仅能较好地满足高职高专农林牧渔类专业的教学需求，而且对促进高职高专专业建设、课程建设与改革、提高教学质量也将起到积极的推动作用。希望有关教师和行业企业技术人员，积极关注并参与教材建设。毕竟，为高职高专农林牧渔类专业教育教学服务，共同开发、建设出一套优质教材是我们共同的责任和义务。

介晓磊

2008 年 10 月

前言

应用化学是畜牧兽医及相关专业的一门重要的基础课程，它在畜牧兽医领域及生产实践中广泛应用。无论是动物饲养、疾病诊治，还是农畜产品的分析及各种卫生检验等，都需要以化学理论为指导，以化学计算和实践技能及测定原理、分析方法为依靠。化学知识渗透到了畜牧兽医及相关专业知识的方方面面，甚至贯穿某些课程的始终，如动物营养与饲料、动物药理课程从始至终都需要用到化学知识和化学分析方法，动物病理、动物临床诊断、动物防疫及检疫、中医药、毒理等专业课程也都离不开化学知识。学生只有掌握应用化学基础理论、基本知识，学会分析方法，掌握分析技术，才能更进一步学习和掌握专业知识和技能。

本教材的编写充分考虑了高职学生的文化基础及职业教育的特点，紧密结合畜牧兽医及相关专业特点以及培养目标和教学需要，按理论知识以够用、实用为度，实训内容以应用为主的原则安排教学内容。通过学习，使学生掌握应用化学基本理论和基本技能，为后续专业课程提供必要的基础。

教材在内容的安排上，紧扣高职院校畜牧兽医及相关专业的培养目标和课程目标，重视学生的素质培养，强化实践技能训练。注重基础知识、基础理论和基本技能的学习，增强了实用性和针对性。

在编写本教材过程中，各位编者广泛听取畜牧兽医专业课教师和一些工作多年的优秀毕业生的意见，并参考了国内一些有关教材和资料，总结出畜牧兽医及相关专业中需要的无机化学、分析化学、有机化学、生物化学基础知识，找出化学与畜牧兽医及相关专业的结合点。本着以应用为目的，以必需、够用为原则，力求做到控制深度，加强与专业课程的联系，使学生看得懂、学得会、把得住、用得上。

教材由黑龙江畜牧兽医职业学院王秀敏任主编，江苏畜牧兽医职业技术学院李蓉、黑龙江民族职业学院石锐、湖北生物科技职业学院李国平任副主编。教材的第一章、第二章、第十一章由黑龙江畜牧兽医职业学院陶玉霞编写；第三章、

第五章由李国平编写；第四章、第六章、第八章及附录由王秀敏编写；第七章由河南农业职业学院周向科编写；第九章由石锐编写；第十章由李蓉编写；第十二章的第一节至第三节由黑龙江农业经济职业学院王静编写，第四节和第五节、实训十五至十七由信阳农业高等专科学校庞坤编写。全书由王秀敏统稿，由山东畜牧兽医职业学院马寿欣主审。

由于编者水平有限，加之编写时间仓促，本书的不足之处在所难免，恳请使用本书的读者及同行提出意见和建议，以便修正和提高。

编者

2010 年 5 月

第一章 溶　液

【知识目标】
1. 掌握溶液组成标度的表示方法、各种浓度的计算及换算。
2. 了解稀溶液依数性、渗透压的产生原理；理解渗透压作用的机理及应用。

【能力目标】
1. 能进行溶液的配制、稀释、混合的实际操作，能用各种浓度公式进行相关计算。
2. 能用渗透压原理分析渗透进行的方向及解释与渗透压相关的医学问题。

第一节　溶液的组成标度

一、溶液组成标度的表示方法

所谓溶液的组成标度是指溶液组成中一定量的溶液中所含溶质的量。在动物医学和动物科学上常用物质的量浓度、质量浓度、质量分数、质量摩尔浓度、体积分数、摩尔分数等来表示溶液组成的标度。

1. 物质的量浓度

物质 B 的物质的量浓度是溶质 B 的物质的量除以溶液的体积，符号为 c_B 或 $c(B)$。

$$c_B = \frac{n_B}{V}$$

式中，n_B 为物质 B 的物质的量，mol；V 为溶液的体积，m^3。物质的量浓度单位为 mol·m^{-3}，在化学和医学上常用 mol·L^{-1}、mmol·L^{-1} 和 μmol·L^{-1}。

【例 1】 500mL 的血清中含有 0.5mol 的葡萄糖，求血清中葡萄糖的物质的量浓度为多少？

解：
$$c(C_6H_{12}O_6) = \frac{n_B}{V} = \frac{0.5mol}{0.5L} = 1mol·L^{-1}$$

2. 质量浓度

物质 B 的质量浓度是溶质 B 的质量除以溶液的体积，用符号 ρ_B 或 $\rho(B)$ 表示。

$$\rho_B = \frac{m_B}{V}$$

式中，m_B 表示物质 B 的质量，kg；V 表示溶液的体积，m^3。质量浓度的单位是 kg·m^{-3}，在化学和医学上常用 g·L^{-1}、mg·L^{-1} 和 μg·L^{-1}。

质量浓度与密度的表示符号都是 ρ，但二者有本质的区别：密度是溶液的质量除以溶液的体积，单位是 kg·L^{-1}；而质量浓度是溶质的质量除以溶液的体积。如浓硫酸的质量浓度 $\rho(H_2SO_4) = 1.77$kg·L^{-1}，密度 $\rho = 1.84$kg·L^{-1}。

【例 2】 生理盐水常用于注射，其规格为 250mL 溶液中含 2.25g 氯化钠，求生理盐水的质量浓度是多少？

解： $\rho(NaCl) = \dfrac{m_B}{V} = \dfrac{2.25g}{0.25L} = 9g \cdot L^{-1}$

3. 质量分数

溶质 B 的质量除以溶液的质量称为物质 B 的质量分数，用符号 ω_B 或 $\omega(B)$ 表示。

$$\omega_B = \frac{m_B}{m}$$

式中，m_B 表示溶质的质量；m 表示溶液的质量。二者单位必须相同。质量分数量纲为 1，可以用小数或百分数表示。

【例 3】 取 400g 甘油，溶解在 100g 水中，可制得甘油护肤液，求甘油的质量分数。

解： $\omega(C_3H_8O_3) = \dfrac{0.4kg}{0.4kg + 0.1kg} = 80\%$

4. 质量摩尔浓度

溶液中溶质 B 的物质的量除以溶剂的质量，称为溶质 B 的质量摩尔浓度，用符号 b_B 或 $b(B)$ 表示。

$$b_B = \frac{n_B}{m_A}$$

式中，n_B 为溶质 B 的物质的量，mol；m_A 为溶剂的质量，kg。质量摩尔浓度的单位为 mol·kg^{-1}。

质量摩尔浓度与物质的量浓度相比较，其优点是浓度数值不受温度的影响，所以在讨论某些问题时常用这种浓度表示方法。

【例 4】 1000g 水中含有 0.2mol 的 NaOH，NaOH 的质量摩尔浓度是多少？

解： $$b(NaOH) = \frac{n_B}{m_A} = \frac{0.2mol}{1kg} = 0.2mol \cdot kg^{-1}$$

5. 体积分数

体积分数是指在相同温度和压力下溶质 B 的体积与溶液的体积之比，用 φ_B 或 $\varphi(B)$ 表示。

$$\varphi_B = \frac{V_B}{V}$$

式中，V_B 表示溶质的体积；V 表示溶液的体积。二者单位必须相同。体积分数量纲为 1，可以用小数或百分数表示。

【例 5】 500mL 医用酒精含纯酒精 375mL，求医用酒精的体积分数是多少？

解： $$\varphi(C_2H_5OH) = \frac{V_B}{V} = \frac{375mL}{500mL} = 75\%$$

6. 摩尔分数

B 的物质的量与溶液的物质的量之比，称为物质 B 的摩尔分数，又称为 B 的物质的量分数。B 的摩尔分数用 x_B 或 $x(B)$ 表示。

$$x_B = \frac{n_B}{\sum\limits_A n_A}$$

式中，n_B 为溶质 B 的物质的量，mol；$\sum\limits_A n_A$ 为混合物的物质的量，mol。摩尔分数的量纲为 1。对于一个二组分的溶液系统来说，溶质的物质的量分数 x_B 与溶剂的物质的量分数 x_A 分别为：

$$x_B = \frac{n_B}{n_A + n_B}, \quad x_A = \frac{n_A}{n_A + n_B}$$

所以

$$x_A + x_B = 1$$

其中，n_A 和 n_B 的单位必须相同。摩尔分数量纲为 1，可以用小数或百分数表示。

用摩尔分数来表示溶液的浓度可以和化学反应直接联系起来，这种浓度表示方法也常用到稀溶液性质的研究上。

【例 6】 计算 $w(NaCl) = 0.1$ 的氯化钠水溶液中溶质的摩尔分数。

解： 根据题意，100g 溶液中含有 NaCl 的质量为 10g，H_2O 为 90g，因此 NaCl 和 H_2O 的物质的量分别为：

$$n(NaCl) = \frac{m(NaCl)}{M(NaCl)} = \frac{10g}{58.5g \cdot mol^{-1}} = 0.17mol$$

$$n(H_2O) = \frac{m(H_2O)}{M(H_2O)} = \frac{90g}{18.0g \cdot L^{-1}} = 5.0mol$$

所以

$$x(NaCl) = \frac{n(NaCl)}{n(NaCl) + n(H_2O)} = \frac{0.17mol}{0.17mol + 5.0mol} = 0.030$$

二、溶液的组成标度表示方法的有关计算

根据溶质的状态及实际需要，可选择不同的方法来表示同一种溶液的组成。表示方法在变换的过程中，溶质与溶液的量并没有发生变化。

1. 物质的量浓度与质量分数之间的换算

若溶质 B 的质量分数为 ω_B，溶液密度为 ρ，则该溶液的物质的量浓度与质量分数之间的关系为：

$$c_B = \frac{n_B}{V} = \frac{m_B}{M_B V} = \frac{\rho m_B}{M_B m} = \frac{\omega_B \rho}{M_B}$$

式中，m 代表溶液的质量。

【例 7】 质量分数 $\omega_B = 37\%$ 的盐酸，其密度 $\rho = 1.19kg \cdot L^{-1}$，问该盐酸溶液的物质的量浓度是多少？

解： $\qquad\qquad M(HCl) = 36.5g \cdot mol^{-1}$

由换算公式得：$c_B = \dfrac{\omega_B \rho}{M_B} = \dfrac{37\% \times 1.19 \times 1000g \cdot L^{-1}}{36.5g \cdot mol^{-1}} = 12.1mol \cdot L^{-1}$

该盐酸溶液的物质的量浓度是 $12.1mol \cdot L^{-1}$。

2. 质量浓度与物质的量浓度之间的换算

质量浓度 ρ_B 与物质的量浓度 c_B 之间的换算关系为：

$$c_B = \frac{n_B}{V} = \frac{m_B}{M_B V} = \frac{\rho_B}{M_B}$$

【例8】 注射用生理盐水 $\rho_B = 9g \cdot L^{-1}$，求此生理盐水的物质的量浓度是多少？

解： $\rho(NaCl) = 9g \cdot L^{-1}$，$M(NaCl) = 58.5g \cdot mol^{-1}$

由换算公式得：
$$c_B = \frac{\rho_B}{M_B} = \frac{9g \cdot L^{-1}}{58.5g \cdot mol^{-1}} = 0.154 mol \cdot L^{-1}$$

3. 物质的量浓度与质量摩尔浓度之间的换算关系

若已知溶液的密度 ρ 和溶液的质量 m，则物质的量浓度 c_B 与质量摩尔浓度 b_B 之间的换算关系为：

$$c_B = \frac{n_B}{V} = \frac{n_B \rho}{m}$$

若该系统是一个二组分系统，且溶质 B 的含量较少，则溶液的质量 m 近似等于溶剂的质量 m_A，上式可近似为：

$$c_B = \frac{n_B \rho}{m} \approx \frac{n_B \rho}{m_A} = b_B \rho$$

若该溶液是稀的水溶液，则有

$$c_B(mol \cdot L^{-1}) \approx b_B(mol \cdot kg^{-1})$$

三、溶液的配制、稀释和混合

溶液的配制、稀释和混合是化学和医药工作者常用的基本操作。

1. 溶液的配制

质量分数、质量摩尔浓度表示的溶液，配制时常采用一定质量溶液配制的方法，配制步骤包括计算、称量、溶解、转移和定容；物质的量浓度、质量浓度和体积分数表示的溶液，配制时常采用一定体积溶液配制的方法，配制步骤包括计算、量取、溶解、转移和定容。总的原则是先计算所需的溶质的质量或体积，再将一定质量或一定体积的溶质与适量的溶剂混合，完全溶解后，再加溶剂至所需的体积，搅拌均匀，即为所需溶液。

注意：一般情况下，可用台秤称量固体溶质，用量筒量取液体溶剂，用量杯、量筒来配制溶液；若溶液的浓度要求十分准确，如用于滴定分析的基准物质，则必须用电子天平或分析天平称量固体溶质，用吸量管或移液管移取液体溶质，并使用容量瓶配制溶液。同时，称量和转移的过程中尽量减少溶质的损失，以免引起较大的误差。

课堂活动

① 配制 $40g \cdot L^{-1}$ NaCl 溶液 50mL，写出配制所需要的仪器及步骤。

② 配制 $1mol \cdot L^{-1}$ 葡萄糖溶液 250mL，写出配制所需要的仪器及步骤。

③ 配制 $0.2mol \cdot kg^{-1}$ NaOH 溶液 500mL，写出配制所需要的仪器及步骤。

2. 溶液的稀释

在溶液中加溶剂后溶液的体积增大而浓度变小的过程叫溶液的稀释。溶液无论是浓缩还是稀释，只是溶剂的量发生变化，而所含溶质的质量（或物质的量）不变，即：稀释前溶质的量等于稀释后溶质的量。

设稀释前溶质的物质的量为 $c_1 V_1$，稀释后溶质的物质的量为 $c_2 V_2$，则溶液稀释的关系式为：

$$c_1 V_1 = c_2 V_2$$

应用以上关系时，c_1 和 c_2、V_1 和 V_2 各自的单位必须统一。

如果稀释前后溶质的质量相等，此公式也可以变换为：

$$\rho_{B_1}V_1 = \rho_{B_2}V_2 \ 或 \ \varphi_{B_1}V_1 = \varphi_{B_2}V_2 \ 或 \ \omega_{B_1}m_1 = \omega_{B_2}m_2$$

【例9】 配制75%消毒酒精500mL，需要市售95%酒精多少毫升？如何配制？

解： 已知$\varphi_{B_1} = 95\%$　$\varphi_{B_2} = 75\%$　$V_2 = 500mL$

由公式$\varphi_{B_1}V_1 = \varphi_{B_2}V_2$ 得：$V_1 = \dfrac{\varphi_{B_2}V_2}{\varphi_{B_1}} = \dfrac{75\% \times 500mL}{95\%} = 395mL$

用量筒量取95%酒精395mL，加蒸馏水稀释至500mL，搅匀即可。

学生活动

① 用$1mol \cdot L^{-1}$的乳酸钠溶液稀释成$0.2mol \cdot L^{-1}$的乳酸钠溶液50mL。

② 如何将市售浓盐酸（$w = 0.37$，$\rho = 1.19g \cdot mL^{-1}$）稀释成$0.1mol \cdot L^{-1}$的稀盐酸500mL？（注意：操作时应向水中缓慢加浓盐酸，否则浓盐酸会大量挥发。）

③ 试将30% H_2O_2溶液稀释成3%稀溶液500mL。

3. 溶液的混合

在实际工作中，常遇到两种同一溶质的不同浓度溶液相互混合，配成一种所需浓度的溶液的问题。这就是溶液混合的过程。溶液混合的原则是：混合前后溶质的总量不变。

若浓溶液的浓度为c_1、体积为V_1，稀溶液的浓度为c_2、体积为V_2，混合后的浓度为c、体积约为$V_1 + V_2$，则：

$$c_1V_1 + c_2V_2 = c(V_1 + V_2)$$

在不要求溶液浓度十分精确时，可以用十字交叉法，这种方法可以使溶液的稀释、浓缩和混合过程变得简便、快速。运用十字交叉法的原则是：斜找差数，横看结果。总结形式为：

有：

$$\frac{c_1 - c}{c - c_2} = \frac{V_2}{V_1}$$

【例10】 现有2000mL $0.1000mol \cdot L^{-1}$的H_2SO_4溶液与$3.000mol \cdot L^{-1}$的H_2SO_4溶液，问需要多少升$3.000mol \cdot L^{-1}$的H_2SO_4溶液，才能配制成$0.3000mol \cdot L^{-1}$的H_2SO_4溶液？

解： 设需要$3.000mol \cdot L^{-1}$的H_2SO_4溶液xmL。

混合后溶质的量应等于混合前两溶液中溶质的量之和，则有：

$$2000 \times 0.1000 + 3.000x = 0.3000 \times (2000 + x)$$
$$x = 148mL$$

现应用十字交叉法计算：

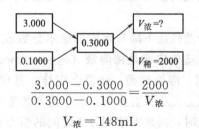

$$\frac{3.000 - 0.3000}{0.3000 - 0.1000} = \frac{2000}{V_浓}$$

$$V_浓 = 148mL$$

学生活动

① 现有 $\varphi_B=0.85$ 和 $\varphi_B=0.05$ 的酒精，怎样配成 $\varphi_B=0.75$ 的酒精 500mL？

② 现有 30% 和 1% 的 H_2O_2 溶液，怎样配成 500mL 3% 的溶液？

第二节　稀溶液的依数性

溶质溶于水中，形成溶液。溶液的性质涉及两个方面的问题：一是由溶质本身的性质决定的，如溶液的颜色、气味、酸碱度等；二是由溶质的数量决定的，而与溶质本身的性质无关，如难挥发的非电解质稀溶液蒸气压下降、沸点升高、凝固点降低和溶液的渗透压等。后者性质只与溶液中溶质的数量有关，而且溶液越稀，这些性质表现得越有规律。因为它只决定于溶质粒子数目，而与溶质的本性无关，故称为稀溶液的依数性。应注意：只有在极稀的溶液中才有这种以浓度为决定因素的依数性，在浓溶液中因情况比较复杂，溶质的本性也起一定的作用，这种简单的关系就不存在了。

一、溶液的蒸气压下降

任何液体甚至一些固体都能蒸发产生蒸气。若将某液体或固体置于密闭容器中，该液体或固体产生的蒸气不久即充满容器。在一定温度下，当液体或固体蒸发的速率与蒸气凝结的速率相等时，蒸气所具有的压力称为该温度下液体或固体的饱和蒸气压，简称蒸气压。很明显，越是容易挥发的液体或固体，它的蒸气压就越大。在一定温度下，蒸气压的大小与液体或固体的本性有关，每种液体或固体的蒸气压是固定的。因为蒸发时要吸热，所以温度升高时单位时间内变成蒸气的分子数增多，因而液体或固体的蒸气压随温度的升高而增大。不同温度时水和冰的蒸气压列于表 1-1。

表 1-1　水和冰的蒸气压

温度/℃	−20	−15	−10	−5	0	20	40	60	80	100
蒸气压/kPa	0.11	0.16	0.25	0.40	0.61	2.33	7.37	19.92	47.34	101.33
说明	小于0℃时为冰的蒸气压；大于0℃时为水的蒸气压；等于0℃时，冰和水的蒸气压相等									

实验证明，在一定温度下，若向液体中加入任何一种难挥发的溶质，使它溶解而形成非电解质溶液时，溶液的蒸气压便下降。在这里，所谓溶液的蒸气压实际是溶液中溶剂的蒸气压。纯溶剂蒸气压与溶液蒸气压之差称为溶液的蒸气压下降。

溶液的蒸气压下降的原因：一是由于溶剂中溶入溶质后，溶液的一部分表面被溶质分子占据，而使单位面积上溶剂分子数减少；二是溶质分子和溶剂分子的相互作用，也能阻碍溶剂的蒸发。因此，在单位时间内从溶液中蒸发出来的溶剂分子要比纯溶剂少。结果在蒸发和凝聚达到平衡时，溶液的蒸气压就必然比纯溶剂的蒸气压小。显然，溶液的浓度越大，溶液的蒸气压下降就越多。

在一定温度下，稀溶液的蒸气压下降与溶质的摩尔分数成正比，而与溶质的本性无关。这一结论称为拉乌尔定律。拉乌尔定律是稀溶液（$b_B \leqslant 0.2 \text{mol} \cdot \text{kg}^{-1}$）的最基本的定律之一，只适用于稀溶液中的溶剂。溶液越稀，越符合定律。其原因是在稀溶液中溶质的量很少，对溶剂分子间的相互作用力几乎没有影响，所以溶剂的饱和蒸气压仅取决于单位体积内溶剂的分子数。溶液浓度变大时，溶质对溶剂分子之间的引力有显著的影响，溶液蒸气压就不符合拉乌尔定律，出现较大的误差。

学生活动

密闭容器中的糖水和纯水长时间放置，会有什么现象发生？

二、溶液的沸点升高和凝固点下降

一切物质都有一定的沸点和凝固点。液体的沸点是液体的蒸气压等于外界大气压（一般是 101.325kPa）时的温度。某物质的凝固点或熔点是指物质的液态和固态的蒸气压相等时的温度。

如果在溶剂中溶有难挥发性的非电解质后，溶液的蒸气压下降，要使溶液的蒸气压和外界大气压相等，就必须升高溶液的温度，所以溶液的沸点总是高于纯溶剂的沸点。如在常压下海水的沸点高于纯水的沸点（100℃）就是这个道理。

水的凝固点是 0℃。如果在 0℃的冰、水混合物中溶有难挥发性的非电解质，溶液的蒸气压就会下降，于是冰从周围吸收热量，开始融化，使温度降低。实验证明，固态溶剂的蒸气压随温度降低的程度比溶液蒸气压降低的剧烈。当温度降低到某一数值时，冰的蒸气压和溶液的蒸气压就相等了，此时，冰和溶液能共存。所以溶液的凝固点总是低于纯溶剂的凝固点。

在生产、实验和生活中，溶液的沸点升高和凝固点降低具有一定的实用价值。如对那些在较高温度时易分解的有机溶剂，常采用减压（或抽真空）操作进行蒸发，一方面可以降低沸点，另一方面可以避免一些产品因高温分解而影响质量和产量。在有机合成中，常用测定沸点和熔点的方法来检验化合物的纯度，这是因为含杂质难挥发的化合物可看作是一种溶液，化合物本身是溶剂，杂质是溶质，所以含杂质的熔点比纯化合物低，沸点比纯化合物高；在严寒的冬天，往汽车水箱中加入醇类如乙二醇、甲醇、甘油等，使其凝固点下降而阻止水结冰；为使混凝土在低温下不致冻结，以顺利地进行冬季施工，可在水泥中掺入某些物质；食盐和冰的混合物可以作制冷剂等。

三、溶液的渗透压

1. 渗透现象和渗透压

扩散现象不仅存在于溶质和溶剂之间，也存在于任何不同浓度的溶液之间。如果在两个不同浓度的溶液之间存在一种有选择地通过某些粒子的膜，即半透膜，就可以观察到这种扩散的现象。如图 1-1 所示，在一个连通器的两边各装有蔗糖溶液和纯水，中间用半透膜（半透膜是只允许溶剂分子自由透过而溶质分子不能透过的多孔性薄膜，如动物的细胞膜、人体内的膀胱膜、毛细血管壁及人工制造的羊皮纸等）将它们隔开。开始时，使连通器两边玻璃柱中的液面高度相同。经过一段时间后，蔗糖溶液一边的液面比纯水的液面要高。这是因为半透膜能够防止溶质蔗糖分子的扩散，却不能阻止溶剂分子的扩散。由于在单位体积内纯水中水分子比糖溶液中的水分子多，因此纯水中的水分子通过半透膜进入糖溶液的速率要比相反的过程快，所以蔗糖溶液的液面升高。像这种物质粒子通过半透膜单向扩散的现象称为渗透现象，简称渗透。渗透现象的产生必须具备两个条件：一是要有半透膜存在；二是要求半透膜两侧溶液存在浓度差。也就是说，如果半透膜两侧糖溶液的浓度不同，水也会从稀溶液扩散进入浓溶液中。

在上述实验中，随着糖溶液液面升高，液柱的静压力增大，使糖溶液中水分子通过半透膜的速率加快。当压力达到一定值时，水从相反两方向通过半透膜的速率相等，此时渗透达到平衡。如果将溶液与纯溶剂用半透膜隔开，在溶液上加一额外压力，恰能使渗透达到平衡，这个额外压力就是该溶液的渗透压，即施加于溶液液面而恰能阻止渗透现象产生的额外压力称为溶液的渗透压。渗透压的大小也可以用图 1-1(b) 中容器内液面高度差 h 来衡量，这段液柱高度所产生的压力即为该溶液的渗透压。

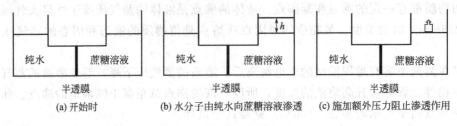

图 1-1　渗透和渗透压示意图

2. 渗透压与浓度、温度的关系

（1）渗透压定律　1886 年，荷兰化学家、诺贝尔奖获得者范特霍夫根据实验数据总结了非电解质稀溶液的渗透压与浓度、温度的关系：

$$\Pi = c_B RT$$

式中，Π 为溶液的渗透压，kPa；c_B 为溶液的物质的量浓度，$mol \cdot L^{-1}$；R 为摩尔气体常数，$kPa \cdot L \cdot mol^{-1} \cdot K^{-1}$；$T$ 为热力学温度，K。由上式可知，难挥发非电解质稀溶液的渗透压与溶液的物质的量浓度及热力学温度成正比。此规律称为范特霍夫定律，也称渗透压定律。该定律表明，在一定温度下，难挥发非电解质稀溶液的渗透压只与单位体积溶液中的溶质颗粒数成正比，而与溶质的性质如种类、大小、分子或离子等无关。所以渗透压也是稀溶液的依数性。

对于任何非电解质的稀溶液，相同温度下，只要物质的量浓度相同，单位体积内溶质的微粒数目就相等，渗透压也必然相等。如在相同温度下 $0.5 mol \cdot L^{-1}$ 葡萄糖溶液与相同浓度的蔗糖溶液渗透压相等，在 37℃ 时，它们的渗透压为：

$$\Pi = c_B RT = 0.5 mol \cdot L^{-1} \times 8.314 kPa \cdot L \cdot mol^{-1} \cdot K^{-1} \times (273+37)K = 1288 kPa$$

对于电解质溶液，由于电解质的电离，单位体积内溶质的微粒数目比同浓度的非电解溶液多，使得溶质的粒子总浓度增加，故溶液的渗透压也增大。需要在计算时引进一个校正因子 i，即：

$$\Pi = i c_B RT$$

式中，i 是电解质的一个分子在溶液中能产生的微粒数目。如 K_2SO_4 的 $i=3$。

学生活动

同一温度下 $0.1 mol \cdot L^{-1}$ 的生理盐水与相同浓度的葡萄糖溶液渗透压是否相等？为什么？

（2）渗透浓度　一定温度下，较稀溶液的渗透压只与溶液中溶质的粒子浓度成正比。因此，医学上常用渗透浓度来表示溶液渗透压的大小。渗透浓度是指溶液中所能产生渗透现象的各种溶质粒子（分子和离子）的总的物质的量浓度，用符号 c_{os} 表示，常用单位是 $mol \cdot L^{-1}$ 或 $mmol \cdot L^{-1}$，医学上的相应单位是渗量每升（$Os\ mol \cdot L^{-1}$）或毫渗量每升（$mOs\ mol \cdot L^{-1}$）。

3. 渗透压在医学上的意义

渗透压相等的溶液，称为等渗溶液。对于渗透压不等的两种溶液，渗透压高的称为高渗溶液，渗透压低的称为低渗溶液。临床上常用的等渗溶液有 $0.154mol \cdot L^{-1}$ 或 0.9% 生理盐水（$9g \cdot L^{-1}$ 氯化钠溶液）、$0.278mol \cdot L^{-1}$ 或 5% 葡萄糖溶液（$50g \cdot L^{-1}$ 葡萄糖溶液，近似于 280 mOs mol $\cdot L^{-1}$）、$19g \cdot L^{-1}$ 乳酸钠溶液，以及 $0.149mol \cdot L^{-1}$ 或 $12.5g \cdot L^{-1}$ $NaHCO_3$ 溶液；临床上常用的高渗溶液有 $0.513mol \cdot L^{-1}$ $NaCl$ 溶液；$0.278mol \cdot L^{-1}$ 葡萄糖氯化钠溶液（是生理盐水中含 $0.278mol \cdot L^{-1}$ 葡萄糖）和 $2.78mol \cdot L^{-1}$ 葡萄糖溶液。

静脉输液时，注射液应与血液是等渗溶液。如为高渗溶液，则血液细胞中的水分将向外渗透，引起血球发生胞浆分离。如为低渗溶液，则水分将向血球中渗透，引起血球细胞的胀破，产生溶血现象。眼药水必须和眼球组织中的液体具有相同的渗透压，否则会引起疼痛。人体内的肾脏也是一个特殊的渗透器，它使代谢过程产生的废物经渗透随尿液排出体外，而将有用的蛋白质保留在肾小球内，所以，尿内出现蛋白质是肾功能受损的表征。淡水鱼不能生活在海水中，海水鱼不能生活在河水中，也是由于河水和海水中的渗透压不同，会引起鱼体内的细胞膨胀和皱缩的缘故。

学生活动

为什么清洗伤口时通常用生理盐水，而不用高渗盐水或纯水？

【思考与习题】

1. 为什么临床上用 $9g \cdot L^{-1}$ 的氯化钠溶液和 $50g \cdot L^{-1}$ 的葡萄糖来输液？

2. 什么叫渗透压？什么叫渗透浓度？

3. 机体肝功能障碍或慢性肾炎常引起水肿，请你利用渗透压原理分析水肿形成的原因及采取的对策。

4. 什么叫沸点和凝固点？外界压力对它们有无影响？

5. 临床上纠正酸中毒用乳酸钠针剂，物质的量浓度为 $1mol \cdot L^{-1}$，每支 $20mL$，问每支针剂中含多少克乳酸钠（$NaC_3H_5O_3$）？

6. 某患者需要补入 $100g \cdot L^{-1}$ 的葡萄糖溶液，问应往 $500mL$ $50g \cdot L^{-1}$ 的葡萄糖溶液中加入多少毫升 $500g \cdot L^{-1}$ 的葡萄糖溶液？

7. 蛙肌细胞内液的渗透浓度为 $240mmol \cdot L^{-1}$，若将蛙肌细胞分别置于 $7.0g \cdot L^{-1}$ 和 $10g \cdot L^{-1}$ 的氯化钠溶液中，将发生什么现象？

8. 将 $25g$ 葡萄糖（$C_6H_{12}O_6$）晶体溶于水，配制成 $500mL$ 葡萄糖溶液，计算此葡萄糖溶液的质量浓度。

9. $100mL$ 正常人血清中含 $326mg$ Na^+ 和 $165mg$ HCO_3^-，试计算正常人血清中 Na^+ 和 HCO_3^- 的浓度。

10. 将 $112g$ 乳酸钠（$NaC_3H_5O_3$）溶于 $1.00L$ 纯水中配成溶液，求乳酸钠的摩尔分数。

11. 计算质量浓度为 $9g \cdot L^{-1}$ 的 $NaCl$ 溶液和 $50g \cdot L^{-1}$ 的葡萄糖溶液的渗透浓度。

12. 通常用作消毒的过氧化氢溶液中，过氧化氢的质量分数 $\omega(H_2O_2)=3\%$，这种水溶液的密度 $\rho=1.0g \cdot mL^{-1}$，请精确计算这种水溶液中过氧化氢的质量摩尔浓度、物质的量浓度和摩尔分数。

实训一　化学实验基本知识

【实训目的】

熟悉实验室规则，学会一些常用玻璃仪器的使用。

【实训仪器】 烧杯；胶头滴管；试剂瓶；量筒；酒精灯；铁架台；试管；角匙；试管刷。

【实训药品】 $CuSO_4 \cdot 5H_2O$ 固体；10% NaOH。

一、实验室规则

化学实验的目的，是使学生掌握化学实验的基本操作技能，培养学生实事求是和严肃认真的科学态度，提高学生观察问题、分析问题和综合运用理论知识解决实际问题的能力，切实为畜牧兽医专业打下良好的基础。为此，学生必须遵守下列守则。

1. 实验前，学生必须了解实验室的各种安全设备及其使用方法。了解和掌握化学实验事故的预防和处理方法。

2. 认真预习有关实验内容，明确实验目的要求，掌握实验原理、方法、实验步骤。

3. 实验中应保持实验室安静，实验时做到注意力集中，操作认真，不得擅自离开。保持台面清洁，仪器药品摆放整齐有序。实验中的废弃物和废液妥善处理，注意保护环境。

4. 严格遵守实验室的操作规程和步骤，并注意节约药品。

5. 实验中如有仪器损坏或发生意外事故应及时报告，请教师妥善处理。

6. 实验中对观察到的现象要认真如实记录，并对实验结果要认真分析。

7. 实验结束，将桌面、仪器和药品架整理干净。做好实验室的清洁工作，关好水、煤气、电、门窗等。

8. 实验后，根据实验记录，按要求及时完成实验报告。

二、实验中的文字表达

1. 实验预习

预习是实验成败的关键之一，实验前要认真预习实验教材，要明确实验目的和原理，了解实验步骤，对涉及的疑点应随时查阅有关资料，做到心中有数。

实验前可以先写好实验报告中的部分内容，包括实验目的、原理、步骤和仪器（可用示意图代替），标出操作中的关键步骤，并留出相应表格和空格，用来记录实验现象及数据。

2. 实验记录

化学实验记录包括现象记录、数据记录和问题记录。记录时要做到客观、真实、及时和规范。要养成边做实验边在专用本上记录的好习惯，不能随意用零散纸记录。遇到反常现象时，要实事求是地记录下来，以利于分析原因。原始记录如果写错可以用笔画去，但不能随意涂改。实验完毕，应将实验记录交给教师检查。

3. 实验报告的书写

实验报告是实验最后一项工作，是实验总结，是一个把感性认识上升到理性认识的重要环节，对培养学生的分析归纳能力、书写能力具有重要作用。实验报告要求整洁、条理清晰。

三、化学实验中常用的仪器

化学实验中常用的仪器列于表1-2。

四、仪器的洗涤、干燥

1. 玻璃仪器的洗涤

（1）用水洗　玻璃仪器先用水冲洗或用合适的毛刷刷洗，洗去水溶性污物。

（2）用盐酸和洗涤剂洗　水洗后的玻璃仪器如附有不溶于水的碱、碳酸盐、碱性氧化物等，可加 $6mol \cdot L^{-1}$ 盐酸溶解，再用水冲洗。如有油污，可用毛刷蘸肥皂液或洗涤剂刷洗。但标准磨口仪器不能用去污粉洗涤，以免损坏磨口。

表 1-2　化学实验中常用的仪器

仪器名称	规　格	用　途	备　注
试管　离心试管	有硬质、软质试管之分。其规格以管口外径（mm）×长度（mm）表示。离心试管以 mL 数表示	作小型演示实验时用，便于操作和观察。离心试管可用于沉淀分离	硬质试管可直接用火加热，管口不可对着自己和别人，不可骤冷。振荡时，用拇指、食指和中指持试管的中上部，试管略倾斜。离心试管只能用水浴加热
滴瓶　广口瓶	一般为玻璃质。规格以 mL 数来表示	滴瓶用来盛放液体样品，广口瓶可盛放固体，不带磨口的广口瓶可作集气瓶	不能直接用火加热。不可以盛放碱，以免腐蚀瓶塞
胶头滴管　毛细滴管	玻璃质	胶头滴管常在定性分析时使用，观察方便。毛细滴管在称量分析中使用	
烧杯	玻璃质。分硬质、软质，有刻度和无刻度。规格按容量大小表示（mL）	可以作反应容器用。反应物容易混合均匀。可加热	放置在石棉网上加热，可使受热均匀
圆底烧瓶　平底烧瓶	玻璃质。有平底、圆底，长颈、短颈之分。有标准磨口烧瓶。规格以 mL 数表示	作为反应容器用。尤其在反应物较多，需长时间加热时使用	放置在石棉网上加热
碘量瓶　锥形瓶	玻璃质。有标准磨口碘量瓶	反应容器，常用作滴定操作，振荡方便。碘量瓶常用在碘量法滴定中。可加热	放置在石棉网上加热
量筒　量杯	玻璃质。规格以容量大小表示（mL）	用于定量液体体积时用	不可加热，也不能用作反应容器，热溶液忌用

仪器名称	规格	用途	备注
分液漏斗　漏斗	玻璃质。分液漏斗的规格以容量大小表示（球形、梨形）。漏斗以口径大小表示	分液漏斗用于互不相溶的两种液体的分离。漏斗用于过滤等操作	活塞要用橡胶皮套系于漏斗以避免滑出；塞子与漏斗配套使用，不能互换；不能用火加热
坩埚钳	铁制品	称量分析取坩埚时用	
坩埚　表面皿	坩埚可用瓷、石英、铁、镍或铂制造，规格以容量大小表示。表面皿为玻璃质，以口径大小表示	坩埚可灼烧，称量分析时用。表面皿可盖在烧杯上，以防止液体进溅	表面皿不能用火直接加热
容量瓶	玻璃质。规格以容积大小表示。磨口塞	用来准确量度液体，配制准确浓度的溶液	配制时应注意液体弯月面与刻度线相切。瓶塞不可互换
干燥器	玻璃质。规格以外径大小(mm)表示	内放干燥剂，可保持样品干燥	预防盖子滑动打碎，灼热的样品待稍冷后放入。盖的磨口处涂适量的凡士林。盖移动时平推平拉
吸滤瓶和布氏漏斗	布氏漏斗为瓷质，规格以口径大小表示。吸滤瓶为玻璃质，规格以容量大小表示	二者配套用于沉淀的减压过滤	不能用火加热，滤纸应贴紧漏斗的内径
蒸发皿	用瓷、石英、或铂制作。规格以口径大小表示	蒸发浓缩液体时用	不宜骤冷
石棉网	铁丝编成，中间有石棉	可使物体均匀受热，不造成局部高温	忌与水接触

续表

仪器名称	规 格	用 途	备 注
 研钵	可用瓷、玻璃、玛瑙或铁制成	用于研磨固体物质	
 称量瓶	玻璃质。有"扁型"和"高型"之分	可准确称量固体样品	不能加热,瓶塞不可互换
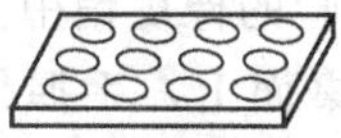 点滴板	瓷质	定性分析时用	

(3) 用洗液洗涤　盐酸和洗涤剂洗不掉的污物,或口径太小不能用毛刷刷洗的仪器,可以用洗液洗涤。实验室中常用的氧化性洗液由重铬酸钾和浓硫酸配制而成,具有腐蚀性和较强的氧化性。使用时先尽可能不使仪器内残留水分,然后向仪器内注入 1/5 体积的洗液,使仪器倾斜并慢慢转动,让内壁被洗液润湿,油污特别严重时可以浸泡一段时间。洗涤后的洗液倒回原瓶,然后用少量水冲洗,将冲洗液倒入废液缸中,不能倒入水槽,以免腐蚀下水道。

玻璃仪器洗净的标准是水均匀分布,器壁不挂水珠。

2. 玻璃仪器的干燥

洗净的玻璃仪器可以放在仪器架上自然晾干或在烘箱中烘干。也可以用电吹风吹干。或用有机溶剂干燥,即洗净的仪器中用少量乙醇荡洗几次,再用少量乙醚洗涤,倒出乙醚后,仪器可迅速干燥。

五、试剂的取用

固体试剂一般装在广口瓶中。液体试剂或配制成的液体则宜盛放在细口瓶中。见光易分解的试剂(如硝酸银)应放在棕色瓶中,每一试剂瓶上都必须贴上标签,标明试剂的名称、浓度和配制日期,并在标签外面涂上一薄层蜡,用来保护标签。

取用试剂前,应看清标签。取用时先打开瓶塞,将瓶塞倒放在实验台上。如果瓶塞上端不是平顶而是扁平的,可用食指和中指将瓶塞夹住(或放在清洁的表面皿上)。绝不可将它横置于桌面上以免沾污,也不能用手接触试剂。同时,应根据规定的量取用试剂,不要多取,这样既能节约药品,又能取得好的实验效果。取完试剂后,一定要把瓶塞盖严,绝不允许将瓶盖搞错,出现张冠李戴现象。还应注意,要将试剂瓶放回原处,以保持实验台整齐干净。

1. 固体试剂的取用

① 要用清洁、干燥的药匙取试剂。药匙的两端为大小两个匙,分别用于取大量固体和

取少量固体，应专匙专用。用过的药匙必须洗净擦干后才能再用。

② 取用试剂应按规定，不要超量。假如取多了，不能倒回原瓶，可放在指定的容器中，以供它用。

③ 取用一定质量的固体试剂时，可将固体放在干燥的纸上称量；具有腐蚀性或易潮解的固体，应放在表面皿上或玻璃容器内称量。

④ 往试管中加入固体试剂时，可用药匙或将取出的药品放在对折的纸片上伸进试管约2/3处。加入块状固体时，应将试管倾斜，使其沿管壁慢慢滑下，以免碰破管底。

⑤ 固体的颗粒较大时，可在清洁而干燥的研钵中研碎，研钵中所盛固体的量不要超过研钵容量的1/3。

⑥ 有毒药品要在教师指导下取用。

2. 液体试剂的取用

① 从滴瓶中取用液体试剂时，要用滴瓶中的滴管，滴管绝不能伸入所用的容器中，以免接触器壁而沾污药品。如用滴管从试剂瓶中取少量液体试剂时，则需用试剂瓶旁的专用滴管取用。装有药品的滴管不得横置或滴管口向上斜放，以免液体流入滴管的橡皮帽中。

② 从细口瓶取用液体试剂时，用倾注法。先将瓶塞取下，反放在桌面上，手握住试剂瓶上贴标签的一面，逐渐倾斜瓶子，让试剂沿着洁净的试管壁流入试管或沿着洁净的玻璃棒注入烧杯中。注出所需量后，将试剂瓶口在容器上靠一下，再逐渐竖起瓶子，以免遗留在瓶口的液滴流到瓶的外壁。

③ 在试管里进行某些实验时，取试剂不需要准确用量，只要学会估计取用液体的量即可。例如用滴管取用液体，1mL 约相当于 20 滴。倒入试管溶液的量，一般不超过其容积的1/3。

④ 定量取用液体时，用量筒或移液管。量筒用于量度一定体积的液体，可根据需要选用不同容量的量筒。量取液体量，使视线与量筒内液体的弯月面的最低处保持水平，偏高或偏低，都会因读不准确而造成较大的误差。

【练习】

1. 洗涤几种玻璃仪器，并判断是否洗涤干净。

2. 固体药品及液体药品的取用。

3. 对试管内的液体药品振荡并加热。

实训二 溶液的配制和稀释

【实训目的】

1. 能够使用准确浓度溶液配制的常规仪器。

2. 能够进行准确浓度溶液配制的基本操作。

3. 能够进行溶液的稀释。

【实训仪器】 5mL 移液管；50mL、100mL 容量瓶；电子天平，托盘天平；50mL、100mL 烧杯，玻璃棒；胶头滴管；试剂瓶；50mL 量筒；酒精灯；铁架台。

【实训药品】 EDTA 固体（乙二胺四乙酸的二钠盐）；质量分数 $w=0.37$、密度 $\rho=1.19\text{g}\cdot\text{cm}^{-3}$ 的市售浓盐酸；体积分数 $\varphi_B=0.95$ 的市售酒精。

【实训原理】

一、天平的使用

1. 托盘天平的使用

托盘天平用于粗称或准确度不高的称量，一般称准至 0.1～0.5g。使用方法如下所示。

（1）调零点　称量前应检查指针是否在刻度盘上正中间位置，此处为零点。如不在零点，调节平衡螺丝。

（2）称量　将被称物放在左盘，选择质量合适的砝码放在右盘，再用游码调节至指针正好停在刻度盘中间位置，此时指针所停放的位置为停点，停点与零点偏差不应超过 1 小格。读取砝码的质量，即为被称物的质量。应注意，称量物不能直接放在托盘上，应根据不同情况放在称量纸、表面皿或烧杯中。称量完毕，应将游码移到零刻度，砝码应放回盒内。

2. 电子分析天平的使用

电子分析天平是较为先进的分析天平，可以精确地称量到 0.1mg，称量简便迅速。其操作方法如下所示。

（1）查看水平仪　如水平仪不水平，通过水平调节脚调至水平。

（2）称量

① 直接称量和固定称量　对一些性质稳定、不污染天平的称量物，如金属、表面皿等，称量时直接将其放在天平盘上称其质量。一些在空气中无吸湿性的试样或试剂，可放在洁净干燥的小表皿或小烧杯上，一次称取一定质量的试样。对于一些在空气中性质稳定而又要求称量某一固定质量的试样，常采用固定称量法。先称出洁净干燥的容器（如小表面皿或小烧杯等）的质量，然后加入固定质量的砝码，再用角匙将略少于指定质量的试样加入容器里，待天平接近平衡时，轻轻振动角匙，让试样落入容器中，直接到天平平衡，即可得到所需固定质量的试样。例如用小烧杯称取试样时，将洁净干燥的小烧杯放在称盘中央，关闭侧门，显示数字稳定后，按 TAR 键，显示即恢复为零，开启侧门，缓缓加试样至显示出所需样品的质量时，关闭侧门，显示数字稳定后，直接记录所称试样的质量。

② 差减称量　称取试样的质量只要求在一定的质量范围内时，可采用差减称量法。此法适用于连续称取多份易吸水、易氧化或易与二氧化碳反应的物质。将适量试样装入洁净干燥的称量瓶中，先在台秤上粗称其质量，然后在电子分析天平上准确称量，其质量为 m_1。一手用洁净的纸条套住称量瓶取出，举在要放试样的容器（小烧杯或锥形瓶）上方，另一手用小纸片夹住瓶盖，打开瓶盖，将称量瓶一边慢慢地向下倾斜，一边用瓶盖轻轻敲击瓶口，使试样慢慢落入容器内。当倾出的试样估计接近所要求的质量时，慢慢将称量瓶竖起，同时轻敲瓶口上部，使黏附在瓶口的试样落回到瓶中盖好瓶盖，再将称量瓶放回天平上称量，此时称得的准确质量为 m_2。两次质量之差（m_2-m_1）即为所称试样的质量。按上述方法可连续称取几份试样。如称取 3 份约 0.2～0.3g 药品，先在托盘天平上称量约 0.9g，而后放入称盘中央，关闭侧门，显示数字后，记录其准确质量为 m_1，按上述差减称量法可连续称取几份试样。

二、容量瓶的使用

容量瓶是一个细颈梨形的平底瓶，带有磨口塞。由棕色或无色玻璃制成，瓶颈上有一刻度线，表示在所指温度下（一般为 20℃）当液体充满到弯月面与标线相切时，瓶内溶液体积恰好与瓶上所标示的体积相等。容量瓶用来配制准确浓度溶液或稀释溶液，通常有 5mL、10mL、25mL、50mL、100mL、500mL、1000mL 等各种规格。

使用容量瓶时要注意以下几点。

① 首先检查容量瓶口是否漏水（见图 1-2）。

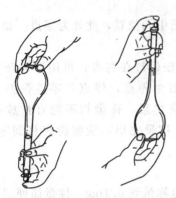

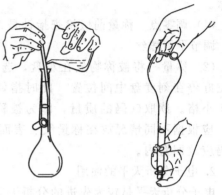

图 1-2　容量瓶试漏　　　　　　图 1-3　溶液定量转移及混匀

② 配制一定浓度的溶液时，先将固体溶解在烧杯中，然后用玻璃棒引流，缓缓将液体转入容量瓶中，转入完毕后，应仔细用洗瓶冲洗玻璃棒、烧杯及容量瓶颈内壁，最后定容至标线，摇匀即可（见图 1-3）。

③ 对容量瓶有腐蚀作用的溶液，尤其是碱溶液，不可长久存放于容量瓶中。

【实训内容及操作步骤】

一、溶液的配制

1. 配制准确浓度为 $0.01mol \cdot L^{-1}$ EDTA（$M = 372.2g \cdot mol^{-1}$）溶液 100mL

（1）计算　算出配制 100mL $0.01mol \cdot L^{-1}$EDTA 溶液所需的 EDTA 的固体质量。

（2）称量　准确称取所需 EDTA 固体，放入 100mL 小烧杯中。

（3）溶解　在烧杯中加入约 30mL 蒸馏水，在加热的条件下，用玻璃棒搅拌，使 EDTA 溶解。

（4）转移　烧杯中溶液冷却后，用玻璃棒引入 100mL 容量瓶中，再用少量蒸馏水洗涤烧杯 1～2 次，洗涤液引入容量瓶中。

（5）定容　继续往容量瓶中加入蒸馏水，当加到离刻度线 1cm 时，改用胶头滴管，加蒸馏水至溶液凹液面、100mL 刻度线和视线在同一线上时，盖好瓶塞，将溶液混匀。

（6）装瓶　将所配制的溶液装入指定的试剂瓶中，贴上标签。

2. 用浓盐酸配制 $0.2mol \cdot L^{-1}$ 盐酸 100mL

（1）计算　算出配制 $0.2mol \cdot L^{-1}$ 盐酸 100mL 需用质量分数 $w = 0.37$、密度 $\rho = 1.19g \cdot cm^{-3}$ 的市售浓盐酸的体积。

（2）量取溶解　用 5mL 吸量管吸取所需浓盐酸，并移至盛有 50mL 蒸馏水的 100mL 烧杯中，用玻璃棒慢慢搅动，使混合均匀并冷却。

（3）转移　将上述盐酸溶液沿玻璃棒注入容量瓶中。

（4）稀释、定容　向容量瓶中加入蒸馏水到离刻度线约 1cm 处，改用胶头滴管滴加蒸馏水到刻度线，盖好瓶塞，将溶液混匀，并装入指定的试剂瓶中，贴上标签。

二、溶液的稀释

用体积分数为 0.95 的市售酒精配制体积分数为 0.75 的消毒酒精 50mL。

（1）**计算**　算出配制体积分数为 0.75 的消毒酒精 50mL 需体积分数为 0.95 的市售酒精的体积。

（2）**移取**　用 50mL 量筒量取所需体积分数为 0.95 的酒精。

（3）**稀释、定容**　加蒸馏水到离刻度线约 1～2cm 处时，改用胶头滴管加蒸馏水至刻度线，用玻璃棒将溶液混匀，并装入指定的试剂瓶中，贴上标签。

第二章 化学平衡原理

【知识目标】

1. 理解化学反应速率、化学平衡的有关概念。
2. 熟悉影响化学反应速率的因素。

【能力目标】

1. 能分析浓度、温度的改变和催化剂的存在对化学反应速率的影响。
2. 能运用平衡移动的原理判断平衡移动的方向。

一、化学反应速率

化学反应速率表示单位时间内反应物浓度的减少或生成物浓度的增加。符号为 $\bar{v}$，单位为 $mol \cdot L^{-1} \cdot s^{-1}$、$mol \cdot L^{-1} \cdot min^{-1}$ 等。例如某一反应物的最初浓度为 $2mol \cdot L^{-1}$，经过 5s 以后，它的浓度变成了 $1.8mol \cdot L^{-1}$，则此反应的平均速率是：

$$\bar{v} = \frac{2.0mol \cdot L^{-1} - 1.8mol \cdot L^{-1}}{5s} = 0.04mol \cdot L^{-1} \cdot s^{-1}$$

对化学反应速率的影响有两个方面：一是本身的性质，如室温下，钾与水反应剧烈，铁与水反应缓慢；二是受到外界环境的影响，其中主要的是浓度、温度和催化剂等。

1. 浓度对化学反应速率的影响

【实验 2-1】 取两支试管，在第一支试管里加入 $0.1mol \cdot L^{-1}$ $Na_2S_2O_3$ 溶液 10mL，第二支试管里加入 $0.1mol \cdot L^{-1}$ $Na_2S_2O_3$ 溶液 5mL 及水 5mL。另取两支试管，分别注入 $0.1mol \cdot L^{-1}$ H_2SO_4 溶液 10mL，然后分别将 H_2SO_4 溶液同时注入上面盛有 $Na_2S_2O_3$ 溶液的试管中。可看到浓度较大的第一支试管首先由于硫的析出而变浑。

$$Na_2S_2O_3 + H_2SO_4 \Longrightarrow Na_2SO_4 + S\downarrow + SO_2 + H_2O$$

结论：在一定温度下，增加反应物的浓度，可以加快化学反应速率。

2. 温度对化学反应速率的影响

【实验 2-2】 取两支试管，分别加入 $0.05mol \cdot L^{-1}$ $Na_2S_2O_3$ 溶液 10mL。另取两支试管，分别加入 $0.1mol \cdot L^{-1}$ H_2SO_4 溶液 10mL。然后，将一支盛有 $Na_2S_2O_3$ 溶液的试管和一支盛有 H_2SO_4 溶液的试管组成一组，即四支试管组成两组。

将第一组试管插入冷水中，另一组试管插入 60℃ 左右的热水中，2min 后，同时分别将两组试管里的溶液混合。可看到插入热水中的一组首先变浑浊。

结论：温度升高，化学反应速率加快。实验证明，温度每升高 10℃，化学反应速率约增加 2~4 倍。

3. 催化剂对化学反应速率的影响

催化剂是一种能改变其他物质的化学反应速率，而本身的组成和质量在反应前后保持不变的物质。多数催化剂是能加快化学反应速率的。

【实验2-3】 取一支试管，加入1.5％的过氧化氢（H_2O_2）溶液2～3mL。取一支玻璃棒，用水蘸湿一端，粘少量的MnO_2粉末伸入到试管中，则反应剧烈进行，有大量气体产生，用木条余烬试验，可知产生的气体是氧气。

$$2H_2O_2 \xrightleftharpoons{MnO_2} 2H_2O + O_2 \uparrow$$

结论：加入催化剂，反应速率加快。

催化剂的催化作用是有选择性的，某一种催化剂只能对某一些特定的反应有催化作用，而对另一些反应则不起作用。生物体内的各种化学反应，多是在具有催化作用的酶的影响下进行的。生物体内的各种酶，是生物体内生命过程中的天然活性催化剂，对生物体的消化、吸收、新陈代谢等过程都起着非常重要的催化作用。酶催化时具有专一性。酶的种类很多，如淀粉酶、胃蛋白酶、胰蛋白酶等。酶催化作用的选择性极强，一种酶只对一种或一类物质起催化作用，就像一把钥匙开一把锁一样。酶的另一个特点是催化活性极高。例如，胃液中的胃蛋白酶能促进蛋白质的分解。欲使蛋白质在体外进行同样的分解，必须在强酸中加热到100℃，约24h才能分解完全，但在胃蛋白酶的催化下，体温下蛋白质就能很快地分解为氨基酸。因为酶是蛋白质，而酒精、重金属、强酸和强碱等都能使蛋白质发生变性，使酶失去活性，因此，酶催化一般要求比较温和的条件。

二、化学平衡状态

迄今为止，像放射性元素的蜕变及氯酸钾的分解等在一定条件下几乎完全进行到底的反应很少。这类反应物几乎全部转变为生成物的反应，称为不可逆反应。通常情况下，绝大多数的反应都是在同一条件下同时可向正、逆两个方向进行的反应，这类反应称为可逆反应。如：

$$2SO_2(g) + O_2(g) \rightleftharpoons 2SO_3(g)$$

在化学方程式中，常用双箭头来表示反应的可逆性，习惯上，把从左向右进行的反应称为正反应，把从右向左进行的反应称为逆反应。

反应的可逆性和不彻底性是一般化学反应的普遍特征。因此，研究化学反应进行的程度，了解特定反应在指定反应条件下消耗一定量的反应物理论上最能获得多少生成物，在理论和实践上都有重要的意义。

在密闭的容器中将SO_2和O_2按2:1混合，它们将发生如下的反应：

$$2SO_2(g) + O_2(g) \rightleftharpoons 2SO_3(g)$$

反应刚开始时，容器中只有反应物二氧化硫和氧气，此时，正反应速率（$v_正$）最大，逆反应速率（$v_逆$）为零；随着反应的进行，反应物SO_2和O_2浓度逐渐减小，生成物SO_3的浓度逐渐增大，逆反应速率也逐渐增大。当反应进行到一定程度时，$v_正 = v_逆$，此时的反应物和生成物的浓度不再发生变化，反应达到了该反应条件下的极限。这种在一定条件下密闭容器中，当可逆反应的正反应速率和逆反应速率相等时，该反应体系所处的状态称为化学平衡状态。

当一个反应达到化学平衡状态时，具有如下特征：等、动、定、变。等即正反应速率等于逆反应速率；动即反应为动态平衡；定即体系中的反应物和生成物的浓度不再随时间改变；变即化学平衡是有条件的、相对的，当外界条件发生改变时，原有的化学平衡就会被破坏而发生移动。

三、化学平衡常数

为了定量地研究化学平衡，则要找出平衡时反应系统各组分量之间的相互关系。平衡常数就是衡量平衡态的一种数量标志。对于一般的可逆反应：

$$aA + bB \rightleftharpoons cC + dD$$

在一定温度下，当反应达到平衡时，生成物浓度方次的乘积与反应物浓度方次的乘积之比是一个常数，即：

$$K_c = \frac{[C]^c [D]^d}{[A]^a [B]^d}$$

K_c 称为浓度平衡常数，简称平衡常数。上述关系式叫做化学平衡常数表达式。平衡常数数值的大小表明了在一定条件下反应时进行的程度。平衡常数值越大，表示达到平衡时生成物浓度越大，而反应物浓度越小，也就是正反应进行得越彻底。

对于气相反应，由于气体的分压与浓度成正比，因此平衡常数除可以用浓度平衡常数表示外，还可以用各气体的分压表示，称为压力平衡常数。上述可逆反应，其平衡常数表达式可写成

$$K_p = \frac{p_C^c \, p_D^d}{p_A^a \, p_B^b}$$

K_p 称为压力平衡常数。K_c 与 K_p 可通过实验测出平衡状态时各物质的浓度和分压求得。

在书写平衡常数表达式时，应注意以下几点。

① K 值的大小与反应温度有关，同一反应在不同温度下进行，K 值不同。在一定温度下，可逆反应达到平衡时，生成物浓度方次的乘积与反应物浓度方次的乘积之比是一个常数，它与反应的初始浓度无关。

② 如果反应体系中有固态物质和纯液态物质参加，它们的浓度视为常数，不将它们写在表达式中。

③ 对于水溶液中进行的反应，无论水是否参与反应，都不写入平衡常数表达式中。而对于非水溶液中进行的反应，若有水参与，则必须写入平衡常数表达式中。

四、化学平衡移动原理

任何化学平衡都是在一定温度、压力、浓度条件下暂时的动态平衡。当条件改变时，化学平衡就会被破坏，各物质的浓度（或分压）就会改变，反应继续进行，直到建立新的平衡。这种由于外界条件变化导致可逆反应从原来的平衡状态转变到新的平衡状态的过程叫做化学平衡的移动。

由于浓度、压力、温度等是影响化学反应速率的主要因素，分析和掌握这些因素对化学平衡移动方向的影响，在生产实践和生活中创造条件使化学平衡向着有利的方向移动，使可逆反应进行到最大程度或缩短平衡到达的时间，具有十分重要的意义。

1. 浓度和压力对化学平衡的影响

【实验 2-4】 取一支大试管，加入 10mL 蒸馏水，再依次加入浓度为 $0.1mol \cdot L^{-1}$ 的 $FeCl_3$ 溶液和 KSCN 溶液各 3 滴，溶液颜色变红。将此溶液分为 3 份，倒入 3 支试管中，第一支试管加入 5 滴 $0.1mol \cdot L^{-1}$ 的 $FeCl_3$ 溶液，第二支试管加入 5 滴 $0.1mol \cdot L^{-1}$ 的 KSCN 溶液，第三支试管作对照。观察溶液的颜色。

本实验中，$FeCl_3$ 和 KSCN 的反应方程式为：

$$FeCl_3 + 3KSCN \rightleftharpoons Fe(SCN)_3 + 3KCl$$

生成的硫氰化铁 $Fe(SCN)_3$ 为红色，在加入 $FeCl_3$ 和 KSCN 的两支试管中，红色加深。这说明，增加任何一种反应物的浓度，都能使平衡向正反应方向（向右）移动。实验还证明，增大生成物的浓度，或者减少反应物的浓度，平衡向逆反应方向（向左）移动。

浓度对化学平衡的影响可以总结为：在其他条件不变时，增大反应物的浓度或减小生成物的浓度，平衡向正反应方向（向右）移动；增加生成物的浓度或减小反应物的浓度，平衡向逆反应方向（向左）移动。

压力的变化只对于有气体参加的可逆反应可能有影响。如果对一个已达平衡的气体化学反应，增加或减小系统的压力，对化学平衡的影响分为两种情况：如果反应物气体分子总数与生成物的气体分子总数相等，平衡不发生移动；如果反应物气体分子总数与生成物的气体分子总数不等，则改变平衡体系的压力，将导致平衡移动。

【实验 2-5】 用注射器吸入 NO_2 和 N_2O_4 的混合气体之后，将细管口处用橡皮塞封闭。体系颜色不再变化时，分别将注射器活塞向后拉和向前推，观察注射器内气体颜色的变化情况。

NO_2 和 N_2O_4 在一定条件下处于化学平衡：

$$2NO_2 \rightleftharpoons N_2O_4$$

（红棕色）　（无色）

在这个反应里，每减少 2 体积份的 NO_2 就会增加 1 体积份的 N_2O_4。将注射器活塞向后拉时，管内体积增大，气体的压强和浓度减小，可看到混合气体的颜色逐渐变深，证明生成了更多的 NO_2，平衡向逆反应方向移动，即向气体分子数增多的方向移动。当活塞向前推时，管内气体体积减小，气体的压强和浓度增大，混合气体的颜色逐渐变浅，证明生成了更多的 N_2O_4，平衡向正反应方向移动，即向气体分子数减少的方向移动。

压力对化学平衡的影响可以总结为：压力变化只对那些反应前后气体分子数目有变化的反应有影响；在恒温下，增大压力时平衡向气体分子总数减小的方向移动，减小压力时平衡向气体分子总数增加的方向移动。反应前后气体分子数不变的反应，压力变化对化学平衡不产生影响。

对于固态和液态的平衡体系，由于加压或减压体系的体积几乎不变，所以，压力对固态和液态平衡没有影响。

2. 温度对化学平衡的影响

【实验 2-6】 将 NO_2 和 N_2O_4 达到平衡的混合气体放入两个连通着的烧瓶中，而后用弹簧夹夹住连通器的中间部位，将其中一个烧瓶浸入 70℃的水中，另一个烧瓶浸入冰水混合物中，观察现象。

由 NO_2 生成 N_2O_4 的反应为放热反应，逆反应为吸热反应。

$$2NO_2 \rightleftharpoons N_2O_4 + Q$$

（红棕色）　（无色）

通过观察发现，在热水中，气体混合物颜色加深，说明 NO_2 的浓度增大，平衡向逆反应方向（吸热的方向）移动；在冰水中，气体混合物颜色变浅，说明 NO_2 的浓度减小，平衡向正反应方向（放热的方向）移动。

所以，温度对化学平衡的影响可以归纳如下：升高温度，平衡会向吸热反应方向移动；

降低温度，平衡会向放热反应方向移动。

　　至于催化剂，它能同等程度地增加正反应速率和逆反应速率，因此它对化学平衡的移动没有影响，但能够缩短化学平衡到达的时间。

　　对于浓度、压力、温度等因素所引起的平衡系统移动的方向，法国科学家吕·查德里在1884年总结归纳为：若以某种形式改变平衡体系的条件之一（如浓度、压力或温度），平衡就会向着减弱这个改变的方向移动。这个规律被称为吕·查德里原理。

　　根据这一原理，可以对浓度、压力和温度对化学平衡的影响做出统一的解释：在平衡体系中，增加任何物质的浓度则平衡将向着减少该物质浓度的方向移动，减少某一物质的浓度则平衡向着生成此物质的方向移动，以尽量消除浓度改变带来的影响，恢复原有状态。升高温度，平衡向吸热方向移动，以尽量恢复原来系统的低温；降低温度，平衡向放热方向移动，以尽量恢复原来系统的高温。增加压力，平衡向着减少气体分子数（也降低压力）的方向移动，以尽量恢复原来系统的压力状态。

　　吕·查德里原理是一条普遍的规律，它对于所有的动态平衡（包括物理平衡）都适用。但是应注意，它只能应用于已达平衡的体系，对于非平衡体系不适用。

　　学习平衡移动的规律，有着很重要的意义：为接下来要学的酸碱平衡、沉淀溶解平衡、配位平衡等起指导作用；与专业知识有密切的联系，如人体输氧的过程就是化学平衡移动的过程，人体血液中的血红蛋白（Hb）具有输送氧气的特有功能，它能和肺部的氧结合生成氧合血红蛋白，携带着氧气流入全身组织，维持着生命过程，其反应可表示为

$$Hb + O_2 \rightleftharpoons Hb\text{-}O_2$$

（氧合血红蛋白）

输氧就是 O_2 浓度增加，平衡向正反应方向移动，会生成更多的氧合血红蛋白，释放更多的氧气，以维持组织对氧的需要；可以在此理论指导下，创造条件使平衡向着生产所需要的方向移动，使科学理论为生产建设服务。

【思考与习题】

1. 简述浓度、温度和催化剂对化学反应速率的影响。
2. 什么叫化学平衡和化学平衡的移动？
3. 下列反应达到平衡时：

$$2NO + O_2 \rightleftharpoons 2NO_2 + Q$$

如果①升高温度；②增大压强；③加催化剂；④在增加 O_2 浓度的同时减少 NO_2 的浓度。平衡向何方向移动？

第三章　分析化学基础知识

【知识目标】
1. 掌握分析化学的基本理论知识。
2. 掌握滴定分析法的知识。
3. 理解有效数字的意义，掌握有效数字的运算规则。
4. 理解精密度与准确度的关系。

【能力目标】
1. 能计算分析结果的误差和偏差。
2. 能准确地进行滴定分析结果的计算。

第一节　分析化学概述

分析化学是研究物质组成、结构和测定方法及有关理论的科学。它是化学学科的一个重要分支，也是化学研究中最基础、最根本的领域之一。

一、分析化学的任务和作用

1. 任务

分析化学的任务主要包括：确定物质的化学组成（定性分析）；测量各组分的含量（定量分析）。

2. 作用

国民经济建设中，分析化学的实用性很强。在许多行业，如畜牧业、种植业、食品营养检测和环境保护等部门中，分析化学起着"眼睛"的作用。近年来，食品安全、饲料安全、环境恶化等问题对人类生存和发展所构成的威胁愈来愈明显，这已经引起人们的普遍关注。对食品和饲料的营养与卫生方面来说，各种营养物质和有毒有害物质含量的检测和控制、食品和饲料的加工配方的选择和加工工艺的改进等，无不依赖于分析化学的理论知识和实验技能。

二、分析方法的分类

1. 根据试样用量不同分类

见表 3-1。

表 3-1　各类方法的样品用量

方　法	试样质量/mg	试液体积/mL	方　法	试样质量/mg	试液体积/mL
常量分析	＞100	＞10	微量分析	0.1～10	0.01～1
半微量分析	10～100	1～10	超微量分析	＜0.1	＜0.01

2. 根据测定原理和使用仪器不同分类

（1）化学分析法　以物质的化学反应及其计量关系为基础的分析方法，包括重量分析法和容量分析法。

重量分析法是通过物理和化学反应将试样中待测组分与其他组分分离，以称量的方法称得待测组分或它的难溶化合物质量，计算出待测组分的含量。如测定试样中氯的含量时，先称取一定量的试样，将其转化为溶液，再加入硝酸银沉淀剂，使生成 $AgCl$ 沉淀，经过滤、洗涤、烘干和称量，最后通过化学计量关系求得试样中氯的含量。该法准确度高，适用于被测组分含量为 1% 以上的常量分析。但操作费时，手续麻烦。

容量分析法也称为滴定分析法，它是将被测试样转化为溶液后，量取一定的体积，然后用滴定管将一种已知准确浓度的试剂溶液加入其中，使其发生化学反应。一般来说，在此之前要选择一种适当的指示剂加入被滴定的试剂溶液中，依靠它的颜色变化来确定一个滴定终点，记录下在此终点时所消耗的标准溶液的体积。然后通过反应的计量关系进行计算，求得被测组分的含量。该法准确度高，适用于常量分析，较重量分析简便快速，因此应用非常广泛。

（2）仪器分析法　以物质的物理性质和化学性质为基础，并借用较精密仪器测定被测物质含量的分析方法，分为光化学分析法、电化学分析法、色谱分析法、质谱法等。适用于被测组分含量为 0.01%～1% 的微量分析及＜0.01% 的痕量分析。

三、定量分析的一般步骤

定量分析过程，一般包括下列步骤：试样的采集、储存、预处理、分解，消除干扰，分析测定，计算分析结果等。

（1）试样的采集　在分析过程中，从大量的、来自不同地域的分析对象中抽取一部分能够代表被分析材料的样品，这一过程称为采样。采得的分析样品称为试样。试样必须具有代表性，所采得的试样要妥善保存，否则会由于发生变化或污染而导致不具代表性。对液体试样、气体试样和固体样品的采集，分别有不同的规范。在具体工作中需要详细了解，遵照执行。

（2）试样的储存、预处理　采集到的原始样品，要进行妥善的保存，避免受潮、挥发、风干、被污染、吸附损失、分解、变质等情况的发生。

根据分析目的和试样性质的不同，预处理可分为湿法处理和干法处理。一般分析工作中，除光谱分析、差热分析用干法处理外，通常都用湿法处理，即将试样处理成溶液，再进行分析。这一步非常关键，它不仅直接关系到待测组分是否转变成为适合的测定形态，也关系到以后的测定。

（3）试样的分解　这是分析工作的重要步骤之一。在分解试样时必须注意：试样分解必须完全，处理后的溶液中不得残留原试样的细屑或粉末；试样分解过程中待测组分不应挥发；不应引入被测组分和干扰物质。

由于试样的性质不同，分解的方法也有所不同。主要有溶解和熔融等。

（4）消除干扰　试样中如有干扰被测组分测定的其他组分存在，通常考虑用掩蔽法消除干扰。如此法不能达到消除干扰的效果，则必须采用适当的分离方法将干扰组分去除。

（5）分析测定　根据被测组分和共同组分的含量和性质以及对分析结果的准确度的要求等许多因素，选择合适的测定方法。

（6）计算分析结果　在对分析结果的数据进行适当处理后，再根据试样质量、测定所得的合理数据和分析测定中有关化学反应的计量关系计算试样中被测组分的含量，并通过计算对实验数据的精密度进行评价。

第二节　定量分析的误差

一、准确度与精密度的概念与计算

1. 准确度

准确度是指在规定条件下试样分析结果与真实值之间相符合的程度。其高低可以用误差来表示，误差越小准确度越高，误差越大准确度越低。从数据的计算上来说，误差可以分为绝对误差和相对误差。

$$绝对误差(E) = 测得值(X) - 真实值(T)$$

$$相对误差(E_r) = \frac{测得值(X) - 真实值(T)}{真实值(T)} \times 100\%$$

【例 1】　已知真实值为 20.34，而测定值为 20.30，请判定其准确度。

解：判定实验数据的准确度可以通过计算绝对误差和相对误差来进行。

$$绝对误差(E) = 测得值(X) - 真实值(T) = 20.30 - 20.34 = -0.04$$

$$相对误差(E_r) = \frac{E}{T} \times 100\% = \frac{-0.04}{20.34} \times 100\% \approx -0.20\%$$

常量分析中，实验结果的相对误差应不超过 0.3%。所以说这个实验的数据是比较好的。

【例 2】　已知真实值 80.39，而测定值为 80.35，请判定其准确度。

$$E = X - T = 80.35 - 85.39 = -0.04$$

$$E_r = \frac{E}{T} \times 100\% = \frac{-0.04}{80.39} \times 100\% = -0.05\%$$

比较例 1、例 2 得出结论：相对误差能更好地反映出测定结果的准确度。因此，实际测定时，相对误差使用较多。

2. 精密度

精密度是指相同条件下多次测定结果相互符合的程度。精密度的高低由偏差表示，偏差愈小，精密度愈高。同误差一样，偏差也分为绝对偏差和相对偏差。

绝对偏差：单项测定与平均值的差值，即

$$绝对偏差(d) = X - \overline{X}$$

相对偏差：绝对偏差在平均值中所占百分率或千分率，即

$$相对偏差(d\%) = \frac{d}{X} \times 100\% = \frac{X - \overline{X}}{X} \times 100\%$$

平均偏差是指单项测定值与平均值的偏差的绝对值之和除以测定次数。

$$平均偏差 \ \overline{d} = \frac{|d_1| + |d_2| + |d_3| + \cdots + |d_n|}{n} = \frac{\sum |d_i|}{n}$$

实际工作中，相对平均偏差的使用较多。

$$相对平均偏差(\overline{d}\%) = \frac{\overline{d}}{X} \times 100\% = \frac{\sum |d_i|}{n\overline{X}} \times 100\%$$

二、准确度与精密度的关系

【例3】 甲、乙、丙、丁四个分析工作者对同一铁标样（$\omega_{Fe} = 65.15\%$）中的铁含量进行测量，得到的结果如图3-1所示，比较其准确度与精密度。甲所得的分析结果准确度和精密度均好，结果可靠；乙的精密度虽高，但准确度较差；丙的精密度和准确度均

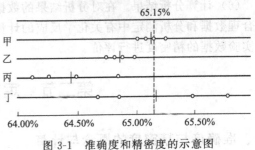

图3-1 准确度和精密度的示意图

较差；丁的平均值虽然接近真实值，但由于精密度较差，已经失去了数据的可靠性，不可能有准确的分析结果。

结论：准确度高，精密度一定高；精密度不高，准确度一定不高；精密度高，准确度不一定高。

三、误差的分类及其产生的原因

误差分为系统误差、随机误差（也称偶然误差）。

1. 系统误差

系统误差是由某种固定的原因造成的误差，若能找出原因，设法加以测定，就可以消除，所以也叫可测误差。系统误差是重复地以固定形式出现的，增加平行测定次数不能消除。

系统误差具有单向性、可测性和重复性的特点，即正负、大小都有一定的规律性，重复测定时会重复出现。系统误差的产生与实验中所使用的仪器、试剂，所采用的方法和实验人员的操作等有关。

（1）仪器误差 由于使用的仪器本身不够精确所造成的。例如天平两臂不等长，砝码长期使用后质量改变，容量瓶、移液管未经校正等。仪器误差可以通过对照实验进行校正。

（2）方法误差 由分析方法本身造成的。例如重量分析中由于沉淀的溶解、共沉淀现象，滴定分析中干扰离子的影响、指示剂选择不当等。方法误差可以通过改进实验方法进行校正。

（3）试剂误差 由于所用水和试剂不纯造成的。试剂误差可以通过空白实验进行校正。

（4）操作误差 由于操作人员的主观原因造成的。如滴定分析时，每个人对滴定终点颜色变化的敏感程度不同，不同的人对终点的判断不同。操作误差可以通过对照实验进行校正。

2. 随机误差

随机误差由某些难以控制、无法避免的偶然因素，如操作中温度、湿度的变化，环境污染甚至灰尘的落入，操作人员在实验过程中操作上的微小差别等所造成。随机误差具有大小、正负都不固定的特点，不能通过校正来减小或消除，可以通过增加测定次数予以减小。

系统误差和随机误差划分不是绝对的。对滴定终点判断的不同有个人的主观原因，也有偶然性。随机误差比系统误差更具偶然性。当人们对误差产生的原因尚未认识时，往往把它当作偶然误差对待，进行统计处理。

四、提高分析结果准确度的方法

1. 选择合适的分析方法

选择分析方法时应该考虑试样中待测组分的相对含量。比如同样是对含铁的样品进行含

铁量的测定，对于含铁量高的样品和含铁量低的样品应该选择不同的方法。含铁量高的样品宜选用灵敏度低但准确度高（约±0.2%）的滴定分析法（如 $K_2Cr_2O_7$ 滴定法），含铁量低的样品宜选用灵敏度高的仪器分析法（如分光光度法）。如果对含铁量高的样品（比如说含铁量为 40.20%）采用直接比色法，则会由于方法的相对误差大（约±2%），进而带来较大的绝对误差。而对含铁量低的样品（比如说含铁量为 0.40%）选用滴定分析法，由于方法本身的灵敏度不高，难以检测。尽管准确度较差，但是对于含铁量如此低的样品，计算出来的误差（±0.2%×0.40%＝±0.008%）是允许的。

2. 减少测量误差

这里要说的主要是指称量时的质量方面的要求和滴定时对所用滴定剂体积的要求。如果使用分析天平进行称量，要使称量的相对误差小于±0.1%，试样质量必须在 0.2g 以上。使用滴定管进行滴定分析，要使滴定时的相对误差小于±0.1%，消耗的滴定剂的体积必须大于 20mL，最好使体积在 25mL 左右（对于最大计数读数只有 25mL 的滴定管，所用滴定剂的体积不能超过 25mL）。

$$试样质量 = \frac{绝对误差}{相对误差} = \frac{0.0002}{0.001} = 0.2(g) \qquad 试剂体积 = \frac{绝对误差}{相对误差} = \frac{0.02}{0.001} = 20(mL)$$

说明：一般分析天平的一次称量误差为±0.0001，则对同一样品两次读取平衡点时的误差就可能为±0.0002。而滴定管的一次读数误差为±0.01，如果对同一次滴定读数两次，则可能造成的最大误差就可能是±0.02。

应该指出，不同的分析方法对准确度的要求是不同的，应根据具体情况掌握各步测量的误差，使测量的准确度与分析方法的准确度保持一致。

3. 系统误差的减小方法

这是提高分析结果准确度的主要方法，一般采用下面的方法进行检验和校正。

（1）对照试验　对照试验可以分为"试样对照"和"方法对照"。即采用已知分析结果的标准试样与被分析试样进行对照，或用公认的标准方法与所采用的分析方法进行对照，即可判断分析结果的误差的大小。这是最有效的消除系统误差的方法。

（2）回收试验　在测定试样某组分含量（x_1）的基础上，加入已知量的该组分（x_2），再次测定其组分含量（x_3）。由回收试验所提数据可以计算出回收率，由回收率的高低来判断系统有无系统误差存在。

（3）空白试验　除不加试样外，其他试验步骤与试样试验步骤完全一样的实验。所得的结果称为空白值。然后，从试样分析的结果中扣除空白值，即可得到比较可靠的分析结果。

（4）仪器校正　在实验前，应该根据所要求的允许误差对测量仪器如砝码、滴定管、移液管和容量瓶等进行校正，以减小误差。

（5）方法校正　例如，在重量分析中，要达到沉淀绝对完全是不可能的，但是仍然可将溶解在滤液中的少量组分用其他方法如比色法进行测定，再将该分析结果加到重量分析的结果中去，以达到提高分析结果准确度的目的。

4. 偶然误差的减小方法

通常，在消除系统误差的情况下，增加测定的次数和非常细心地进行操作，可以减小偶然误差。但是，从数理统计规律来看，测量次数增加到一定程度，如 10 次左右，再增加测量次数，对减小偶然误差没有显著的效果，反而增加工作量。在实际工作中测定次数为 2～4 次已经足够了。

第三节　有效数字及计算

一、有效数字

1. 定义

有效数字就是实际能测到的数字。有效数字的位数与分析过程所用的分析方法、测量方法和测量仪器的准确度有关。有效数字可以这样表示：

有效数字＝所有的可靠的数字(准确的数)＋一位可疑数字(欠准的数,误差为±1)

例如，四位同学读取同一个滴定管上液面的刻度时，得到如下数据：

甲：23.43mL　　乙：23.42mL　　丙：23.44mL　　丁：23.45mL

这四种读数都有四位有效数字，都是有效的，但是每一个数据的准确度肯定不同。

2. 有效数字表示的含义

有效数字的位数尤其是小数点后面的位数不同，表示所用的测量工具的准确度不同。

例如，同一个物品经过称量得到 7.5g、7.52g、7.523g、7.5287g 这些数据，可以知道这是在不同准确度的称量工具上称量的结果，其中最后一个数据肯定是在万分之一的分析天平上称量的。

3. "0" 的双重意义

作为普通数字使用或作为定位的标志。

例如，滴定管读数为 20.30mL。两个 0 都是测量出的值，算为普通数字，都是有效数字，这个数据有效数字位数是四位。

改用 "L" 为单位，数据表示为 0.02030L，前两个 0 是起定位作用的，不是有效数字，此数据是四位有效数字。

4. 规定

① 改变单位并不改变有效数字的位数。例如：1.0L 不能写成 1000mL，而应该写成 1.0×10^3 mL，两位有效数字的概念没有改变。

② 在分析化学计算中遇到倍数、分数关系等非测量所得数据，如分子量等，其有效位数字视为无限。

③ 对数数值的有效数字位数由该数值的尾数部分决定。例如，pH＝11.20，其有效数字的位数应该为两位，而非四位。

5. 数字修约规则

采用 "四舍六入五留双" 的修约规则。当尾数≤4 时则舍，尾数≥6 时则入；尾数等于 5 而后面无数或为 0 时，5 前面为偶数则舍，5 前面为奇数则入；尾数等于 5 而后面还有不为 0 的任何数字，无论 5 前面是奇数还是偶数都入。

【例 4】　将下列数字修约为 4 位有效数字。

解：修约前　28.175，28.165，28.2645，28.26501

修约后　28.18，28.16，28.26，28.27

另外，修约数字时要一次到位，不能连续多次地进行修约。

二、有效数字的运算规则

1. 加减法

保留有效数字的位数，以小数点后位数最少即绝对误差最大的为依据。

【例5】 $0.0121+25.64+1.05782=?$

解：先按修约规则全部保留小数点的后两位，再计算。不允许计算后再修约。

0.01	0.0121
25.64	25.64
$+$ 1.06	$+$ 1.05782
26.71	26.70992
正确	不正确

2. 乘除法

保留有效数字的位数，以有效数字位数最少即相对误差最大的为依据。

【例6】 $0.0121\times25.64\times1.05482=?$

解：先确定好有效数字的位数，再对数字进行修约，然后计算。

有效数字的位数以相对误差最大的为准。

0.0121的相对误差最大，应取此数的有效数字位数三位。

$0.0121\times25.64\times1.05482=0.0121\times25.6\times1.06=0.327$（结果要求也是三位）

在乘除法的运算中，可以将参与运算的各数的有效数字位数修约到比该数应有的有效数字的位数多一位（这多取的数字称为安全数字），然后再运算。

如上例 $0.0121\times25.64\times1.05482=0.0121\times25.64\times1.055=0.327$（结果修约为三位）。这是目前常用的、使用安全的有效数字的计算方法。

说明：①有效数字的概念要联系实际使用的定量工具来理解效果较好；②当一个计算结果继续参与下一步的计算时，其有效数字可暂时多保留一位，这样可以避免由于多次的"四舍六入五留双"而引入较大的误差，最后的计算结果再用上述原则去掉多余数字。其首位为8或9的数，在运算过程中有效数字的位数可多计一位，而在得到最后的结果时，再舍弃多余的数字，使最后计算结果恢复与准确度相适应的有效数字位数。

第四节 滴定分析概述

一、基本概念

（1）滴定分析法 将已知准确浓度的试剂溶液加入到被测物质溶液中，直到所加试剂与被测物质完全反应，根据二者的用量和标准溶液的浓度计算被测组分含量的方法叫滴定分析法。滴定分析时利用的化学反应统称为滴定反应。

滴定分析法是定量分析中一种很重要的方法。其特点是：适用于组分含量在1%以上的常量组分的分析；准确度较高，相对误差一般约在±0.2%以下；仪器简单，操作方便、快速；应用范围广，有很大的实用价值。

（2）标准溶液 滴定分析中，已知准确浓度的试剂溶液叫做标准溶液，通常也叫滴定剂。

（3）滴定　通过滴定管滴加滴定剂的操作过程叫做滴定。

（4）化学计量点　当加入的标准溶液与被测物质按照化学反应式的计量关系正好完全反应时，反应即达到了化学计量点。

（5）指示剂　能借助颜色变化来判断化学计量点到达的试剂叫指示剂。

（6）滴定终点　滴定过程中指示剂的变色点称为滴定终点。

（7）终点误差　一般来说，滴定终点与化学计量点是不一致的，由此引起的误差称为滴定误差或终点误差。

二、滴定分析法分类

依据标准溶液与待测定溶液之间化学反应类型的不同，将滴定分析法分为下述四类。

（1）酸碱滴定法　以酸碱中和反应为基础的滴定分析法。在畜牧兽医及相关专业分析中用以直接测定各类样品的酸度或碱度，以及间接测定氮、磷、碳酸盐、硫酸盐等的含量。

（2）氧化还原滴定法　以氧化还原反应为基础的滴定分析法。也是滴定分析法中应用最广泛的方法之一。可以测定各种氧化剂和还原剂，以及一些能与氧化剂或还原剂起定量作用的物质。在畜牧类专业分析中用以测定钾、钙、铁和有机质，以及砷和铜等。

（3）沉淀滴定法　以沉淀反应为基础的滴定分析法。目前应用最广泛的是生成难溶银盐的反应，称为银量法。在畜牧兽医领域分析中，常用来测定试样中的氯、溴等含量。

（4）配位滴定法　以配位反应为基础的分析方法。在畜牧兽医专业分析中用以测定硫酸盐、钙、镁、磷等。

三、滴定分析法对化学反应的要求

滴定分析能应用各种不同类型的化学反应，但不是所有的化学反应都能用于滴定分析。能够用于滴定分析的化学反应必须具备如下条件。

① 反应定量地完成。即反应按照一定的反应式进行，反应必须要完全（通常要求达到99.9%以上），这是定量计算的基础。

② 反应速率要快。对于速率慢的反应，可以采取适当措施提高其反应速率。如加热、加催化剂或采用间接滴定法等。

③ 有简便合适的确定滴定终点的方法。常用的就是加入合适的指示剂，也可由滴定过程中电位的突变或反应物本身颜色的变化来指示终点。

④ 无副反应发生。若存在有干扰主反应的杂质存在，必须有合适的消除干扰的方法。

凡是能满足上述要求的反应，都可以应用于直接滴定法中，即用标准溶液直接滴定被测物质。如果反应不能完全符合上述要求，可以采用间接滴定法。间接滴定法的应用扩大了滴定分析的适用范围。

四、滴定方式

（1）直接滴定法　滴定反应符合滴定分析法的要求，可直接用标准溶液滴定被测物质的滴定法叫直接滴定法。直接滴定法是最常用和最基本的滴定方法。

（2）返滴定法　先过量加入一种标准溶液，使之与被测组分充分反应，待反应完全后，再以另一种标准溶液滴定剩余的第一种标准溶液，根据消耗的两种标准溶液的物质的量计算被测组分含量。例如酸碱滴定法测定样品中 $CaCO_3$ 的含量。盐酸标准溶液不能直接滴定 $CaCO_3$，这是因为 $CaCO_3$ 通常为颗粒状固体，且边反应边溶解，导致反应的速率较慢。这时，可以先加入过量且定量的盐酸标准溶液以加快反应速率，待反应完全后，再用 NaOH 标准溶液滴定剩余的 HCl。根据加入的 HCl 的物质的量和所消耗的 NaOH 的物质的量之差即可求算出与 $CaCO_3$ 反应的 HCl 的量，进而计算出样品中 $CaCO_3$ 的含量。

(3) 置换滴定法　先用适当的试剂与被测物质反应，使被测物质定量地被置换成另一物质，再用标准溶液滴定此物质，这种滴定方法叫置换滴定法。例如 $K_2Cr_2O_7$ 含量的测定。硫代硫酸钠（$Na_2S_2O_3 \cdot 5H_2O$）不能直接滴定 $K_2Cr_2O_7$ 以及其他氧化剂，因为强氧化剂会将 $S_2O_3^{2-}$ 氧化为 $S_4O_6^{2-}$ 和 SO_4^{2-}，它们之间没有一定的计量关系。测定时，先在酸性 $K_2Cr_2O_7$ 溶液中加入过量的 KI，使 $K_2Cr_2O_7$ 被定量置换成 I_2，I_2 可以用 $Na_2S_2O_3$ 标准溶液直接滴定。

(4) 间接滴定法　对于不能与滴定剂直接起化学反应的物质，可通过另一种化学反应，用滴定分析法间接进行测定，这种滴定方式叫间接滴定法。例如 Ca^{2+} 在溶液中没有可变价态，不能直接用氧化还原法滴定。可先将 Ca^{2+} 沉淀为 CaC_2O_4，过滤洗净后再溶于硫酸中，$C_2O_4^{2-}$ 与 H^+ 结合成草酸，再用 $KMnO_4$ 标准溶液滴定草酸，从而间接测定 Ca^{2+} 的含量。

五、基准物质和标准溶液

1. 基准物质

用以直接配制标准溶液或标定标准溶液浓度的物质叫基准物质。基准物质应具备下列条件。

① 试剂纯度高。一般要求其纯度在 99.9% 以上，杂质的含量应少到不致影响分析的准确度。通常用基准试剂或优级纯物质。

② 物质的组成必须与化学式完全相符。若含结晶水，则结晶水的含量也必须与化学式相符。如草酸 $H_2C_2O_4 \cdot 2H_2O$、硼砂 $Na_2B_4O_7 \cdot 10H_2O$ 等。

③ 试剂性质稳定。在配制和贮存时不发生变化。如在烘干时不易分解，称量时不易吸湿，不吸收空气中的二氧化碳，也不易被空气中的氧氧化变质等。

④ 最好具有较大的摩尔质量。因为摩尔质量越大，称取的质量就越多，称量的误差就相应地减小。

常用基准物质的干燥条件和应用范围列于表 3-2。

2. 标准溶液的配制

(1) 直接法　在分析天平上准确称取一定量已干燥的基准物质，溶解后转移到已校正的容量瓶中，用蒸馏水稀释至刻度，配制成一定准确体积的溶液。充分摇匀。根据试剂质量及溶液体积计算该标准溶液的准确浓度。这种配制方法叫直接法。

(2) 间接法（也称标定法）　当欲配制的标准溶液的试剂不是基准物质时，就不能用直接法配制。这时大致配制成所需浓度的溶液，再利用该溶液与基准物质或另一已知准确浓度的溶液反应，来确定该溶液浓度，这一过程称为标定。其中，用基准物质进行的标定称为直接标定，用另一已知浓度的标准溶液进行的标定称为间接标定。例如，欲配制 0.1mol·L^{-1} 的 NaOH 标准溶液，先配制出浓度大约为 0.1mol·L^{-1} 的 NaOH 溶液，然后用该溶液滴定经准确称量的邻苯二甲酸氢钾，根据二者完全作用时 NaOH 溶液的用量和邻苯二甲酸氢钾的质量，即可计算出 NaOH 溶液的准确浓度。

表 3-2　常用基准物质的干燥条件和应用范围

名　称	化学式	干燥后的组成	干燥条件	标定对象
无水碳酸钠	Na_2CO_3	Na_2CO_3	270～300℃	酸
硼砂	$Na_2B_4O_7 \cdot 10H_2O$	$Na_2B_4O_7 \cdot 10H_2O$	放在装有 NaCl 和蔗糖饱和溶液的密闭器皿中	酸
邻苯二甲酸氢钾	$KHC_8H_4O_4$	$KHC_8H_4O_4$	110～120℃	碱
二水合草酸	$H_2C_2O_4 \cdot 2H_2O$	$H_2C_2O_4 \cdot 2H_2O$	室温空气干燥	碱、$KMnO_4$
三氧化二砷	As_2O_3	As_2O_3	室温干燥器中保存	氧化剂
草酸钠	$Na_2C_2O_4$	$Na_2C_2O_4$	130℃	氧化剂
重铬酸钾	$K_2Cr_2O_7$	$K_2Cr_2O_7$	140～150℃	还原剂
溴酸钾	$KBrO_3$	$KBrO_3$	130℃	还原剂
碘酸钾	KIO_3	KIO_3	130℃	还原剂
铜	Cu	Cu	室温干燥器中保存	还原剂
碳酸钙	$CaCO_3$	$CaCO_3$	110℃	EDTA
锌	Zn	Zn	室温干燥器中保存	EDTA
氯化钠	NaCl	NaCl	500～600℃	$AgNO_3$
硝酸银	$AgNO_3$	$AgNO_3$	220～250℃	氯化物

为了提高标定的准确度，一般要求注意以下几点。

① 标定时要求做 3～4 次平行试验，至少 2～3 次，其相对偏差要求不大于 0.2%。

② 如果用分析天平称量，则基准物质的量不应少于 0.2g。

③ 滴定时使用的溶液的体积不应少于 20mL，最好在 20～25mL 之间。

④ 配制和标定溶液的量器（如分析天平的砝码、滴定管、容量瓶及移液管等），必要时需进行校正。如果实验环境的温度偏离标准温度 20℃，还要加入温度修正值。

⑤ 制备标准溶液一般用蒸馏水或纯净水，所用水应符合 GB 6682 中三级水的规格。

⑥ 对一些不够稳定的溶液，应根据它们的性质妥善保存。如见光易分解的溶液要装在棕色瓶中，并置于暗处。强碱溶液对玻璃有腐蚀作用，最好用塑料瓶装。如装在玻璃瓶中，要用橡皮塞塞紧，不可以用玻璃塞（或隔层塑料薄膜，以防因粘连而打不开）。这类溶液使用前还要重新标定。

⑦ 配好的溶液盛装到试剂瓶中时，应马上贴好标签，注明溶液的浓度（浓度值取 4 位有效数字）、名称和配制日期。

六、滴定分析中的计算

1. 滴定分析计算的依据

将试样制备成溶液置于锥形瓶中，再将另一种已知准确浓度的试剂溶液（标准溶液）由滴定管滴加到待测组分的溶液中去，直到所加标准溶液和待测组分恰好完全定量反应为止。假如选取分子、离子或原子作为反应物的基本单元，此时滴定分析结果计算的依据为：当滴定到化学计量点时，它们的物质的量之间关系恰好符合其化学反应所表示的化学计量关系。

$$aA + bB \longrightarrow dD + eE$$

待测物溶液的体积为 V_A，浓度为 c_A，到达化学计量点时消耗了浓度为 c_B 的滴定剂的体积为 V_B，则

$$c_A V_A = \frac{a}{b} c_B \cdot V_B$$

浓度高的溶液稀释为浓度低的溶液，可采用下式计算：

$$c_1 V_1 = c_2 V_2$$

式中，c_1、V_1 为稀释前某溶液的浓度和体积；c_2、V_2 为稀释后所需溶液的浓度和体积。

【例7】 以 $H_2C_2O_4$ 为基准物质在酸性条件下标定 $KMnO_4$ 溶液的浓度（直接滴定法），反应式为：

$$2MnO_4^- + 5H_2C_2O_4 + 6H^+ === 2Mn^{2+} + 10CO_2\uparrow + 8H_2O$$

$$n(KMnO_4) = \frac{2}{5} n(H_2C_2O_4)$$

2. 基准物质称量的计算

实际应用中，常用基准物质标定溶液的浓度，而基准物质往往是固体，因此必须准确称取基准物质的质量 m，溶解后再用于标定待测溶液的浓度。

【例8】 要求在标定时用去 $0.10 mol \cdot L^{-1}$ NaOH 溶液 $20 \sim 25 mL$，问应称取基准试剂邻苯二甲酸氢钾（化学式 $KHC_8H_4O_4$，可以缩写为 KHP）多少克？如果改用草酸（$H_2C_2O_4 \cdot 2H_2O$）作基准物质，又应称取多少克？根据计算结果确定应该选用哪种物质作为此次测定的基准物质（要求相对误差小于 0.1%）。

解： 当以邻苯二甲酸氢钾为基准物质标定氢氧化钠时，反应的方程式为

$$NaOH + KHP === KNaP + H_2O$$

显然 $n_{KHP} = n_{NaOH}$；又已知 $M_{KHP} = 204.22 g \cdot mol^{-1}$，且要求在标定时用去 $0.10 mol \cdot L^{-1}$ NaOH 溶液 $20 \sim 25 mL$。

(1) 当 $V = 20 mL$ 时：$m_{KHP} = 0.10 mol \cdot L^{-1} \times 20 \times 10^{-3} L \times 204.22 g \cdot mol^{-1} = 0.41 g$；

(2) 当 $V = 25 mL$ 时：$m_{KHP} = 0.10 mol \cdot L^{-1} \times 25 \times 10^{-3} L \times 204.22 g \cdot mol^{-1} = 0.51 g$。

即要求称取基准试剂邻苯二甲酸氢钾的质量为 $0.41 \sim 0.51 g$。

3. 待测物含量的计算

若称取试样的质量为 m_s，测得待测物的质量为 m_A，则待测组分在试样中的质量分数 ω_A 为：

$$\omega_A = m_A / m_s \times 100\%$$

在滴定分析中，被测组分的物质基础的量 n_A 是由滴定剂的浓度 c_B、体积 V_B 以及被测组分与滴定剂反应的摩尔比 $a:b$ 求得的，即

$$n_A = \frac{a}{b} n_B = \frac{a}{b} c_B V_B \qquad n_A = m_A / M_A$$

所以 $m_A = \frac{a}{b} c_B V_B M_A$ $\qquad \omega_A = \left[\frac{a}{b}(c_B V_B M_A) \right] \Big/ m_s \times 100\%$

【例9】 测定工业用纯碱 Na_2CO_3 的含量，称取 $0.2560 g$ 试样，用盐酸溶液（$0.2000 mol \cdot L^{-1}$）滴定，若终点时消耗盐酸溶液 $22.93 mL$，计算试样中 Na_2CO_3 的百分含量。

解： 反应的化学方程式为 $\qquad Na_2CO_3 + 2HCl === 2NaCl + 2H_2O + CO_2$

$$\omega_A = \left[\frac{a}{b}(c_B V_B M_A) \right] \Big/ m_s \times 100\%$$

$$w_{Na_2CO_3} = \frac{\frac{1}{2} \times c_{HCl} \times \frac{V_{HCl}}{1000} \times M_{Na_2CO_3}}{m_{Na_2CO_3}} = \frac{\frac{1}{2} \times 0.2000 \times \frac{22.93}{1000} \times 106.0}{0.2560} \times 100\% = 94.94\%$$

4. 关于标定溶液浓度的计算

【例10】 用基准无水碳酸钠标定盐酸溶液的浓度。称取 0.2023g Na_2CO_3，滴定至终点时消耗盐酸溶液 37.70mL，计算盐酸溶液的浓度（已知 $M_{Na_2CO_3} = 105.99g \cdot mol^{-1}$）。

解： 反应的化学方程式为 $\qquad Na_2CO_3 + 2HCl \Longrightarrow 2NaCl + CO_2 \uparrow + H_2O$

$$n_{HCl} = 2n_{Na_2CO_3}$$

$$c_{HCl} = \frac{2 \times \frac{m_{Na_2CO_3}}{M_{Na_2CO_3}}}{V_{HCl}} = \frac{2 \times \frac{0.2023}{105.99}}{37.00 \times 10^{-3}} = 0.1032(mol \cdot L^{-1})$$

5. 滴定分析法计算实例

【例11】 准确移取食用白醋 25.00mL，置于 250mL 容量瓶中，用蒸馏水稀释至刻度，摇匀。用 50mL 移液管称取上述溶液，置于 250mL 锥形瓶中，加入酚酞指示剂，用 0.1000mol · L^{-1} NaOH 标准溶液滴定至微红色且 30 秒内不退色时，用去标准溶液 20mL。计算每 100mL 食用白醋中含醋酸的质量。（$M_{HAc} = 60.00g \cdot mol^{-1}$）

解： 反应的化学方程式为 $\qquad NaOH + HAc \Longrightarrow NaAc + H_2O$

（1）先求出 50mL 溶液中醋酸的浓度：

$$c_{HAc} = \frac{c_{NaOH}V_{NaOH}}{V_{HAc}} = \frac{0.1000 \times 20 \times 10^{-3}}{50 \times 10^{-3}} = 0.04000(mol \cdot L^{-1})$$

也就是说，50mL 溶液中醋酸的浓度为 0.04000mol · L^{-1}。

（2）再求 25mL 白醋中醋酸的浓度：

根据稀释定律 $\qquad c_{HAc(浓)}V_{HAc(浓)} = c_{HAc(稀)}V_{HAc(稀)}$

则 $\qquad c_{HAc(浓)} = \frac{0.04000 \times 250}{25} = 0.4000mol \cdot L^{-1}$

（3）计算 100mL 食用白醋中含醋酸的质量：

根据公式 $\qquad m = Mn$ 和公式 $\qquad n = c \cdot V$ 得

$$m_{HAc} = McV = 60.00 \times 0.4000 \times 100 \times 10^{-3} = 2.40 (g)$$

【思考与习题】

1. 指出下列情况会引起什么误差？如果是系统误差，应如何避免？

（1）砝码被腐蚀；（2）容量瓶未校准；（3）滴定管读数最后一位数字估计不准；（4）滴定时不慎，溶液溅出；（5）试剂中含有微量的被测组分；（6）过滤沉淀时，出现穿滤现象，未及时发现；（7）天平零点稍有变动；（8）洗涤沉淀时，少量沉淀因溶解而损失。

2. 试样中含铁质量分数为 21.24%，经过五次测定得到如下数据：21.28%，21.30%，21.27%，21.25%，21.31%。求测定结果的绝对误差和相对误差。

3. 某分析得到 9 个测量数据：35.10%，34.86%，34.92%，35.36%，35.11%，35.09%，34.77%，35.19%，34.98%。计算平均值、绝对平均偏差、相对平均偏差。

4. 判断下列各数据的有效数字位数。

（1）0.0024 　　（2）68.00 　　（3）7.4×10^{-4} 　　（4）0.42% 　　（5）pH＝8.40

（6）9.78 　　（7）0.3040 　　（8）1800 　　（9）0.0030 　　（10）84.120

5. 将下列各数据修约为三位有效数字。

4.385；0.6355；2.3746；0.7437。

6. 按有效数字运算规则计算结果：

(1) $7.9936 \div 0.9967 - 5.02$　　(2) $2.817 \times 0.584 + 9.6 \times 10^{-5} - 0.0326 \times 0.00814$

(3) $213.64 + 4.4 + 0.3244$　　(4) $0.401 \times (31 + 5.43) \div 3.2118$

7. 为了分析食醋中醋酸的质量分数，现取食醋试样 10.00mL，用 $c_{NaOH} = 0.3024 mol \cdot L^{-1}$ 的 NaOH 标准溶液滴定，用去 20.17mL，食醋试样的密度为 $1.055 g \cdot mL^{-1}$。试计算该试样中醋酸（CH_3COOH）的质量分数。

8. 计算配制 50mL 0.1000mol·L⁻¹的 $H_2C_2O_4$ 溶液，需要固体的 $H_2C_2O_4 \cdot 2H_2O$ 多少克？

9. 配制 0.2mol·L⁻¹的硫酸和 0.1mol·L⁻¹的氢氧化钠溶液各 500mL，需密度为 $1.84 g \cdot mL^{-1}$ 的 95％的浓硫酸多少毫升？NaOH 固体多少克？

第四章　酸碱滴定法

【知识目标】

1. 掌握酸碱质子理论的酸碱定义、酸碱反应的实质及共轭酸对的 K_a 和 K_b 的关系。
2. 掌握缓冲溶液的概念、组成，理解缓冲作用原理。
3. 理解酸碱滴定的基本原理。熟悉酸碱滴定法的应用。

【能力目标】

1. 能计算一元强酸、强碱、弱酸、弱碱及缓冲溶液中的 $[H^+]$ 和 pH。
2. 能利用酸碱质子理论区分酸、碱及两性物质。
3. 会配制缓冲溶液和酸碱标准溶液。
4. 能应用酸碱滴定法进行某些物质的分析并进行实际操作。

第一节　酸碱质子理论

19 世纪 80 年代，瑞典化学家阿仑尼乌斯第一次提出了酸碱电离理论，影响深远，直到现在还普遍应用，对处理水溶液中的酸碱反应起了十分重要的作用。然而这一理论却有很大的局限性，电离理论将酸、碱这两种密切相关的物质完全割裂开来，并把酸、碱以及酸碱反应局限在水溶液中，且将碱局限为含有 OH^- 的物质，对发生于非水溶液中的酸碱之间的作用，对 NH_3 为何在水溶液中是碱性等问题无法解释，对水溶液明显呈碱性的 Na_2CO_3、明显呈酸性的 NH_4Cl 等物质不能定义为碱或酸。为了更清晰地说明酸碱反应的本质，以便能深入研究酸碱反应的规律，1923 年丹麦化学家布朗斯特和德国化学家劳瑞同时分别提出了酸碱质子理论。酸碱质子理论扩大了酸碱的含义和酸碱反应的范围，摆脱了酸碱反应必须在水中进行的局限性。

一、酸碱定义和共轭酸碱对

酸碱质子理论认为：凡是能给出质子的物质是酸；凡是能接受质子的物质是碱。其关系可表示为：

$$HA(酸) \Longrightarrow H^+ + A^-(碱)$$

或

$$HB^+(酸) \Longrightarrow H^+ + B(碱)$$

酸（HA 或 HB^+）给出质子后变为碱（A^- 或 B），碱得到质子后变为酸（HA 或 HB^+），两者相互依存。HA 是 A^- 的共轭酸，A^- 是 HA 的共轭碱，HA-A^- 称为一个共轭酸碱对。同样 HB^+ 和 B 组成一个共轭酸碱对。根据质子理论，酸和碱可以是中性分子（HA 和 B），也可以是阳离子（HB^+）或阴离子（A^-）。例如：

$$酸 \Longrightarrow 质子 + 碱$$

$$HAc \Longleftrightarrow H^+ + Ac^-$$

$$NH_4^+ \Longleftrightarrow H^+ + NH_3$$

$$H_2CO_3 \Longleftrightarrow H^+ + HCO_3^-$$

$$HCO_3^- \Longleftrightarrow H^+ + CO_3^{2-}$$

在 H_2CO_3-HCO_3^- 共轭酸碱对中，HCO_3^- 是碱；在 HCO_3^--CO_3^{2-} 共轭酸碱对中，HCO_3^- 是酸。因此，HCO_3^- 是一个两性物质。凡是酸式盐（如 $NaHC_2O_4$、NaH_2PO_4、Na_2HPO_4 等）都具有两性。

二、酸碱反应

酸碱质子理论认为，酸碱反应的实质是质子的转移（得失）。为了实现酸碱反应，例如为了使 HAc 转化为 Ac^-，它给出的质子必须转移到另一种物质上才行。就是说酸碱反应是共轭酸碱对的两个组分共同作用的结果。

例如 HAc 在水中的离解：

$$HAc \Longleftrightarrow H^+ + Ac^-$$

$$H_2O + H^+ \Longleftrightarrow H_3^+O$$

$$HAc + H_2O \Longleftrightarrow H_3O^+ + Ac^-$$

在这里，如果没有作为碱的溶剂（水）的存在，HAc 就无法实现其在水中的离解。

H_3O^+ 称为水合质子，通常简写成 H^+。因此，HAc 在水中的离解平衡式可简化为：

$$HAc \Longleftrightarrow H^+ + Ac^-$$

本书在以后的许多计算中，也常采用这种简化表示方法。

三、共轭酸碱对的 K_a 和 K_b 的关系

酸碱的强度不仅与酸碱本身的性质有关，同时也与溶剂的性质有关。在不同的溶剂中，其酸碱性也会发生变化。在水溶液中，酸碱的强度取决于酸将质子给予水分子或碱从水分子中夺取质子的能力。给出质子的能力愈强，其酸性愈强；接受质子的能力愈强，其碱性愈强。反之愈弱。强度的大小，通常用酸碱在水中的离解常数 K_a 和 K_b 表示。

某种酸的酸性愈强，即 K_a 愈大，则共轭碱的碱性愈弱，即 K_b 愈小。同样，碱性愈强，K_b 愈大，则其共轭酸愈弱，K_a 愈小。共轭酸碱对的 K_a 和 K_b 之间有确定的关系，以 HAc 为例推导如下：

$$HAc + H_2O \Longleftrightarrow H_3O^+ + Ac^-$$

$$K_a = \frac{[H^+][Ac^-]}{[HAc]}$$

$$Ac^- + H_2O \Longleftrightarrow HAc + OH^-$$

$$K_b = \frac{[HAc][OH^-]}{[Ac^-]}$$

$$K_a \cdot K_b = \frac{[H^+][Ac^-]}{[HAc]} \cdot \frac{[HAc][OH^-]}{[Ac^-]} = K_w$$

故

$$K_a \cdot K_b = K_w$$

因此，只要知道酸或碱的离解常数，它的共轭碱或共轭酸的离解常数也就容易求了。

第二节　溶液的酸碱性和 pH 值

一、溶液的酸碱性的表示方式

水是极弱的电解质，其解离方程式为：

$$H_2O \rightleftharpoons H^+ + OH^-$$

常温时，纯水中 $[H^+]$ 和 $[OH^-]$ 相等，都是 $1 \times 10^{-7} mol \cdot L^{-1}$，所以纯水是中性的。任何水溶液中 $[H^+]$ 和 $[OH^-]$ 的乘积总是一个常数，称为水的离子积常数 K_w，简称为水的离子积。常温（25℃）时，$K_w = [OH^-][H^+] = 10^{-14}$。

如果向纯水中加入酸，由于 $[H^+]$ 增大，使水的解离平衡向左移动，达到新的平衡时，$[H^+] > [OH^-]$，所以溶液呈酸性。

如果向纯水中加入碱，由于 $[OH^-]$ 增大，使水的解离平衡向左移动，达到新的平衡时，$[H^+] < [OH^-]$，所以溶液呈碱性。

溶液的酸碱性主要由 $[H^+]$ 和 $[OH^-]$ 的相对大小来决定。

中性溶液：$[H^+] = [OH^-] = 10^{-7} mol \cdot L^{-1}$。

酸性溶液：$[H^+] > [OH^-]$，$[H^+] > 10^{-7} mol \cdot L^{-1}$。

碱性溶液：$[H^+] < [OH^-]$，$[H^+] < 10^{-7} mol \cdot L^{-1}$。

$[H^+]$ 越大，溶液的酸性越强；$[H^+]$ 越小，溶液的酸性越弱。

在实际应用中，一般用 $[H^+]$ 来统一表示溶液的酸碱性。对于 $[H^+]$ 很小的溶液，常用 $[H^+]$ 的负对数来表示溶液的酸碱性，称为溶液的 pH 值。

$$pH = -\lg[H^+]$$

如果某溶液的 $[H^+] = m \times 10^{-n} mol \cdot L^{-1}$，则 $pH = -\lg[H^+] = -\lg(m \times 10^{-n}) = n - \lg m$。

溶液的酸碱性也可以用 pOH 值来表示。pOH 值就是 OH^- 浓度的负对数。

$$pOH = -\lg[OH^-]$$

因为 $K_w = [OH^-][H^+] = 10^{-14}$，所以 $pH + pOH = 14$。

二、溶液 pH 值的计算

1. 一元强酸、一元强碱溶液的 pH 值计算

强酸和强碱都是强电解质，在溶液里全部解离成离子。当强酸强碱溶液的浓度 $c > 10^{-6} mol \cdot L^{-1}$ 时，水的离解可忽略不计，溶液中 H^+ 或 OH^- 的浓度等于强酸或强碱的浓度。可以根据强酸和强碱浓度得知溶液的 $[H^+]$，从而求 pH 值。

【例 1】 计算 $0.10 mol \cdot L^{-1}$ 的盐酸溶液的 pH 值。

解： 因为盐酸是强酸，HCl 在稀的水溶液中完全解离，且盐酸的浓度 $c > 10^{-6} mol \cdot L^{-1}$：

$$[H^+] = c(HCl) = 0.10 mol \cdot L^{-1}$$
$$pH = -\lg[H^+] = -\lg 0.10 = 1.00$$

$0.10 mol \cdot L^{-1}$ 的盐酸溶液的 pH 值为 1.00。

2. 一元弱酸或一元弱碱溶液 pH 值的近似计算

（1）一元弱酸溶液 pH 值的近似计算　在误差允许范围内，可采用近似计算公式。设一

元弱酸 HB 溶液的总浓度为 c，其解离平衡式为：

$$HB + H_2O \rightleftharpoons H_3O^+ + B^-$$

简写为

$$HB \rightleftharpoons H^+ + B^-$$

平衡时浓度为 $c - [H^+]$ $[H^+]$ $[B^-]$

$$K_a = \frac{[H^+][B^-]}{[HB]} = \frac{[H^+]^2}{c - [H^+]}$$

当 $K_a c \geqslant 20 K_w$ 时，可忽略溶液中 H_2O 的电离平衡。由于弱电解质的解离程度很小，溶液中 $[H^+]$ 远小于 HB 的总浓度 c，所以 $c - [H^+] \approx c$，则

$$[H^+]^2 = K_a c$$

$$[H^+] = \sqrt{K_a c}$$

一般来说，当 $K_a c \geqslant 20 K_w$ 时，且 $c/K_a \geqslant 500$ 时，可采用此简化式计算。

【例2】 计算 25℃ 时 $0.10 \text{mol} \cdot \text{L}^{-1}$ 的 HAc 溶液的 pH 值。（已知 $K_a = 1.76 \times 10^{-5}$。）

解： 因为 $c/K_a = 0.10/1.76 \times 10^{-5} > 500$，

且 $K_a c = 1.76 \times 10^{-5} \times 0.10 \geqslant 20 K_w$，

因此 $[H^+] = \sqrt{K_a c} = \sqrt{1.76 \times 10^{-5} \times 0.10} = 1.33 \times 10^{-3}$ （$\text{mol} \cdot \text{L}^{-1}$）

$$pH = -\lg[H^+] = -\lg(1.33 \times 10^{-3}) = 2.88$$

【例3】 计算 25℃ 时 $0.10 \text{mol} \cdot \text{L}^{-1}$ 的 NH_4Cl 溶液的 pH 值。（已知 NH_4^+ 的 $K_a = 5.68 \times 10^{-10}$。）

解： NH_4Cl 在水溶液中完全解离为 NH_4^+ 和 Cl^-，NH_4^+ 是离子酸，NH_4^+ 的总浓度 c 为 $0.10 \text{mol} \cdot \text{L}^{-1}$。

$$c/K_a = 0.10/5.68 \times 10^{-10} > 500, \quad K_a c = 5.68 \times 10^{-10} \times 0.10 > 20 K_w$$

$$[H^+] = \sqrt{K_a c} = \sqrt{5.68 \times 10^{-10} \times 0.10} = 7.5 \times 10^{-6} \text{ (mol} \cdot \text{L}^{-1})$$

$$pH = -\lg[H^+] = -\lg(7.5 \times 10^{-6}) = 5.12$$

25℃ 时，$0.10 \text{mol} \cdot \text{L}^{-1}$ 的 NH_4Cl 溶液的 pH 值为 5.12。

(2) 一元弱碱溶液 pH 的近似计算 NH_3、Ac^-、CN^- 等为一元弱碱，根据酸碱质子理论，一元弱碱与水分子的质子传递反应是水为酸给出质子，一元弱碱接受质子。同样可以推导出一元弱碱溶液中 $[OH^-]$ 的近似计算公式。

当 $K_b c \geqslant 20 K_w$ 时且 $c/K_b \geqslant 500$ 时，$[OH^-] = \sqrt{K_b c}$（c 为一元弱碱的总浓度）。

【例4】 计算 25℃ 时 $0.10 \text{mol} \cdot \text{L}^{-1}$ 的 NaAc 溶液的 pH 值。（已知 HAc 的 $K_a = 1.76 \times 10^{-5}$。）

解： NaAc 在水溶液中全部解离为 Na^+ 和 Ac^-，Ac^- 是一元弱碱，其共轭酸是 HAc，则 Ac^- 的解离常数

$$K_b = \frac{K_w}{K_a} = \frac{10^{-14}}{1.76 \times 10^{-5}} = 5.68 \times 10^{-10}$$

$$c/K_b = 0.10/5.68 \times 10^{-10} > 500, \quad K_b c = 5.68 \times 10^{-10} \times 0.10 > 20 K_w$$

$$[OH^-] = \sqrt{K_b c} = \sqrt{5.68 \times 10^{-10} \times 0.10} = 7.5 \times 10^{-6} \text{ (mol} \cdot \text{L}^{-1})$$

$$pOH = -\lg[OH^-] = -\lg(7.5 \times 10^{-6}) = 5.12$$

$$pH = 14 - 5.12 = 8.88$$

25℃ 时，$0.10 \text{mol} \cdot \text{L}^{-1}$ 的 NaAc 溶液的 pH 值为 8.88。

第三节 缓冲溶液

生物体内的生化反应需在十分严格的酸度下进行，如正常动物血液的 pH 值保持在 7.4 左右，不因进食酸碱性物质或体内代谢作用产生的酸性物质而改变。酸碱缓冲溶液能有效地控制溶液保持一定的酸度，故其在畜牧兽医专业中具有十分重要的应用价值。

一、电离度

弱电解质的电离是可逆的。一定条件下，当弱电解质的电离达到平衡时，已电离的弱电解质分子数占弱电解质分子总数的百分数称为电离度（α）。

$$\alpha = \frac{已电离的弱电解质分子数}{原有弱电解质分子总数} \times 100\% = \frac{已电离的弱电解质的浓度}{原有弱电解质总浓度} \times 100\%$$

二、同离子效应

电离平衡也是一种化学平衡，其存在是有条件的。任何外界条件的改变，如有关离子浓度的改变等，都可以破坏平衡的相对稳定而使之移动，最后在新的条件下重新达到平衡。

例如，在醋酸溶液中有下列平衡：

$$HAc \rightleftharpoons H^+ + Ac^-$$

如果在此醋酸溶液中加入固体 NaAc，NaAc 溶解后完全电离，必在溶液中产生大量的 Ac^-，从而使溶液中总的 Ac^- 浓度增大。根据化学平衡移动的原理，必将促使溶液中 HAc 的电离平衡向左移动，因而降低了 HAc 的电离度，同时溶液中的 H^+ 浓度也必然相应地减少。

在弱电解质溶液中加入少量具有与弱电解质相同离子的其他电解质，则弱电解质的电离度会降低，这种作用称为同离子效应。

三、缓冲溶液的组成和作用原理

纯水的 pH＝7。如果向纯水中加入少量的酸或碱，溶液的 pH 值就会发生很大的变化。但有一种溶液，加入少量的酸或碱后，溶液的 pH 值没有明显变化。

【实验 4-1】 取三支试管 a、b、c，各加水 10mL 和混合指示剂 2 滴。在 a 管中加入 1mol·L^{-1} HCl 溶液 1 滴，在 b 管中加入 1mol·L^{-1} NaOH 溶液 1 滴，观察溶液颜色变化。与 c 管作对照。

实验说明，纯水中加入少量酸或碱，pH 值变化明显。

【实验 4-2】 取一支大试管，加入 0.5mol·L^{-1} HAc 溶液 5mL 和 0.5mol·L^{-1} NaAc 溶液 5mL，混匀。分三份装在 a、b、c 三支试管中。在 a 管中加入 1mol·L^{-1} HCl 溶液 1 滴，在 b 管中加入 1mol·L^{-1} NaOH 溶液 1 滴，与 c 管作对照。溶液颜色均几乎没变，说明混合液中 pH 值几乎没变。

这种能够对抗外来少量酸或碱而保持 pH 值几乎不变的溶液叫缓冲溶液。

缓冲溶液中含有抗酸成分和抗碱成分，通常把这两种成分称为缓冲对。常见缓冲对有如下三种类型。

弱酸和弱酸盐：如 HAc-NaAc。

弱碱和弱碱盐：如 $NH_3 \cdot H_2O$-NH_4Cl。

多元酸的两种盐：如 NaH_2PO_4-Na_2HPO_4。

缓冲溶液为什么具有抗酸和抗碱作用？以 HAc-NaAc 为例加以说明。

HAc 是弱电解质，电离度较小，在溶液中仅有小部分电离：

$$HAc \Longleftrightarrow H^+ + Ac^-$$

如果在 HAc 溶液中加入 NaAc，由于 NaAc 是强电解质，在水溶液中完全电离：

$$NaAc \Longleftrightarrow Na^+ + Ac^-$$

在水溶液中存在着大量的 Na^+ 和 Ac^-，根据同离子效应降低了 HAc 的电离度，于是在溶液中存在大量未电离的 HAc 和 Ac^-。此外还存在大量的 Na^+ 和少量的 H^+。当向溶液中加少量酸时，酸中的 H^+ 与 Ac^- 结合，生成难电离的 HAc。结果，溶液中的 $[H^+]$ 几乎没有增大，溶液的 pH 值几乎没有发生变化。Ac^-(NaAc) 称为此缓冲溶液的抗酸成分。当向此缓冲溶液加入少量碱时，碱中的 OH^- 与溶液中的 H^+ 结合成水，使电离平衡向右移动，溶液中的 H^+ 得到补充，使 H^+ 保持稳定，溶液的 pH 值几乎没有发生变化。溶液中的 HAc 称为此缓冲溶液的抗碱成分。

缓冲溶液的缓冲能力是有一定限度的。如果向其中加入大量强酸或强碱，当溶液中的抗酸成分或抗碱成分消耗殆尽时，它就没有缓冲能力了。缓冲溶液本身所具有的 pH 值称为缓冲 pH 值，它的大小与弱酸或弱碱的电离常数以及弱酸或弱碱的浓度及其对应的盐的浓度都有关。分析化学中要用到很多缓冲溶液，大多数是作为控制溶液酸度用的，有些则是测量其他溶液 pH 值时作为参照标准用的，称为标准缓冲溶液。

缓冲溶液一般由浓度较大的弱酸（或弱碱）及其共轭碱（或共轭酸）组成。如 HAc-Ac^-、NH_4^+-NH_3 等。由于共轭酸碱对的 K_a、K_b 值不同，所形成的缓冲溶液能调节和控制的 pH 值范围也不同。

四、缓冲溶液的配制

1. 缓冲溶液的 pH 计算

缓冲溶液实质上是一个共轭酸碱体系。水溶液中存在下列平衡：

$$HB \Longleftrightarrow H^+ + B^-$$

HB 为共轭酸，B^- 为共轭碱。

$$K_a = \frac{[H^+][B^-]}{[HB]} \quad 或 \quad [H^+] = K_a \frac{[HB]}{[B^-]}$$

两边取负对数得

$$pH = pK_a + \lg \frac{[B^-]}{[HB]}$$

即

$$pH = pK_a + \lg \frac{[共轭碱]}{[共轭酸]}$$

2. 缓冲溶液的配制

在实际工作中共轭酸碱的总浓度一般控制在 $0.1 \sim 1 mol \cdot L^{-1}$ 为宜。此外，当共轭酸碱的总浓度一定时，二者浓度的比值为 1:1 时溶液的缓冲能力最强。因此，在配制缓冲溶液时，共轭酸、碱浓度的比值应控制在 (10:1)~(1:10) 范围内，即利用确定的一对缓冲对配制的缓冲溶液，pH 值应控制在 $pH = pK_a \pm 1$ 或 $pOH = pK_b \pm 1$ 范围内，此范围称为某一缓冲对的有效缓冲范围。由此可见，缓冲溶液的 pH 值主要决定于所选共轭酸、碱的 K_a、K_b。

【例 5】 如何配制 500mL pH 值约为 5.0 的缓冲溶液?

解:(1)选择缓冲系 由于 HAc 的 $pK_a=4.75$,所以选用 HAc-Ac$^-$ 缓冲系。

(2)确定总浓度 为简便操作和计算,选择浓度相同的 HAc 和 NaAc 溶液。设缓冲溶液总体积为 V,则 $V=V(HAc)+V(Ac^-)$。该缓冲溶液的 pH 值为:

$$pH=pK_a+lg\frac{\dfrac{c(Ac^-)V(Ac^-)}{V}}{\dfrac{c(HAc)V(HAc)}{V}}$$

由于 $c(HAc)=c(Ac^-)$ $pH=pK_a+lg\dfrac{V(Ac^-)}{V(HAc)}$

已知 $V=500mL$,$V(HAc)=500-V(Ac^-)$,代入上式得 $pH=pK_a+lg\dfrac{V(Ac^-)}{500-V(Ac^-)}$

$$5.00=4.75+lg\frac{V(Ac^-)}{500-V(Ac^-)}\qquad \frac{V(Ac^-)}{500-V(Ac^-)}=1.78$$

$$V(Ac^-)=320mL\qquad\qquad V(HAc)=500-320=180mL$$

量取 320mL NaAc 溶液和 180mL HAc 溶液混合,配制成 500mL pH≈5.0 的缓冲溶液。

第四节 酸碱指示剂

酸碱滴定过程中,被滴定的溶液通常不发生任何外观变化,故常借助指示剂来检测滴定终点。能够利用本身颜色的改变来指示溶液 pH 值变化的指示剂,称为酸碱指示剂。

一、酸碱指示剂的作用原理

常用的酸碱指示剂是弱的有机酸或有机碱,其共轭酸碱对具有不同的结构,且颜色不同。当溶液 pH 值改变时,共轭酸碱相互发生转变,从而引起溶液的颜色发生变化。例如,甲基橙在水溶液中有如下离解平衡和颜色变化:

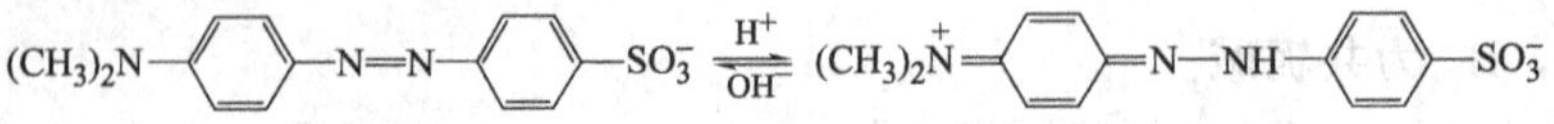

由上述平衡关系可以看出:增大溶液的酸度,则平衡向右移动,甲基橙主要以酸式型存在,溶液呈红色;降低溶液的酸度,甲基橙主要以碱式型存在,溶液呈黄色。

二、酸碱指示剂的变色范围

为了进一步说明指示剂颜色变化与酸度的关系,现以 HIn 代表酸式型指示剂,以 In$^-$ 代表碱式型指示剂。在溶液中指示剂的解离平衡用下式表示:

$$HIn \rightleftharpoons H^+ + In^-$$

$$K_{HIn}=\frac{[H^+][In^-]}{[HIn]}\qquad 或\qquad \frac{K_{HIn}}{[H^+]}=\frac{[In^-]}{[HIn]}$$

当 $[H^+]=K_{HIn}$ 时,$\dfrac{[In^-]}{[HIn]}=1$,两者浓度相等,溶液表现出酸式色和碱式色的中间色,此时 $pH=pK_{HIn}$,称为指示剂的理论变色点。一般来说,如果 $\dfrac{[In^-]}{[HIn]}>10$,观察到的

是 In^- 的颜色；当 $\dfrac{[In^-]}{[HIn]}=10$ 时，可在 In^- 的颜色中勉强看出 HIn 的颜色，此时 pH $=$ $pK_{HIn}+1$；当 $\dfrac{[In^-]}{[HIn]}<\dfrac{1}{10}$ 时，观察到的是 HIn 的颜色；当 $\dfrac{[In^-]}{[HIn]}=\dfrac{1}{10}$ 时，可在 HIn 的颜色中勉强看出 In^- 的颜色，此时 pH $=pK_{HIn}-1$。只有当溶液的 pH 值由 $pK_{HIn}-1$ 变化到 $pK_{HIn}+1$，或者由 $pK_{HIn}+1$ 变化到 $pK_{HIn}-1$ 时，才能明显地观察出指示剂的颜色转变。

由上述讨论可知，pH $=pK_{HIn}\pm1$ 就是指示剂的理论变色范围，指示剂的理论变色范围应为 2 个 pH 单位。但实际观察到的大多数指示剂的变色范围小于 2 个 pH 单位，且指示剂的理论变色点不是变色范围的中间点。这是由于人眼对不同颜色的敏感程度的差别，再加上两种颜色互相掩盖造成的。不同人的观察结果也有差别，例如甲基橙的变色范围，有人报道为 3.1～4.4，也有人报道为 3.2～4.5 或 2.9～4.3。溶液的温度也影响指示剂的变色范围。表 4-1 列出了常用的酸碱指示剂及其变色范围，大多数指示剂的变色范围是 1.6～1.8 个 pH 单位。

表 4-1　几种常用的酸碱指示剂

指示剂	变色范围(pH)	颜色		pK_{HIn}	浓　度
		酸色	碱色		
甲基橙	3.1～4.4	红	黄	3.4	0.1%或 0.05%水溶液
溴酚蓝	3.0～4.6	黄	紫	4.1	0.1%的 20%酒精溶液或其钠盐水溶液
甲基红	4.4～6.2	红	黄	5.0	0.1%的 60%酒精溶液或其钠盐水溶液
溴百里酚蓝	6.2～7.6	黄	蓝	7.3	0.1%的 20%酒精溶液或其钠盐水溶液
中性红	6.8～8.0	红	黄橙	7.4	0.1%的 60%酒精溶液
酚酞	8.0～10.0	无	红	9.1	1%的 90%酒精溶液
百里酚酞	9.4～10.6	无	蓝	10.0	0.1%的 90%酒精溶液

三、混合指示剂

在某些酸碱滴定中，为了达到一定的准确度，需要将滴定终点限制在很窄的 pH 值范围内，尤其有的酸碱滴定，pH 值突跃范围较窄，单一指示剂判断终点误差较大，这时常采用混合指示剂，混合指示剂利用颜色之间的互补作用，具有变色范围很窄、变色更加敏锐的特点。

混合指示剂的配制方法有两类。

一类是将两种或两种以上的指示剂按比例混合，利用颜色的互补作用，使指示剂变色范围变窄，变色更敏锐，有利于判断终点，减少滴定误差，提高分析的准确度。例如，溴甲酚绿（$pK_a=4.9$）和甲基红（$pK_a=5.2$）两者按 3:1 混合后，在 pH$<$5.1 的溶液中呈酒红色，而在 pH$>$5.1 的溶液中呈绿色，且变色非常敏锐。

另一类是在某种指示剂中加入另一种不随 H^+ 浓度变化而改变颜色的惰性染料组成。例如，采用中性红与次甲基蓝混合配制的指示剂，当配比为 1:1 时，混合指示剂在 pH$=7.0$ 时呈现蓝紫色，其酸色为蓝紫色，碱色为绿色，变色也很敏锐。

四、滴定曲线和指示剂的选择

酸碱滴定终点是靠指示剂的颜色变化来确定的，如何选择适宜的指示剂，不仅要了解指示剂的变色范围，还需要弄清在滴定过程中溶液 pH 值的变化情况，尤其近化学计量点前后溶液 pH 值的变化。滴定曲线就是描述滴定过程中溶液 pH 值变化的 pH-V 曲线，它是选择指示剂的依据之一。由于酸碱滴定类型不同，其滴定曲线形状也不同，而指示剂选择也各有差异。

1. 一元强酸强碱的滴定

以 $0.1000 mol \cdot L^{-1}$ NaOH 标准溶液滴定 20.00mL $0.1000 mol \cdot L^{-1}$ HCl 溶液为例，讨论强酸强碱滴定情况。

被滴定的 HCl 溶液起始 pH 值较低，随着 NaOH 标准溶液的加入，中和反应不断进行，溶液的 pH 值不断升高。当加入的 NaOH 物质的量恰好等于 HCl 物质的量时，中和反应恰好进行完全，滴定到达化学计量点，溶液中的 $[H^+] = [OH^-] = 10^{-7} mol \cdot L^{-1}$。化学计量点后继续加入 NaOH 标准溶液，pH 值继续升高。整个滴定过程可分为四个阶段。

（1）滴定开始前　溶液的 pH 值由 HCl 的原始浓度决定，因 HCl 是强酸，所以

$$[H^+] = c_{HCl} = 0.1000 mol \cdot L^{-1}$$

$$pH = 1.00$$

（2）滴定开始至化学计量点前　随着 NaOH 标准溶液的加入，溶液中 H^+ 浓度减小，溶液的 pH 值取决于剩余 HCl 的量和溶液的体积。

$$[H^+] = c_{HCl(剩余)} = \frac{c_{HCl} V_{HCl(剩余)}}{V_{总}}$$

由于 $c_{HCl} = c_{NaOH}$，所以

$$[H^+] = \frac{c(V_{HCl} - V_{NaOH})}{V_{HCl} + V_{NaOH}}$$

如果加入 NaOH 标准溶液 19.98mL（-0.1%相对误差）时

$$[H^+] = (20.00 \times 0.1000 - 19.98 \times 0.1000)/(20.00 + 19.98) = 5.0 \times 10^{-5} \ (mol \cdot L^{-1})$$

$$pH = 4.30$$

其他各点的 pH 值同样计算。

（3）化学计量点时　在化学计量点时，滴入的 NaOH 和 HCl 恰好能够完全反应，溶液呈中性，此时，溶液中的 $[H^+] = [OH^-] = 10^{-7} mol \cdot L^{-1}$。

$$pH = 7.00$$

（4）化学计量点后　此时，滴入的 NaOH 标准溶液过量，溶液的 pH 值由过量 NaOH 的量决定。

$$[OH^-] = \frac{c_{NaOH} V_{NaOH} - c_{HCl} V_{HCl}}{V_{HCl} + V_{NaOH}}$$

由于 $c_{HCl} = c_{NaOH}$，所以

$$[OH^-] = \frac{c(V_{NaOH} - V_{HCl})}{V_{HCl} + V_{NaOH}}$$

当滴入 20.02mL NaOH 标准溶液（+0.1%相对误差）时

$$[OH^-] = (20.02 \times 0.1000 - 20.00 \times 0.1000)/(20.02 + 20.00) = 5.0 \times 10^{-5} \ (mol \cdot L^{-1})$$

$$pOH = 4.30$$

$$pH = 9.70$$

以同样的方法计算出：滴入 20.20mL、22.00mL 和 40.00mL NaOH 标准溶液时，溶液的 pH 值分别为 10.70、11.70 和 12.50。如此逐一计算。滴定过程中的 pH 值变化数据见表 4-2。

表 4-2　0.1000mol・L^{-1} NaOH 标准溶液滴定 20.00mL 0.1000mol・L^{-1} HCl 溶液 pH 值变化

加入 NaOH 标准溶液的体积/mL	[H$^+$]	pH	备　注
10.00	1.00×10^{-1}	1.00	
18.00	5.26×10^{-3}	2.28	
19.80	5.02×10^{-4}	3.30	
19.98	5.00×10^{-5}	4.30	相对误差为－0.1%
20.00	1.00×10^{-7}	7.00	理论终点
20.02	2.00×10^{-10}	9.70	相对误差为＋0.1%
20.20	2.01×10^{-11}	10.70	
22.00	2.10×10^{-12}	11.68	
40.00	3.00×10^{-13}	12.52	

　　以 NaOH 标准溶液的加入量为横坐标，以其对应 pH 值为纵坐标，绘制滴定曲线（见图 4-1 中实线部分）。在滴定过程中不同阶段，溶液 pH 值变化的快慢是不相同的。滴定开始时，曲线比较平坦，这是因为溶液中还存在着较多的 HCl，酸度较大。随着 NaOH 标准溶液不断滴入，HCl 的量逐渐减少，pH 值逐渐增大，并且变化加快。

　　当 NaOH 标准溶液的加入量从 19.98mL 到 20.02mL，仅 0.04mL（约一滴溶液），使溶液的 pH 由 4.30 急剧升高到 9.70，改变了 5.4 个 pH 单位，溶液由酸性变为碱性，发生了由量变到质变的转折，滴定曲线出现了一段近似垂直线。pH 值的这种急剧突变称为滴定突跃。过化学计量点后再继续滴加 NaOH 标准溶液，pH 值的变化又愈来愈小，曲线也趋于平缓，与刚开始滴定时相似。滴定分析中把化学计量点前后相对误差为±0.1% 范围溶液 pH 值的变化范围称为滴定的突跃范围。

　　若用 0.1000mol・L^{-1} HCl 标准溶液滴定 0.1000mol・L^{-1} NaOH 溶液，滴定曲线如图 4-1 中虚线所示。在化学计量点附近±0.1% 相对误差范围，pH 值突跃范围为 9.70～4.30。可用甲基红为指示剂，终点时溶液由黄变红。若用甲基橙，由黄色滴至橙色时，误差已达到＋0.2%，所以不宜使用。若用酚酞，终点时溶液由粉红变为无色，由于肉眼对由深色到浅色的变化观察不敏感，因此用酸滴定碱时一般不用酚酞指示剂。

　　在滴定分析中，滴定的突跃范围是选择指示剂的依据，凡变色范围全部或部分落在突跃范围之内的指示剂均可以作为该滴定的指示剂。对于以 0.1000mol・L^{-1} NaOH 标准溶液滴定 0.1000mol・L^{-1} HCl 溶液来说，酚酞（8.0～9.8）、甲基橙（3.1～4.4）和甲基红（4.4～6.2）可作为该滴定的指示剂。

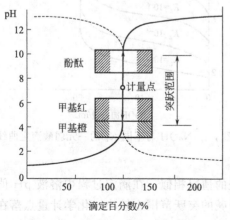

图 4-1　NaOH 与 HCl 的滴定曲线

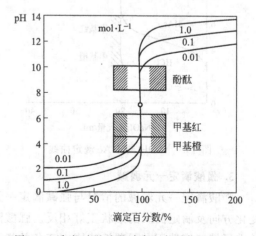

图 4-2　浓度对强酸强碱滴定突跃范围的影响

滴定突跃范围的大小与滴定剂和被滴定溶液的浓度有关。酸碱溶液浓度愈大，突跃范围也愈大，可供选择的指示剂愈多，如图 4-2 所示。但浓度太大，样品和试剂的消耗量也较大，造成不必要的浪费。反之，酸碱浓度愈稀，突跃范围愈小，难以找到合适的指示剂。所以通常把标准溶液的浓度控制在 $0.01 \sim 1 \text{mol} \cdot \text{L}^{-1}$ 之间。

2. 强碱滴定一元弱酸

以 $0.1000 \text{mol} \cdot \text{L}^{-1}$ NaOH 标准溶液滴定 20mL $0.1000 \text{mol} \cdot \text{L}^{-1}$ HAc（$K_a = 1.8 \times 10^{-5}$）溶液为例，同样把整个滴定过程中溶液的 pH 值变化分为滴定前、化学计量点前、化学计量点和化学计量点后四个阶段。

依次计算滴定过程中各点的 pH 值，并绘制滴定曲线，如图 4-3 所示。

用强碱滴定一元弱酸具有以下几个特点。

① 滴定前，pH 值比强酸高，这是由于 HAc 电离出的 H^+ 比同浓度的 HCl 少。

② 化学计量点时，由于滴定产物 NaAc 的水解，溶液呈碱性，理论终点的 pH 值不为 7.00，而是 8.72。被滴定的酸越弱，化学计量点的 pH 值越大。

③ 化学计量点附近，溶液的 pH 值发生突跃，滴定突跃范围为 7.70～9.70。仅改变了 2 个 pH 单位，突跃范围减小，而且突跃范围处于碱性范围内，只能选择酚酞、百里酚酞等在弱碱性范围内变色的指示剂，而甲基橙、甲基红已不能使用。

用强碱滴定不同的一元弱酸时，滴定突跃范围的大小，与弱酸的解离常数 K_a 和浓度有关。当弱酸的浓度一定时，弱酸的 K_a 值越小，滴定突跃范围越小，甚至不能用合适的指示剂确定终点。图 4-4 表示浓度均为 $0.1 \text{mol} \cdot \text{L}^{-1}$ 的不同强度的一元弱酸被 $0.1 \text{mol} \cdot \text{L}^{-1}$ NaOH 标准溶液滴定时的曲线。由图可见，弱酸的 K_a 越小，即反应越不完全，突跃范围越小。对于同一种弱酸，酸的浓度越大，滴定突跃范围也越大。实验证明，当 $cK_a \geqslant 10^{-8}$ 时，滴定曲线才能有较明显的突跃，所以 $cK_a \geqslant 10^{-8}$ 可作为弱酸能否被强碱溶液准确滴定的条件。

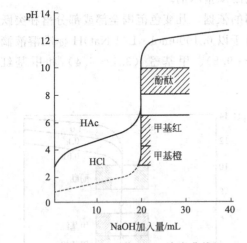

图 4-3 NaOH 与 HAc 滴定曲线

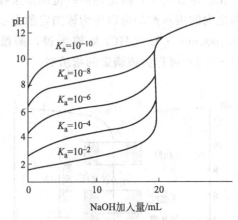

图 4-4 NaOH 与不同 K_a 的一元弱酸滴定曲线

3. 强酸滴定一元弱碱

强酸滴定一元弱碱的情况与强碱滴定一元弱酸的情况相似。在滴定过程中溶液 pH 值的变化方向及滴定曲线的形状正好相反。强酸滴定弱碱的突跃范围也较小，化学计量点落在弱酸性区域，应选用在弱酸性范围内变色的指示剂。

与强碱滴定弱酸的情形相类似，弱碱被强酸直接滴定的判据为：$cK_b \geqslant 10^{-8}$。

第五节 酸碱滴定法的应用

一、酸碱标准溶液的配制和标定

酸碱滴定法中常用的标准溶液是 HCl 溶液和 NaOH 溶液，有时也用 H_2SO_4 溶液和 KOH 溶液。HNO_3 溶液具有氧化性，一般不用。标准溶液浓度一般配成 $0.1mol \cdot L^{-1}$ 或低至 $0.01mol \cdot L^{-1}$。实际工作中应根据需要配制合适浓度的标准溶液。

1. 酸标准溶液

由于市售的 HCl 溶液浓度不确定，HCl 易挥发，所以 HCl 标准溶液采用间接配制法配制，即先配成大致所需的浓度，然后用基准物质进行标定。标定时常用无水碳酸钠和硼砂作基准物质。硼砂（$Na_2B_4O_7 \cdot 10H_2O$）的优点是易制得纯品，不易吸水，摩尔质量大，称量误差小。但在空气中易风化失去部分结晶水，因此应保存在相对湿度为 60% 的恒湿器中。

标定反应：

$$Na_2B_4O_7 + 2HCl + 5H_2O \Longrightarrow 4H_3BO_3 + 2NaCl$$

选甲基红作指示剂，终点变色明显。

2. 碱标准溶液

NaOH 具有很强的吸湿性，易吸收空气中的 CO_2 生成少量 Na_2CO_3，且含有少量的硅酸盐、硫酸盐和氯化物等，因此 NaOH 标准溶液应用间接法配制。

标定 NaOH 溶液的基准物质有 $H_2C_2O_4 \cdot 2H_2O$、KHC_2O_4、邻苯二甲酸氢钾（$KHC_8H_4O_4$）等，最常用的是 $KHC_8H_4O_4$。

化学反应式为：

$$\underset{\text{COOK}}{\overset{\text{COOH}}{\bigcirc}} + NaOH \Longrightarrow \underset{\text{COOK}}{\overset{\text{COONa}}{\bigcirc}} + H_2O$$

化学计量点时溶液呈碱性，可选用酚酞或百里酚酞为指示剂。

二、酸碱滴定法应用实例

酸碱滴定法是滴定分析中的重要方法之一，凡能与酸碱直接或间接发生反应的物质均可采用此法进行测定。酸碱滴定法广泛应用于畜牧兽医领域。

1. 氮的测定

测定铵盐中氮的方法有蒸馏法和甲醛法两种。

（1）蒸馏法　将铵盐溶液放入蒸馏瓶中，与 NaOH 共同煮沸，使 NH^+ 转化为 NH_3，经蒸馏装置蒸馏出来，用一定量并过量的 HCl 标准溶液吸收，再用 NaOH 标准溶液回滴过量盐酸。计量点时，由于溶液中存在 NH_4Cl，溶液 pH 值约为 5，故选用甲基红作指示剂。

蒸馏出来的 NH_3 也可用 H_3BO_3 吸收，反应为：

$$NH_3 + H_3BO_3 \Longrightarrow NH_4H_2BO_3$$

$H_2BO_3^-$ 是两性物质，NH_4^+ 的酸性极弱，而 H_3BO_3 的共轭碱 $H_2BO_3^-$ 碱性较强，可以用 HCl 标准溶液滴定：

$$NH_4H_2BO_3 + HCl \xrightarrow{\quad\quad} H_3BO_3 + NH_4Cl$$

滴定到计量点时，溶液是 NH_4Cl 和 H_3BO_3 的混合溶液，pH 值约为 5.1，可用甲基红或溴甲酚绿-甲基红混合指示剂指示终点，如此可间接测定 NH_3 的含量。用硼酸吸收的优点是只需要一种标准溶液（HCl 标准溶液），过量的 H_3BO_3 不干扰滴定，它的浓度和体积都不需准确已知，只要用量足够即可。但用硼酸吸收时，温度不得超过 40℃，否则氨易逸失。

有机物如谷物、乳品、血液、氨基酸、蛋白质、生物碱等中的氮常用凯氏（Kjeldahl）法测定。将试样与浓 H_2SO_4 共煮，使其消化分解（消化时常加入 $CuSO_4$ 或汞盐作催化剂），有机化合物被氧化为 CO_2、H_2O，其中的氨转变为 NH_4^+，然后用蒸馏法测定氨含量。

（2）甲醛法　该方法适用于 NH_4Cl、$(NH_4)_2SO_4$、NH_4NO_3 等强酸铵盐的测定。NH_4^+ 和甲醛反应，定量地生成六亚甲基四胺和 H^+：

$$4NH_4^+ + 6HCHO \xrightarrow{\quad\quad} (CH_2)_6N_4 + 4H^+ + 6H_2O$$

再用 NaOH 标准溶液滴定。计量点时生成 $(CH_2)_6N_4$，它是一种弱碱（$K_a = 1.4 \times 10^{-9}$），溶液的 pH 值约为 8.7，可用酚酞作指示剂。

甲醛法操作简单，准确度可满足一般分析工作的要求。

2. 食醋中总酸度的测定

食醋中主要含醋酸，还有一些其他弱酸，如乳酸等，只要它们强度较大，都可被 NaOH 同时滴定。测定时以酚酞为指示剂，总酸量通常以醋酸的质量浓度形式表示，单位常用 g/L。食醋中 HAc 的质量分数为 3%～5%，测定前要稀释到 $c_{HAc} = 0.1 mol \cdot L^{-1}$ 左右。若样品颜色过深，妨碍指示剂颜色的观察，可事先用活性炭脱色。

【思考与习题】

1. 找出下列物质中相应的共轭酸碱对，并用酸碱质子理论分析下列物质中哪种物质为最强的酸，哪种物质碱性最强。

　　HAc，HF，HCl，NH_4^+，$NaAc$，NH_3，CO_3^{2-}，HCO_3^-，H_3PO_4，F^-，$H_2PO_4^-$

2. 若用已吸收少量水的无水碳酸钠标定 HCl 溶液的浓度，问所标出的浓度将偏高还是偏低？

3. 计算下列滴定中化学计量点的 pH 值，并指出选用何种指示剂指示终点：

（1）$0.2000 mol \cdot L^{-1}$ NaOH 标准溶液滴定 20.00mL $0.2000 mol \cdot L^{-1}$ HCl 溶液；

（2）$0.2000 mol \cdot L^{-1}$ HCl 标准溶液滴定 20.00mL $0.2000 mol \cdot L^{-1}$ NaOH 溶液。

4. 用硼砂基准物质标定 HCl（约 $0.50 mol \cdot L^{-1}$）溶液，消耗的滴定剂约 20～30mL，应称取多少基准物质？

5. 阿司匹林即乙酰水杨酸，化学式为 $HOOCCH_2C_6H_4COOH$，其摩尔质量 $M = 180.16 g \cdot mol^{-1}$。现称取试样 0.2500g，准确加入浓度为 $0.1020 mol \cdot L^{-1}$ NaOH 标准溶液 50.00mL，煮沸 10min，冷却后需用浓度为 $0.05050 mol \cdot L^{-1}$ H_2SO_4 标准溶液 25.00mL 滴定过量的 NaOH（以酚酞为指示剂）。求该试样中乙酰水杨酸的质量分数。

6. 有硼砂 1.000g，用 $0.1988 mol \cdot L^{-1}$ HCl 标准溶液 24.52mL 恰好滴至终点，计算试样中 $Na_2B_4O_7 \cdot 10H_2O$ 和 B 的质量分数（$B_4O_7^{2-} + 2H^+ + 5H_2O \xrightarrow{\quad\quad} 4H_3BO_3$）。

7. 用凯氏法测定牛奶中的氮时，称取牛奶样品 0.4750g，用浓硫酸和催化剂消解，使蛋白质转化为铵盐，然后加碱，将氨蒸馏到 25.00mL HCl 溶液中，剩余酸用 13.12mL $0.07891 mol \cdot L^{-1}$ NaOH 标准溶液滴定至终点，25.00mL HCl 溶液需要 15.83mL NaOH 标准溶液中和。计算样品中 N 的质量分数。

实训三　滴定分析仪器的操作技术

【实训目的】

1. 学会移液管、吸量管、滴定管等常用仪器的准备和使用方法。

2. 初步掌握滴定操作。

【实训仪器】　500mL 容量瓶、试剂瓶；50mL 酸式滴定管、碱式滴定管各一支；20mL 移液管。

【实训药品】　浓盐酸（$\rho=1.19\text{g}\cdot\text{mL}^{-1}$，$w=36.5\%$）；氢氧化钠；甲基红（0.1%乙醇溶液）指示剂；酚酞指示剂。

【实训原理】

滴定分析法中经常涉及溶液的配制和溶液体积的准确量取。准确量取液体体积的玻璃仪器主要有移液管、容量瓶、滴定管等，正确掌握这些量器的使用方法是滴定分析中一项基本操作技能，也是获得准确分析结果的必要条件。

一、移液管和吸量管

移液管和吸量管都是用来准确移取一定体积的溶液的量器（见图 4-5）。移液管是一根中部直径较粗、两端细长的玻璃管，其上端有一环形标线，表示在一定温度下移出液体的体积，该体积刻在移液管中部膨大部分上。常用的移液管有 5mL、10mL、20mL、25mL、50mL 等规格。吸量管是刻有分度的玻璃管，也叫刻度吸管，管身直径均匀，刻有体积读数，可用以吸取不同体积的液体。比如将溶液吸入，取与液面相切的刻度，然后将溶液放出至适当刻度，两刻度之差即为放出溶液的体积。常用的有 0.1mL、0.5mL、1mL、2mL、5mL、10mL 等规格，其准确度较移液管差一些。移液管和吸量管均为量出式量器，用于测量从量器中放出液体的体积。两者的洗涤方法和使用方法基本相同。

1. 洗涤方法

先用自来水冲洗一下。如果有油污，可用洗液洗。方法是用洗耳球吸取洗液至球部约1/3，用右手食指按住管上口，放平旋转，使洗液布满全管片刻，将洗液放回原瓶。用自来水冲洗，再用蒸馏水润洗内壁 2～3 次，每次将蒸馏水吸至球部的 1/3 处，方法同前。放净蒸馏水后，可用滤纸吸去管外及管尖的水。

如果内壁油污较重，可将移液管放入盛有洗液的量筒或高型玻璃缸中，浸泡 15min 至数小时，再以自来水和蒸馏水洗涤。移液管和吸量管的尖端容易碰坏，操作要小心。

2. 使用方法

用移液管吸取溶液时，一般可将待吸溶液转移到已用该溶液润洗 3 次的烧杯中，再进行吸取，也可以直接从容量瓶中吸取。正式吸取前，将管尖水分吹出，用少量待吸液润洗内壁 3 次，方法同上。要注意，先挤出洗耳球中的空气，再接在移液管上，并立即吸取，以防止管内水分流入试剂中。

吸移溶液时，左手持洗耳球，右手大拇指和中指拿住移液管上部（标线以上，靠近管口），管尖插入液面以下（不要太深，也不要太浅，约 1～2cm），当溶液上升到标线或所需体积以上时，迅速用右手食指紧按管口，将移液管取出液面，右手垂直拿住移液管，使管尖紧靠液面以上的烧杯壁或容

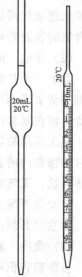

图 4-5　移液管和吸量管

量瓶壁，微微松开食指并用中指及拇指捻转管身，直到液面缓缓下降到与标线相切时，再次紧按管口，使溶液不再流出。把移液管慢慢地垂直移入准备接受溶液的容器内壁上方。左手倾斜容器，使它的内壁与移液管的尖端相靠，松开食指，让溶液自由流下（见图 4-6）。待溶液流尽后，再停 15s，取出移液管。不要把残留在管尖的少量液体吹出，因为在校准移液管体积时没有把这一部分液体算在内。但如果管上有"吹"的字样时，则要将最后残留在管尖的液体吹出。移液管和吸量管在使用时，一定要注意保持垂直，管尖流液口必须与倾斜的器壁接触并保持不动，并视不同情况处理放液后残留在管尖的少量液体。

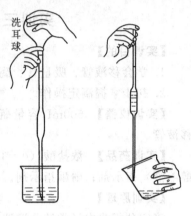

图 4-6 移液管的使用

二、滴定管

滴定管是滴定时用来准确测量流出的滴定溶液体积的量器，它是一种量出式量器。按其容积可分为常量、半微量、微量滴定管。经常使用的是常量滴定管，有多种规格，常用 25mL 或 50mL 的，最小刻度是 0.1mL，可估读到 0.01mL，测量体积的最大误差是 0.02mL。按控制流出液方式的不同，滴定管可分为酸式滴定管和碱式滴定管。酸式滴定管下端有玻璃活塞，以此控制溶液的流出；碱式滴定管则以乳胶管连接尖嘴玻璃管，乳胶管内装有大小适中的玻璃珠以控制溶液的流出。酸式滴定管适于装酸性、中性及氧化性溶液，不适于装碱性溶液，因为碱能腐蚀玻璃，时间一长，玻璃活塞无法转动；碱式滴定管适于装碱性溶液，氧化性溶液如 $KMnO_4$、$AgNO_3$、I_2 溶液等不应装入。酸管的准确度比碱管稍高。

滴定管有无色、棕色、白底蓝线管等，使用方法基本相同。

1. 滴定管的准备

（1）检查与试漏　新的酸式滴定管首先检查外观和密合性。方法是将活塞用水润湿后插入塞套内，管中充水至最高标线，垂直夹在滴定管架上，直立 2min，观察活塞周围及管尖有无水渗出，如果没有，再将活塞旋转 180°，重复操作，如果没有水渗出则可使用，如果有漏水现象则需涂油。碱式滴定管充水至最高标线后，直立 2min 试漏，如漏水则需更换直径合适的乳胶管和大小适中的玻璃珠，乳胶管裂纹、老化、管尖破损应及时更换。

（2）涂油　酸式滴定管如果漏水则需涂油。涂油时，将滴定管平放在实验桌上，抽出活塞，卷上一小片滤纸，再插入塞套内，将活塞转动几次，再带动滤纸一起转动几次，这样可以擦去活塞表面和塞套内表面的油污和水分。再换滤纸，反复擦拭 1～2 次。将最后一张滤纸暂时留在塞套内，以防在给活塞涂油时滴定管内的水再润湿塞套内表面。

用无名指粘取少量凡士林，均匀地涂在活塞孔两侧，注意涂层要薄，以防堵住活塞孔。随后将塞套内的滤纸取出，迅速将活塞插入塞套，沿同一方向旋转活塞几次后，活塞部位应呈透明状，无气泡和纹路，旋转灵活，否则要重新处理。然后堵住活塞，套上小胶圈，装入水，检验是否漏水或堵塞（见图 4-7）。

涂油时必须注意，一定要彻底擦干净再涂油，所涂凡士林要少而均匀。

（3）洗涤　滴定管必须洗净至管壁完全被水润湿，不挂水珠，否则滴定时溶液沾在壁上，会影响容积测量的准确性。洗涤时，先用自来水冲洗，再用特制的软毛刷蘸合成洗涤剂刷洗，如果用此法不能洗净，可用约 10mL 洗液润洗内壁（与用蒸馏水淋洗方法相同，见下述）或浸泡 10min，再用自来水充分冲洗干净。最后用蒸馏水润洗 3 次，每次用水 5～

10mL，双手平持滴定管两端无刻度处，边转动滴定管边向管口倾斜，使水清洗全管后，再将滴定管竖直，从出口处放水。也可以从出口处放出部分水淋洗管尖嘴处后，从上部管口将残留的水放干净，此时不要打开活塞，以防活塞上的油脂冲入管内沾污内壁。

（4）待装液润洗　用待装液润洗滴定管3次，淋洗方法与用蒸馏水润洗相同，防止溶液浓度的变化。向滴定管中装入待装液至零刻度以上。

（5）排气泡　调整刻度前，必须把管尖气泡排除。酸式滴定管可在装满溶液后，把管身倾斜约30°，将活塞迅速打开，利用溶液的急剧流动逐出气泡；对于碱式滴定管，将溶液装满后，用左手两指将乳胶管稍向上弯曲，使管尖上翘，轻轻挤捏稍高于玻璃球处的乳胶管，使溶液从管口喷出，带走气泡（见图4-8）。排除气泡以后把溶液调节至零刻度。

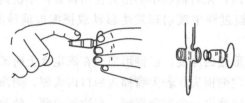

图4-7　涂油方法

图4-8　碱式滴定管排气泡

2. 滴定管读数

装满或放出溶液后应等1～2min，等液面稳定后再读数。读数时，可以将滴定管夹在滴定管夹上，也可用右手拇指食指中指持近管口无刻度处，使滴定管垂直，进行读数。不管用哪种方法，都要保持滴定管的垂直状态。视线应和液面弯月面最低点在同一水平面上，无色溶液读取弯月面下缘最低点对应的刻度，深色溶液读取弯月面两侧最高点对应的刻度，初读数与终读数应用同一标准。对于白底蓝线的滴定管，无色溶液的读数应以两个弯月面相交的最尖部为准，深色溶液也是读取液面两侧最高点对应的刻度。为了协助读数，可用黑纸或黑白纸板作为读数卡，衬在滴定管背后，黑色部分在弯月面下约1mm处，读取弯月面（变成黑色）下缘最低点对应的刻度（见图4-9）。

使用滴定管时，一般将初读数调在零刻度。排完气泡后，即可按上述方法调节零刻度。

3. 滴定操作

将标准溶液从滴定管逐滴加到被测溶液中，直至由指示剂的颜色转变（或其他方法）指示滴定终点，这样的操作过程称为滴定。滴定可以在锥形瓶中或在烧杯中进行。滴定前，必须把悬在滴定管尖端的残余液滴去除。不管是酸式滴定管还是碱式滴定管，液流控制均用左手。

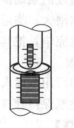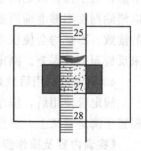

图4-9　滴定管读数

酸式滴定管的握塞方式及滴定操作如图4-10所示。左手无名指及小指弯曲并位于管的左侧，轻抵出水管口，其他三个手指控制旋塞，拇指在管前，食指和中指在管后，控制活塞的转动（注意用手指尖接触活塞柄，手心内凹，似空心拳状，手掌与活塞尾端不接触，以防触动旋塞而造成漏液）。转动时应轻将活塞往里扣，不要向外用力，以防止顶出活塞。适当旋转活塞的角度，即可控制流速。

图 4-10 酸式滴定管的操作   图 4-11 碱式滴定管的操作

碱式滴定管操作时，用左手拇指和食指的指尖挤捏玻璃球中上部右侧的乳胶管，使胶管和玻璃球之间形成一个小缝隙，溶液即可流出，无名指和小手指夹住出口管，不使其摆动而撞击锥形瓶（见图4-11）。应注意，如果挤捏过程中玻璃球发生移动或挤捏玻璃球的下部，会使管尖吸入气泡而造成误差。

在锥形瓶中滴定时，滴定管尖嘴插入锥形瓶的深度，以锥形瓶放在滴定台上时流液口略低于瓶口为宜。若尖嘴高于瓶口，容易使滴定剂损失；若尖嘴插入瓶口内太深，则滴定操作不方便。右手持锥形瓶瓶颈摇动锥形瓶，使溶液沿一个方向旋转，要边摇边滴，使滴下去的溶液尽快混匀。滴定速率开始时可快些，一般每秒可滴3～4滴，但不可呈液柱状加入。近终点时速率要放慢，加一滴溶液摇几秒钟，最后可能还要加一次或几次半滴溶液才能到达终点。半滴溶液的加法是使溶液在滴定管尖悬而未滴，再用锥形瓶内壁靠入瓶中，然后将瓶倾斜，用瓶中的溶液将附于壁上的半滴溶液涮下去，也可用少量蒸馏水淋洗锥形瓶内壁。

在烧杯中滴定时，烧杯放在滴定台上，将滴定管伸入烧杯约1cm并位于烧杯左侧，但不要接触烧杯壁，右手持玻璃棒，以圆周方向搅拌溶液，不要接触烧杯壁和底以及滴定管尖。这样边滴边搅拌，近终点加半滴溶液时，用玻璃棒下端轻轻接触管尖悬挂的液滴（但不要接触管尖）将其引下，放入溶液中搅拌。

滴定过程中一定要注意观察溶液颜色的变化，左手自始至终不能离开滴定管。掌握"左手滴，右手摇，眼把瓶中颜色瞧"的基本原则。平行实验时，每次滴定均应从零刻度开始，以消除刻度不够准确而造成的系统误差；所用的滴定剂体积不能过少，也不能超过一滴定管的读数，不然均会使误差增大；临近终点前，用少量蒸馏水淋洗锥形瓶内壁，以防残留溶液未反应而造成误差。滴定完毕，把其中的溶液倒出弃去，用自来水清洗数次。

4. 滴定管的用后处理

滴定管使用后，洗净后用蒸馏水充满滴定管；或用蒸馏水洗净，盖上滴定管帽或试管，倒置于滴定管架上，要注意保持管口和管尖的清洁。

【实训内容及操作步骤】

1. 仪器使用基本练习

（1）练习移液管的洗涤 用自来水练习吸液、放液操作。

（2）练习滴定管的洗涤、试漏和涂油 用自来水练习排气泡、读数以及滴定管的流液控制；分别用锥形瓶和烧杯练习滴定过程中的两手配合操作。

2. 溶液配制

盐酸和氢氧化钠都不是基准物质，配制标准溶液时不一定使用容量瓶，此处为达到练习目的而使用容量瓶。

(1) 1mol·L^{-1} HCl 溶液的配制　计算出配制 500mL 0.1mol·L^{-1} HCl 溶液所需浓盐酸的体积，用量筒量取所需的浓盐酸，倒入烧杯中，用少量蒸馏水稀释后，将盐酸溶液定量地转移至容量瓶中，稀释到刻度，即配制成 500mL HCl 溶液，倒入指定试剂瓶中，备用。

(2) 0.1mol·L^{-1} NaOH 溶液的配制　计算出配制 500mL 0.1mol·L^{-1} NaOH 溶液所需 NaOH 的质量，在托盘天平上用表面皿迅速称取由计算所需用量的 NaOH 固体，放在烧杯中，加 50mL 蒸馏水，使之全部溶解，定量地转移到 500mL 的容量瓶中，加水稀释到刻度，倒入指定试剂瓶中，备用。

3. 溶液滴定练习

(1) 用盐酸滴定 NaOH 溶液　将酸式滴定管和碱式滴定管按照操作规程准备好，装好上述配制的盐酸和 NaOH 溶液，调至零刻度待用。

从碱式滴定管准确放出 20.00mL NaOH 溶液于洁净的锥形瓶中，加入甲基红指示剂2～3 滴，摇匀，溶液应呈黄色。用准备好的盐酸滴定，至溶液恰由黄色变为橙色时为终点（如果滴过量则为红色，此时可再向溶液中滴入 1 滴 NaOH 溶液，使溶液呈黄色后，再用盐酸滴定至终点，这样反复练习终点颜色的判断，直至熟练后再进行实验）。平行滴定三次。

(2) 用 NaOH 溶液滴定盐酸　准备好 20mL 移液管一支，用上述配制的盐酸润洗后，准确移取 20mL 盐酸于洁净的锥形瓶或烧杯中，滴入酚酞指示剂 2～3 滴，溶液为无色。按滴管的操作规程，用 NaOH 溶液滴定上述溶液，当滴入一滴或半滴 NaOH 溶液后，溶液由无色变为浅红色，30s 内不褪色即为终点。

【实训数据记录】

1. 盐酸滴定 NaOH 溶液

滴 定 次 数	第一次	第二次	第三次
NaOH 溶液终读数/mL			
NaOH 溶液初读数/mL			
V(NaOH)/mL			
HCl 溶液终读数/mL			
HCl 溶液初读数/mL			
V(HCl)/mL			
V(HCl)/V(NaOH)			
V(HCl)/V(NaOH)平均值相对平均偏差			

2. NaOH 溶液滴定盐酸

滴 定 次 数	第一次	第二次	第三次
V(HCl)/mL			
NaOH 溶液终读数/mL			
NaOH 溶液初读数/mL			
V(NaOH)/mL			
V(NaOH)/V(HCl)			
V(NaOH)/V(HCl)平均值			
相对平均偏差			

【思 考 题】

1. 移液管移液排空后，残留在下端尖嘴部的少量溶液如何处理？
2. 使用滴定管进行读数时，如果视线高于或低于弯月面，所读刻度与正确的相比有何变化？
3. 如果滴定管装液前没有用待装液润洗，会造成什么后果？
4. 滴定用的锥形瓶，使用前是否需要干燥？是否需要用待装液润洗？

实训四　盐酸和氢氧化钠标准溶液的标定

【实训目的】

1. 掌握差减称量法称取基准物的方法。
2. 掌握滴定操作基本技能。
3. 学会用硼砂标定盐酸和用邻苯二甲酸氢钾标定氢氧化钠溶液的方法。

【实训仪器】
分析天平；称量瓶；酸式滴定管、碱式滴定管；锥形瓶。

【实训药品】
$0.1mol \cdot L^{-1}$ HCl 溶液；$0.1mol \cdot L^{-1}$ NaOH 溶液；硼砂（分析纯）；邻苯二甲酸氢钾（分析纯）；甲基红指示剂（0.1%乙醇溶液）；酚酞指示剂（0.1%的60%乙醇溶液）。

【实训原理】

滴定分析法中，标准溶液的配制有两种方法。由于盐酸不符合基准物质的条件，只能用间接法配制，再用基准物质来标定其浓度。标定盐酸常用的基准物质有无水碳酸钠（Na_2CO_3）和硼砂（$Na_2B_4O_7 \cdot 10H_2O$）。采用硼砂较易提纯，不宜吸湿，性质比较稳定，而且摩尔质量很大，可以减少称量误差。

硼砂与盐酸的反应为：

$$Na_2B_4O_7 \cdot 10H_2O + 2HCl \rightleftharpoons 2NaCl + 4H_3BO_3 + 5H_2O$$

在化学计量点时，由于生成的硼酸是弱酸，溶液的 pH 值约为 5，可用甲基红作指示剂。本实验采用称取硼砂后直接用盐酸滴定的方法进行操作，根据所称硼砂的质量和滴定所用盐酸溶液的体积，可以求出盐酸的准确浓度。

计算式为：
$$c_{HCl} = \frac{m_{Na_2B_4O_7 \cdot 10H_2O}}{V_{HCl} \times 381.43} \times 2000$$

式中，m 为质量，g；V 为体积，mL；c 为浓度，$mol \cdot L^{-1}$。

NaOH 标准溶液和盐酸一样，只能用间接法配制。其浓度的确定也可以用基准物质来标定，常用的有草酸和邻苯二甲酸氢钾等。本实验采用邻苯二甲酸氢钾，它与 NaOH 的反应为：

$$KHC_8H_4O_4 + NaOH \rightleftharpoons KNaC_8H_4O_4 + H_2O$$

到达化学计量点时，溶液呈弱碱性，可用酚酞作指示剂。本实验采用的具体操作是：先称取较多量的基准物邻苯二甲酸氢钾准确配成 250mL 溶液，再移取 25mL 此溶液，用待标定的 NaOH 溶液滴定。

【实训内容及操作步骤】

1. HCl 标准溶液的标定

从称量瓶中用差减法准确称取纯净硼砂三份，每份重约 $0.3 \sim 0.4g$（称至小数点后四位），置于锥形瓶中，加 20mL 蒸馏水使之溶解（可稍加热以加快溶解，但溶解后需冷却至室温），滴入甲基红指示剂 $2 \sim 3$ 滴，用 $0.1mol \cdot L^{-1}$ HCl 溶液滴定至溶液由黄色恰变橙色为止。记录数据，计算盐酸的浓度。

2. NaOH 标准溶液的标定

用差减法称取纯邻苯二甲酸氢钾 3～3.5g（称至小数点后四位），置于小烧杯中，用无二氧化碳的蒸馏水溶解、定容成 250mL 溶液。用准备好的 25mL 移液管准确移取此溶液三份，分别置于 250mL 锥形瓶中，再滴入 2 滴酚酞指示剂，用欲标定的 NaOH 溶液滴定至溶液呈浅红色，在 30s 内不褪色为止。记录读数，计算 NaOH 溶液的准确浓度。

【思 考 题】

1. 称入硼砂、邻苯二甲酸氢钾的锥形瓶内壁是否必须干燥？为什么？

2. 溶解硼砂、邻苯二甲酸氢钾时，所加水的体积是否需要准确？为什么？

3. 为什么 HCl 标准溶液和 NaOH 标准溶液一般都用标定法配制，而不用直接法配制？

实训五　铵盐中氮含量的测定（甲醛法）

【实训目的】

1. 熟练滴定操作技术。

2. 了解甲醛法测定氮的原理。

【实训仪器】 分析天平；称量瓶；碱式滴定管；锥形瓶；量筒。

【实训药品】 $0.1mol \cdot L^{-1}$ NaOH 标准溶液；酚酞指示剂；$(NH_4)_2SO_4$ 试样；40％中性甲醛溶液。

【实训原理】

铵盐 $[NH_4Cl$ 和 $(NH_4)_2SO_4]$ 是常用的无机化肥，是强酸弱碱盐，可用酸碱滴定法测定其含氮量。但由于 NH_4^+ 酸性太弱（$K_a = 5.6 \times 10^{-10}$），直接用 NaOH 标准溶液滴定有困难。生产和实验室中广泛采用甲醛法测定铵盐中的氮含量。甲醛与一定量铵盐作用，生成等物质的量的酸——H^+ 和六亚甲基四胺：

$$4NH_4^+ + 6HCHO \xrightarrow{\hspace{1cm}} (CH_2)_6N_4 + 4H^+ + 6H_2O$$

反应生成的酸可以用 NaOH 标准溶液滴定。由于生成的六亚甲基四胺是一个很弱的碱，化学计量点时 pH 值约为 8.8，因此用酚酞作指示剂。

氮含量按下式计算：

$$w_N = \frac{c_{NaOH} \times V_{NaOH} \times 14.01 \times \dfrac{1}{1000}}{m_{样}} \times 100\%$$

式中体积单位为 mL。

【实训内容及操作步骤】

用差减法准确称取 0.12～0.15g 的 $(NH_4)_2SO_4$ 试样三份，分别置于 250mL 锥形瓶中，加入 40mL 蒸馏水使其溶解，再加 4mL 40％中性甲醛溶液，滴 1～2 滴酚酞指示剂，充分摇匀后静置 1min，使反应完全，最后用 $0.1mol \cdot L^{-1}$ NaOH 标准溶液滴定至粉红色，且 30s 内不褪色，即为终点。记录读数。根据 NaOH 标准溶液的浓度和滴定消耗的体积计算试样中的氮含量。

【思 考 题】

1. 铵盐中氮的测定为何不采用 NaOH 溶液直接滴定法？

2. 能否用甲醛法测定硝酸铵、氯化铵中的氮含量？

第五章　氧化还原滴定法

【知识目标】

1. 掌握氧化还原滴定法的基本原理和所用的指示剂特点。

2. 了解几种常用的氧化还原滴定法的反应原理、标准溶液配制方法和滴定过程需要注意的一些事项。

【能力目标】

可以通过本章理论和实验知识的学习、训练，基本具备解决生产实践中与氧化还原滴定法相关问题的能力。

第一节　氧化还原滴定法概述

氧化还原滴定法是以氧化还原反应为基础的滴定分析方法。很多无机物和有机物能直接或间接地利用它来进行测定，因此，应用十分广泛。但是，氧化还原反应不仅机理比较复杂，而且常伴有副反应的发生，反应过程中各物质的计量关系不好确定。有些反应尽管可以发生，但反应速率缓慢，而给分析应用带来困难。为此，在氧化还原滴定中，要注意控制反应条件，加快反应速率，避免副反应的发生，以满足滴定分析的要求。

一、氧化还原滴定法分类

具有氧化性和还原性的物质所配成的溶液均可以作为滴定剂。通常根据滴定剂的名称命名氧化还原滴定法，例如高锰酸钾法、重铬酸钾法和碘量法等。

具有氧化性的滴定剂用来测定还原性物质；具有还原性的滴定剂用来测定氧化性物质。

二、氧化还原滴定中的指示剂

1. 自身作指示剂

利用滴定剂或被测物质在反应过程中本身的颜色变化来确定滴定的终点。如：

$$2MnO_4^- + 5C_2O_4^{2-} + 16H^+ \longrightarrow 2Mn^{2+} + 10CO_2\uparrow + 8H_2O$$

高锰酸钾溶液本身显紫红色，在滴定的过程中，MnO_4^- 被还原为无色。当反应到达化学计量点后，稍微过量（只要浓度达到 $2\times10^{-6}\,mol \cdot L^{-1}$）的 $KMnO_4$ 标准溶液能使溶液呈粉红色，以此来指示滴定终点的到达。

2. 专属指示剂

在反应液中加入可溶性的直链淀粉溶液，当单质碘生成时溶液显示出深蓝色，而当碘因反应而消失时蓝色也随之消失。此处用淀粉作指示剂，颜色变化灵敏，效果非常好。因此，淀粉是碘量法的专属指示剂。如：

$$I_2 + 2Na_2S_2O_3 \longrightarrow 2NaI + Na_2S_4O_6$$

稍过量（只要达到 $5 \times 10^{-6} mol \cdot L^{-1}$）的 I_2 标准溶液与溶液中的淀粉指示剂作用，就可以使溶液呈现蓝色。

3. 氧化还原指示剂

这类指示剂是本身具有氧化还原性的有机化合物，其氧化态和还原态具有不同的颜色，在滴定过程中因本身被氧化或被还原而发生颜色的变化，以此来确定滴定的终点。

$$In(Ox) + ne \Longrightarrow In(Red)$$

氧化态	还原态
颜色甲	颜色乙

指示剂遇氧化剂时，本身为还原态；指示剂遇还原剂时，本身为氧化态。在化学计量点前后，指示剂所处溶液的氧化性与还原性发生变化，引起指示剂颜色发生变化，这就是氧化还原指示剂的变色原理。

表 5-1 列出了常见的氧化还原指示剂。

表 5-1　常见的氧化还原指示剂

指示剂	颜色		指示剂溶液	指示剂	颜色		指示剂溶液
	氧化态	还原态			氧化态	还原态	
甲基蓝	蓝绿	无色	0.05%水溶液	邻苯氨基苯甲酸	紫红	无色	0.1% Na_2CO_3 溶液
二苯胺	紫	无色	0.1% H_2SO_4 浓溶液	邻二氮菲亚铁	浅蓝	红	$0.025 mol \cdot L^{-1}$ 水溶液
二苯胺磺酸钠	紫红	无色	0.05%水溶液	硝基邻二氮菲亚铁	浅蓝	紫红	$0.025 mol \cdot L^{-1}$ 水溶液
羊毛罂红 A	橙红	黄绿	0.1%水溶液				

例如，用 $K_2Cr_2O_7$ 滴定 Fe^{2+} 时，以二苯胺磺酸钠为指示剂。当到达化学计量点时，稍过量的 $K_2Cr_2O_7$ 就可以使二苯胺磺酸钠由无色的还原态变为紫红色的氧化态，以此来指示滴定终点的到达。

第二节　常用的氧化还原滴定法

一、高锰酸钾法

1. 概述

高锰酸钾（$KMnO_4$）是强氧化剂，它可以直接滴定许多还原性物质。尽管高锰酸钾不论在酸性、碱性还是在中性的环境下都可以使用，但是它在强酸性条件下具有更强的氧化能力，因此一般在强酸性的条件下来使用它。但是，它在碱性条件下氧化有机物的速率比在酸性条件下更快。

在强酸性溶液中：

$$MnO_4^- + 8H^+ + 5e^- \Longrightarrow Mn^{2+} + 4H_2O$$

此反应常用，不过酸度以控制在 $1 mol \cdot L^{-1}$ 为宜。酸度过高，会导致 $KMnO_4$ 分解；酸度过低，会产生 MnO_2 沉淀。调节酸度须用 H_2SO_4。HNO_3 有氧化性，不宜使用；HCl 可被 $KMnO_4$ 氧化，也不宜使用（特别是在有铁存在时）。

在微酸性、中性或弱碱性溶液中：

$$MnO_4^- + 2H_2O + 3e^- \Longrightarrow 2MnO_2 \downarrow + 4OH^-$$

此反应不常用，因有 MnO_2 沉淀生成，不易观察终点。

在 NaOH 浓度大于 $2mol \cdot L^{-1}$ 的碱性溶液中，MnO_4^- 能被有机物还原：

$$MnO_4^- + e^- = MnO_4^{2-}$$

应用高锰酸钾法时，可根据待测物质的性质采用相应的方法。

① 直接滴定法测还原性物质。如用 $KMnO_4$ 测定 $FeSO_4 \cdot 7H_2O$、As(Ⅲ)、Sb(Ⅲ)、H_2O_2、$C_2O_4^{2-}$、NO_2^- 等的含量。

② 间接滴定法测非氧化还原性物质。例如，测定 Ca^{2+} 时，可先将 Ca^{2+} 沉淀为 CaC_2O_4 沉淀，再用稀 H_2SO_4 将所得沉淀溶解，用 $KMnO_4$ 标准溶液滴定溶液中的 $C_2O_4^{2-}$，从而间接求得 Ca^{2+} 的含量。显然，凡能与 $C_2O_4^{2-}$ 定量反应生成草酸盐沉淀的金属离子（如 Ba^{2+}、Cd^{2+}、Zn^{2+}、Cu^{2+}、Pb^{2+}、Hg^{2+}、Ag^+ 等）都能用同样的方法测定。

③ 返滴定法。有些氧化性物质不能用 $KMnO_4$ 标准溶液直接滴定，这时可用返滴定法。例如，测定 MnO_2 的含量时，可在 H_2SO_4 溶液中加入一定量过量的 $Na_2C_2O_4$ 标准溶液，待 MnO_2 与 $Na_2C_2O_4$ 作用完毕后，用 $KMnO_4$ 标准溶液滴定剩余的 $Na_2C_2O_4$ 标准溶液，从而求得与 MnO_2 作用的 $C_2O_4^{2-}$ 的量。利用此类方法，还可以测定 PbO_2、$K_2Cr_2O_7$ 和 $KClO_3$ 等氧化剂的含量。

$KMnO_4$ 的氧化能力强，溶液本身呈深紫色，用它滴定无色或浅色溶液时不需另加指示剂，这是其优点。高锰酸钾法的主要缺点是试剂常含有少量杂质，使溶液不够稳定，又由于 $KMnO_4$ 氧化能力强，可以和很多还原性物质发生作用，所以干扰比较严重。

2. $KMnO_4$ 标准溶液的配制

市售的 $KMnO_4$ 试剂中常含有少量 MnO_2、硫酸盐、氯化物、硝酸盐和其他杂质，蒸馏水中也常含有微量的还原性物质，它们可与 MnO_4^- 反应而析出沉淀，这些生成物以及光、热、酸、碱等外界条件的改变均会促进 $KMnO_4$ 的分解，因而 $KMnO_4$ 标准溶液不仅不能直接配制，而且配制、保存方法都比较讲究。其配制的具体过程如下。

(1) 称量　配制前需要称取稍多于理论量的 $KMnO_4$，溶解在一定体积的蒸馏水中。

(2) 标定　将配好的 $KMnO_4$ 溶液煮沸，并保持微沸约 1h，冷却后贮存于棕色试剂瓶中（也可煮沸后放置 $7\sim10$ 天），使溶液中可能存在的还原性物质被完全氧化。再用微孔玻璃漏斗过滤，将滤液移入棕色试剂瓶，准备标定。

标定 $KMnO_4$ 的基准物质相当多，如 $Na_2C_2O_4$、As_2O_3、$H_2C_2O_4 \cdot 2H_2O$、$(NH_4)_2Fe(SO_4) \cdot 6H_2O$ 和纯金属铁丝等。其中以 $Na_2C_2O_4$ 较为常用，因为它容易提纯，性质稳定，不含结晶水。$Na_2C_2O_4$ 在 $105\sim110℃$ 烘干约 2h，冷却后就可以使用。

在 H_2SO_4 溶液中，MnO_4^- 与 $C_2O_4^{2-}$ 的反应如下：

$$2MnO_4^- + 5C_2O_4^{2-} + 16H^+ = 2Mn^{2+} + 10CO_2\uparrow + 8H_2O$$

为了使反应能够定量而且较快地进行，应该注意下列条件。

① 温度　此反应在室温下速率缓慢，因此常将溶液加热至 $70\sim80℃$ 时进行滴定。若温度高于 $90℃$，$H_2C_2O_4$ 会发生分解反应：

$$H_2C_2O_4 \longrightarrow CO_2 + CO + H_2O$$

② 酸度　酸度过低，$KMnO_4$ 生成 MnO_2 沉淀；酸度过高，会促使 $H_2C_2O_4$ 分解。一般滴定开始时的酸度应控制在 $0.5\sim1mol \cdot L^{-1}$ 之间。

③ 滴定速率　当加入第一滴滴定剂时，红色 $KMnO_4$ 溶液褪色很慢，在红色没有消褪以前不要加入第二滴。如此加入几滴后，反应速率会变快。这是由于此滴定反应中会生成对反应有催化作用的 Mn^{2+}，反应属于自动催化反应（催化剂由反应本身生成的反应），滴定

的速率也就可以快一些。但也不宜太快，否则加入的 $KMnO_4$ 溶液来不及与 $C_2O_4^{2-}$ 反应，即在加热的酸性溶液中发生分解：

$$4MnO_4^- + 12H^+ \rightleftharpoons 4Mn^{2+} + 5O_2\uparrow + 6H_2O$$

由于反应开始时褪色较慢，所以常在滴定前加入几滴 $MnSO_4$ 作为催化剂。

④ 指示剂　$KMnO_4$ 自身可作为滴定时的指示剂，但使用浓度低至 $0.002mol\cdot L^{-1}$ 时，应加入二苯胺磺酸钠或 1,10-邻二氮菲亚铁等指示剂来确定终点。

⑤ 滴定终点　用 $KMnO_4$ 滴定至终点后，溶液中呈现的粉红色不能持久，这是因为空气中的还原性气体和灰尘都能使 MnO_4^- 还原，使溶液的粉红色逐渐消失。所以，当溶液中出现的粉红色在 $0.5\sim1min$ 内不褪色时，表示已达滴定终点。

（3）保存　标定好的 $KMnO_4$ 溶液贴上标签，保存在暗处，备用。

二、重铬酸钾法

在酸性条件下，重铬酸钾（$K_2Cr_2O_7$）与还原剂发生如下反应：

$$Cr_2O_7^{2-} + 14H^+ + 6e^- \rightleftharpoons 2Cr^{3+} + 7H_2O$$

$K_2Cr_2O_7$ 的氧化能力比 $KMnO_4$ 稍弱，它的应用范围也比高锰酸钾法窄一些。但它却具有如下的优点。

① $K_2Cr_2O_7$ 易于提纯。纯净的 $K_2Cr_2O_7$ 干燥（$140\sim250℃$条件下）后，可以作为基准物质直接配制成一定浓度的标准溶液，不必再进行标定。

② $K_2Cr_2O_7$ 溶液相当稳定，只要保存在密闭容器中，浓度可长期保持不变。

③ 在 $1mol\cdot L^{-1}$ HCl 溶液中，在室温下不与 Cl^- 发生反应，可在 HCl 溶液中进行滴定。受其他还原性物质的影响也比 $KMnO_4$ 少。

重铬酸钾法也有直接法和间接法之分。对一些有机试样，常用在其 H_2SO_4 溶液中加入过量的 $K_2Cr_2O_7$ 标准溶液，加热至一定温度，冷后稀释，再用 Fe^{2+} 标准溶液进行返滴定。这种间接方法也可以用于电镀物中有机物的测定。

$K_2Cr_2O_7$ 溶液本身呈黄色，其还原产物 Cr^{3+} 呈绿色，因此过量的 $K_2Cr_2O_7$ 无法呈现出自身的黄色，进行滴定时常需另加指示剂，例如二苯胺磺酸钠或邻苯氨基苯甲酸等。

应该注意，$K_2Cr_2O_7$ 有毒，使用时应注意废液的处理，以免污染环境。

三、碘量法

1. 概述

碘量法是利用 I_2 的氧化性和 I^- 的还原性进行物质含量测定的方法。由于 I_2 在水中的溶解度很小，故通常将 I_2 溶解到 KI 溶液中，此时 I_2 以 I_3^- 的形式存在（为了方便起见，一般简写为 I_2）。

（1）直接碘量法　I_2 是较弱的氧化剂，能与较强的还原剂作用，也就是说可以用 I_2 标准溶液直接滴定这类还原性物质，因此直接碘量法又称碘滴定法。例如，测定钢铁中硫的含量时，先处理试样，使钢铁中的硫转化为二氧化硫，再用 I_2 标准溶液滴定。反应式如下：

$$I_2 + SO_2 + 2H_2O \rightleftharpoons 2I^- + SO_4^{2-} + 4H^+$$

用直接碘量法还可以测定 As_2O_3、$Sb(Ⅲ)$、$Sn(Ⅱ)$ 等还原性物质。直接碘量法不能在碱性溶液中进行，否则会发生歧化反应。

（2）间接碘量法　I^- 是中等强度的还原剂，能被许多氧化剂如 $K_2Cr_2O_7$、$KMnO_4$、

$KClO_3$、H_2O_2 等定量氧化而析出碘，析出的碘可以用 $Na_2S_2O_3$ 标准溶液进行滴定。例如在酸性溶液中，$KMnO_4$ 与过量的 KI 作用析出 I_2，其反应式为：

$$2MnO_4^- + 10I^- + 16H^+ \Longrightarrow 2Mn^{2+} + 5I_2 \downarrow + 8H_2O$$

析出的 I_2 再用 $Na_2S_2O_3$ 滴定：

$$I_2 + 2S_2O_3^{2-} \Longrightarrow 2I^- + S_4O_6^{2-}$$

间接碘量法可应用于测定 Cu^{2+}、CrO_4^{2-}、$Cr_2O_7^{2-}$、IO_3^-、BrO_3^-、AsO_4^{3-}、SbO_4^{3-}、ClO^-、NO_2^-、H_2O_2 等氧化性物质。

在间接碘量法中必须注意以下两点。

① 控制溶液的酸度。滴定必须在中性或弱酸性溶液中进行。在碱性溶液中，I_2 与 $S_2O_3^{2-}$ 发生下列反应

$$4I_2 + S_2O_3^{2-} + 10OH^- \Longrightarrow 8I^- + 2SO_4^{2-} + 5H_2O$$

而且 I_2 在碱性溶液中会发生歧化反应，生成 HIO 及 IO_3^-。

在强酸性溶液中，$Na_2S_2O_3$ 会发生分解

$$S_2O_3^{2-} + 2H^+ \Longrightarrow SO_2 + S \downarrow + H_2O$$

② 防止 I_2 的挥发和空气中的 O_2 氧化 I^-。这时可加入过量的 KI，使 I_2 形成 I_3^- 配离子。滴定时要使用碘瓶，不要剧烈摇动，以减少 I_2 的挥发。I^- 被空气氧化的反应随光照及酸度的增高而加快，因此，反应应于暗处进行，滴定前调整好酸度，析出碘后立即进行滴定。此外，Cu^{2+}、NO_2^-、NO 等将进行催化氧化反应，应注意消除它们的影响。

碘量法用淀粉作指示剂，灵敏度很高。当溶液呈现蓝色（直接碘量法）或蓝色消失时（间接碘量法），指示终点的到达。

2. 标准溶液的配制和标定

碘量法中经常使用的标准溶液有 $Na_2S_2O_3$ 和 I_2 两种。下面分别介绍这两种溶液的配制方法。

（1）$Na_2S_2O_3$ 溶液的配制和标定　$Na_2S_2O_3$ 不是基准物质，不能直接配制标准溶液。配制好的 $Na_2S_2O_3$ 溶液不稳定，容易分解，这是由于在水中的微生物、CO_2 和空气中的 O_2 的作用下发生系列反应的结果。此外，水中微量的 Cu^{2+} 或 Fe^{3+} 等也能促进 $Na_2S_2O_3$ 溶液分解。因此，配制 $Na_2S_2O_3$ 溶液时，需要用新煮沸并冷却了的蒸馏水，并加入少量的碳酸钠（约 0.02%）使溶液呈弱碱性，或加入少量的 HgI_2（$10mg \cdot L^{-1}$），以抑制细菌的生长。为了避免日光促进 $Na_2S_2O_3$ 的分解，溶液应保存在棕色试剂瓶中，并置于暗处，经过 $8 \sim 12$ 天后再标定。这样配制的溶液也不宜长期保存，使用一段时间后要重新标定。如果发现溶液变浑或析出硫，就应该过滤后再标定，或者另配新的溶液。

标定 $Na_2S_2O_3$ 溶液的基准物质有 $K_2Cr_2O_7$、KIO_3、纯铜等，$K_2Cr_2O_7$ 最常用。称取一定量的上述物质，在酸性溶液中与过量的 KI 作用，析出的碘以淀粉为指示剂，用 $Na_2S_2O_3$ 溶液滴定。有关的反应方程式如下：

$$Cr_2O_7^{2-} + 6I^- + 14H^+ \Longrightarrow 2Cr^{3+} + 3I_2 \downarrow + 7H_2O$$

$$IO_3^- + 5I^- + 6H^+ \Longrightarrow 3I_2 \downarrow + 3H_2O$$

$$2Cu^{2+} + 4I^- \Longrightarrow 2Cu \downarrow + I_2$$

$$I_2 + 2S_2O_3^{2-} \Longrightarrow 2I^- + S_4O_6^{2-}$$

这些标定方法是间接碘量法的应用。标定时要注意以下几点。

① 溶液的酸度越大反应的速率就越快，但酸度太大时 I^- 容易被空气中的氧氧化，所以

酸度一般以 $0.2\sim0.4mol\cdot L^{-1}$ 为宜。

② $K_2Cr_2O_7$ 与 KI 作用时，应将溶液贮于碘瓶或锥形瓶中（盖上表面皿），在暗处放置 $3\sim5min$，待反应完全后，加蒸馏水稀释以降低酸度。在弱酸性条件下用待标定的 $Na_2S_2O_3$ 溶液滴定析出的 I_2。近终点时溶液呈现稻草黄色（I_3^- 的黄色和 Cr^{3+} 的绿色），再加入淀粉指示剂（过早加入淀粉溶液会影响 I_2 与 $S_2O_3^{2-}$ 的反应，给滴定带来误差），继续滴定至蓝色消失时即为终点。这时若再过几分钟，会发现蓝色重新出现，这是由于空气的氧化作用所致。KIO_3 与 KI 作用时，不需要放置，宜及时进行滴定。

③ 所用的 KI 中应不含有 KIO_3 或 I_2。如果 KI 溶液显黄色，则应事先用 $Na_2S_2O_3$ 溶液滴定至无色后再使用。若滴至终点后很快又转变为 I_2-淀粉的蓝色，表示 KI 与 $K_2Cr_2O_7$ 的反应未进行完全，应另取溶液重新标定。

(2) I_2 溶液的配制和标定　用升华法制得的纯碘可以直接配制标准溶液，但由于碘的强挥发性，很难准确称量，并且由于碘对天平有腐蚀作用，所以不宜在分析天平上称量，在托盘天平上称取即可。称好的纯碘用少量 KI 溶液溶解（可在研钵中研磨溶解），待溶解后再稀释至一定体积，如此配制成近似浓度的溶液，装入棕色磨口瓶，于阴凉处保存。然后再用 As_2O_3（俗名砒霜，剧毒）或 $Na_2S_2O_3$ 标准溶液进行标定。注意，碘液不宜与橡皮等有机物接触，还要避光，不可加热，否则浓度会变化。

As_2O_3 难溶于水，但可溶于碱溶液中：

$$As_2O_3+6OH^-\Longrightarrow 2AsO_3^{3-}+3H_2O$$

AsO_3^{3-} 与 I_2 的反应：

$$AsO_3^{3-}+I_2+H_2O\Longrightarrow AsO_4^{3-}+2I^-+2H^+$$

这个反应是可逆的。在中性或微碱性溶液中（$pH\approx8$），反应能定量地向右边进行。在酸性溶液中，则 AsO_4^{3-} 氧化 I^- 而析出 I_2。

说明：I_2 先溶于 40% KI 溶液中，再加水稀释到 KI 浓度为 4% 左右。这是因为 I_2 难溶于水，但易溶于 KI 中：

$$I_2+I^-\Longrightarrow I_3^-$$

四、氧化还原滴定法应用实例

1. 高锰酸钾滴定法应用实例

(1) 直接滴定法测定 H_2O_2　$KMnO_4$ 在酸性溶液中按下式氧化 H_2O_2：

$$2MnO_4^-+5H_2O_2+6H^+\Longrightarrow 2Mn^{2+}+5O_2\uparrow+8H_2O$$

因此，商品双氧水中的 H_2O_2 可用高锰酸钾直接滴定。此反应可在室温下进行，以硫酸为介质。反应开始时速率较慢，后来随着 Mn^{2+} 的生成，速率逐渐加快。碱金属和碱土金属的过氧化物也可以采用同样的方法进行滴定。

市售过氧化氢如果浓度过大，须经过适当稀释后方可滴定。H_2O_2 不稳定，工业品中常常加入某些有机物如乙酰苯胺等作稳定剂，这些物质大多也有还原性，能使终点滞后，造成误差。在这种情况下，以采用碘量法或硫酸铈法测定为宜。

(2) 间接法测定 Ca^{2+}　有些不具有氧化还原性的物质，也可用高锰酸钾法间接测定，如钙、铅、钡等含量的测定。将饲料样品经灰化处理，然后制成含 Ca^{2+} 的试液，在适当的酸度条件下，再将含 Ca^{2+} 的试液与 $C_2O_4^{2-}$ 反应生成草酸钙沉淀，沉淀经过滤、洗涤后，溶于热的稀 H_2SO_4 中，释放出与 Ca^{2+} 等量的 $C_2O_4^{2-}$，然后用 $KMnO_4$ 标准溶液滴定。有关反应为：

$$Ca^{2+} + C_2O_4^{2-} = CaC_2O_4 \downarrow$$

$$CaC_2O_4 + 2H^+ = Ca^{2+} + H_2C_2O_4$$

$$2MnO_4^- + 5C_2O_4^{2-} + 16H^+ = 2Mn^{2+} + 10CO_2 \uparrow + 8H_2O$$

凡是能与 $C_2O_4^{2-}$ 定量地生成沉淀的金属离子都可用上述间接法测定。

（3）某些有机物含量的测定　$KMnO_4$ 氧化某些有机化合物的反应在碱性溶液中比在酸性溶液中速率快，故常在碱性条件下采用 $KMnO_4$ 法测定有机化合物的含量。以甲醇的测定为例，将一定量过量的 $KMnO_4$ 标准溶液加入待测的甲醇碱性试液中，反应为：

$$6MnO_4^- + CH_3OH + 8OH^- = CO_3^{2-} + 6MnO_4^{2-} + 6H_2O$$

待反应完全后，将溶液酸化，MnO_4^{2-} 歧化为 MnO_4^- 和 MnO_2。再加入一定量过量的 $FeSO_4$ 标准溶液，将所有的高价锰都还原为 Mn^{2+}，最后以 $KMnO_4$ 标准溶液滴定剩余的 Fe^{2+}。根据两次所加的 $KMnO_4$ 的量和 $FeSO_4$ 的加入量，以及各反应物之间的计量关系，可求得试液中甲醇的含量。

用此法还可测定甘油、甲酸、甲醛、酒石酸、柠檬酸、苯酚、水杨酸和葡萄糖等其他有机物。

（4）化学需氧量（COD）的测定　COD 是度量水体受还原性物质（主要是有机物）污染程度的综合性指标。它是水体中还原性物质所消耗的氧化剂的量，换算成氧的质量浓度（以 $mg \cdot L^{-1}$ 计）。测量时，在水样中加入 H_2SO_4 及一定量过量的 $KMnO_4$ 溶液，置于沸水浴中加热，使其中的还原性物质被氧化，剩余的 $KMnO_4$ 用一定量过量的 $Na_2C_2O_4$ 还原，再以 $KMnO_4$ 标准溶液滴定过量的 $Na_2C_2O_4$。此法适用于地表水、饮用水和生活污水 COD 的测定。由于 Cl^- 对此法有干扰，对含 Cl^- 高的工业废水中 COD 的测定，要采用 $K_2Cr_2O_7$ 法。本法反应式如下：

$$4MnO_4^{2-} + 5C + 12H^+ = 4Mn^{2+} + 5CO_2 \uparrow + 6H_2O$$

$$2MnO_4^{2-} + 5C_2O_4^{2-} + 16H^+ = 2Mn^{2+} + 10CO_2 \uparrow + 8H_2O$$

2. 重铬酸钾滴定法应用实例

重铬酸钾测定铁是利用下列反应：

$$6Fe^{2+} + Cr_2O_7^{2-} + 14H^+ = 6Fe^{3+} + 2Cr^{3+} + 7H_2O$$

试样用 HCl 溶液加热分解。在热的浓 HCl 溶液中，用 $SnCl_2$（亦有用 Zn、Al、H_2S、SO_2 及锌汞齐的）将 Fe(Ⅲ) 还原为还原为 Fe(Ⅱ)，过量的 $SnCl_2$ 必须用 $HgCl_2$（剧毒）氧化，反应式如下：

$$SnCl_2 + 2HgCl_2 = SnCl_4 + Hg_2Cl_2 \downarrow$$

此时溶液中析出 Hg_2Cl_2 白色沉淀。然后在 $1 \sim 2 mol \cdot L^{-1}$ H_2SO_4-H_3PO_4 混合介质中，以二苯胺磺酸钠作指示剂，用 $K_2Cr_2O_7$ 标准溶液滴定 Fe^{2+}。

近年来，为了保护环境，提倡用无汞法测铁。试样溶解后，以 $SnCl_2$ 将大部分 Fe^{3+} 还原，再以钨酸钠为指示剂，稍过量的 $TiCl_3$ 就可以使 Na_2WO_3 还原为钨蓝 W(Ⅴ)，"钨蓝"的出现表示 Fe^{3+} 已经被还原完全了。然后以 Cu^{2+} 作催化剂，利用空气氧化或滴加稀 $K_2Cr_2O_7$ 溶液，使钨蓝恰好褪色。最后在 H_3PO_4 存在下（也可以用 H_2SO_4-H_3PO_4 为介质），以二苯胺磺酸钠为指示剂，用重铬酸钾标准溶液滴定。

在这里加磷酸的作用是：① 提供必要的酸度；② H_3PO_4 与 Fe^{3+} 形成稳定且无色的 $Fe(HPO_4)_2^-$，掩蔽了 Fe^{3+} 的黄色，有利于终点的观察。

3. 碘量滴定法应用实例

碘量法在氧化还原滴定法中占有极重要的地位，许多具有氧化还原性的物质能够直接或间接地采用碘量法测定含量，特别是在药物分析上有着广泛的应用。

(1) 直接碘量法应用实例 一般来说，强还原剂物质如硫化物、亚硫酸盐、亚砷酸盐、亚锡酸盐、亚锑酸盐、安乃近、维生素 C 等都能被碘直接氧化，且反应速率足够快，可以采用直接碘量法进行测定。根据被测物还原性强弱的不同，选择在弱碱性或弱酸性环境中用直接碘量法进行测定。例如，测定 As_2O_3 时须在 $NaHCO_3$ 弱碱性溶液中进行，而测定维生素 C 时则要求在 HAc 酸性溶液中进行。

维生素 C 的测定实验大致如下。维生素 C 分子（$C_6H_8O_6$）中的烯二醇基具有还原性，能被 I_2 定量地氧化成二酮基：

$$C_6H_8O_6 + I_2 === C_6H_6O_6 + 2HI$$

从上式看，在碱性条件下更有利于反应向右进行。但由于维生素 C 的还原性很强，在空气中极易被氧化，特别是在碱性溶液中更甚，所以在滴定时反而加入一些 HAc 使溶液保持弱酸性，以减少维生素 C 与其他氧化剂作用所造成的影响。

操作步骤：准确称取样品 0.2g，用新煮沸放冷的蒸馏水 100mL 及稀 HAc 10mL 混合溶液使之溶解。加淀粉指示液 1mL，立即用 I_2 标准溶液（$0.05mol \cdot L^{-1}$）滴定至显持续的蓝色。

(2) 剩余碘量法应用实例 为了使被测定的物质与 I_2 充分作用并达到完全，先加入过量 I_2 溶液，然后再用 $Na_2S_2O_3$ 标准溶液回滴剩余的 I_2。

应用本法时，一般都在条件完全相同的情况下做一空白滴定（无样品存在，加入定量 I_2 溶液，用 $Na_2S_2O_3$ 溶液滴定），这样既可免除一些仪器、试剂及用水误差，又可以从空白滴定与回滴的差数求出被测物质的含量，而无须预先知道 I_2 标准溶液的浓度。

例如葡萄糖的含量测定。葡萄糖分子中的醛基能在碱性条件下用过量的 I_2 溶液氧化成羧基，然后用 $Na_2S_2O_3$ 标准溶液回滴剩余的 I_2。反应过程为：

$$I_2 + 2NaOH === NaIO + NaI + H_2O$$

NaIO 在碱性溶液中将葡萄糖氧化成葡萄糖酸盐：

$$CH_2OH(CHOH)_4CHO + NaIO + NaOH === CH_2OH(CHOH)_4COONa + NaI + H_2O$$

剩余的 NaIO 在碱性溶液中按下式转变成 $NaIO_3$ 及 NaI：

$$3NaIO === NaIO_3 + 2NaI$$

溶液经过酸化后，又有 I_2 析出：

$$NaIO_3 + 5NaI + 3H_2SO_4 === 3I_2 \downarrow + 3Na_2SO_4 + 3H_2O$$

最后用 $Na_2S_2O_3$ 标准溶液滴定剩余的 I_2。

操作步骤：精确量取适量的样品溶液（约含葡萄糖 100mg），置于 250mL 碘瓶中，准确加入 I_2 液（$0.05mol \cdot L^{-1}$）25mL，在不断振摇情况下缓慢滴加 NaOH 溶液（$0.1mol \cdot L^{-1}$）至溶液呈浅黄色（加 NaOH 溶液的速度不能过快，否则过量 NaIO 来不及氧化 $C_6H_{12}O_6$，使测定结果偏低。这一步骤对测定结果的影响很大，务必仔细操作和观察）。密塞，在暗处放置 10~15min。然后加 HCl 溶液（$2mol \cdot L^{-1}$）6mL 使成酸性，立即用 $Na_2S_2O_3$ 标准溶液（$0.1mol \cdot L^{-1}$）滴定至溶液呈浅黄色时，加淀粉指示剂 2mL，继续滴定至蓝色消失即为终点，记下滴定读数，同时作空白滴定进行校正。

(3) 间接碘量法应用实例

① 硫酸铜的测定 把过量的 KI 加到含 $CuSO_4$ 的溶液中，则发生下面的反应：

$$2Cu^{2+} + 5I^- \Longrightarrow 2CuI\downarrow + I_3^-$$

在这里，I^- 不仅作为还原剂，而且也是 Cu^{2+} 的沉淀剂和 I_2 的增溶剂。在反应式中虽然没有 H^+ 参加，但实际的反应特性与溶液 pH 值有关。当 pH > 4 时，Cu^{2+} 水解，用 $Na_2S_2O_3$ 滴定时有回蓝现象；当 pH < 0.5 时，空气对 I^- 氧化的影响变得不可忽视。因此，通常把溶液做成 HAc 酸性，或加入适当的缓冲剂以保持其弱酸性。

CuI 能吸附 I_2，使沉淀颜色变深，并使终点提前且不敏锐，因而造成误差。滴定时应充分振摇，这样有利于吸附的 I_2 快速解吸。

操作步骤：取硫酸铜样品约 0.5g，精确称定，用蒸馏水 50mL 溶解。加 HAc 4mL、KI 2g，用 $Na_2S_2O_3$ 标准溶液（0.1mol/L）滴定。近终点时，加淀粉指示液 2mL，继续滴定至蓝色消失。

另外，有些物质本身不具有氧化还原性，但能与氧化剂或还原剂发生定量反应，运用碘量法也可间接测出这类物质含量。

② 漂白粉中有效氯的测定　漂白粉的主要成分是 $Ca(ClO)_2$，还可能含有 $CaCl_2$、$Ca(ClO_3)_2$、CaO 等。漂白粉的质量好坏以能释放出来的氯量来衡量，称为有效氯，以含氯的质量分数表示。

测定时使试样溶于稀 H_2SO_4 介质中，加过量 KI，反应生成的 I_2 用 $Na_2S_2O_3$ 标准溶液滴定，反应为：

$$ClO^- + 2I^- + 2H^+ \Longrightarrow I_2 + Cl^- + H_2O$$
$$ClO_3^- + 6I^- + 6H^+ \Longrightarrow 3I_2 + Cl^- + 3H_2O$$
$$I_2 + 2S_2O_3^{2-} \Longrightarrow 2I^- + S_4O_6^{2-}$$

当用 $Na_2S_2O_3$ 滴定至淡黄色时，加 1‰ 淀粉溶液 1mL，继续以 $Na_2S_2O_3$ 溶液滴定至溶液呈浅绿色为止。

淀粉溶液的配制：称取 1g 可溶性淀粉，用少量冷水调成糊状，然后倒入 100mL 沸水中，继续煮沸 2min，并不断搅拌，冷却后加入 0.4g 氯化锌，贮于试剂瓶中备用。

【思考与习题】

1. 填空题

(1) 氧化还原滴定法有_____、_____和_____等。

(2) 高锰酸钾标准溶液应采用_____方法配制，重铬酸钾标准溶液采用_____方法配制。

(3) 标定硫代硫酸钠常用的基准物为_____，基准物先与_____试剂反应生成_____，再用硫代硫酸钠滴定。

(4) 碘在水中的溶解度小，挥发性强，所以配制碘标准溶液时将一定量的碘溶于_____溶液。

2. 判断题

(1) 碘量法中淀粉指示剂应在滴定前就加入。（　　）

(2) 用基准试剂草酸钠标定 $KMnO_4$ 溶液时，溶液需要加热。（　　）

(3) 用基准试剂草酸钠标定 $KMnO_4$ 溶液时，溶液的酸度越高越好。（　　）

(4) $Na_2S_2O_3$ 标准溶液滴定碘时，应在中性或弱酸性介质中进行。（　　）

(5) 用于重铬酸钾法中的酸性介质可以是硫酸、盐酸或硝酸。（　　）

(6) 高锰酸钾法在各种酸度溶液中都可以进行。（　　）

(7) 碘量法要求在碱性溶液中进行。（　　）

(8) 测定铁时用高锰酸钾法、重铬酸钾法或碘量法都可以。（　　）

3. 简答题

(1) 标定 $Na_2S_2O_3$ 标准溶液方法如下：精确称定基准试剂 $K_2Cr_2O_7$ 0.2g，加蒸馏水 50mL，加 KI 3g，轻摇溶解后，加入 1∶2 HCl 溶液 5mL，立即密塞摇匀，暗处放置 10min，加蒸馏水 50mL 稀释，用 $Na_2S_2O_3$ 溶液滴定到近终点（稻草黄色），加淀粉指示液 2mL，继续滴定到溶液由深蓝色变为亮绿色（Cr^{3+} 的颜色）。问：

①为什么取 2g 左右 $K_2Cr_2O_7$？②为什么在暗处放置 10min？为什么用水稀释再滴定？③50mL 水、5mL HCl 溶液、3g KI 用何种量器量取？④为什么近终点时加淀粉指示剂？⑤实验过程中如何防止 I_2 挥发？

(2) 某同学配制 0.02mol·L^{-1} $Na_2S_2O_3$ 溶液 500mL，方法如下：在分析天平上准确称取 2.482g 的 $Na_2S_2O_3$·$5H_2O$，溶于蒸馏水中，加热煮沸，冷却，转移至 500mL 容量瓶中，加蒸馏水定容，摇匀，保存待用。请指出其错误。

(3) 某同学欲配制 0.02mol·L^{-1} $KMnO_4$ 溶液 500mL，方法如下：准确称取 $KMnO_4$ 1.582g，溶于煮沸过的蒸馏水中，加热，冷却，转移至 500mL 容量瓶中，加蒸馏水定容，然后用干燥的滤纸过滤。请指出其错误。

(4) 为何测定 MnO_4^- 时不采用 Fe^{2+} 标准溶液直接滴定，而是在 MnO_4^- 试液中加入过量的 Fe^{2+} 标准溶液，再用 $KMnO_4$ 标准溶液回滴？

(5) 请回答 $K_2Cr_2O_7$ 标定 $Na_2S_2O_3$ 溶液时实验中的几个问题：

①为何不采用直接法标定，而采用间接法标定？②$Cr_2O_7^{2-}$ 氧化 I^- 反应为何要加酸，并加盖在暗处放置 5min，用 $Na_2S_2O_3$ 滴定前又要加蒸馏水稀释？若达到终点后蓝色很快出现说明什么？应如何处理？③测定时为什么要用碘量瓶？

(6) 碘量法的主要误差来源有哪些？为什么碘量法不适宜于在低 pH 值或高 pH 值条件下进行？精密称取 0.1936g 基准试剂 $Na_2S_2O_3$，溶于水后加酸酸化，随后加入足量 KI，用 $Na_2S_2O_3$ 标准溶液滴定，用去 33.61mL。计算 $Na_2S_2O_3$ 标准溶液的浓度。

(7) 精密称取漂白粉样品 2.622g，加水溶解，加入过量 KI，用 H_2SO_4（1mol·L^{-1}）酸化，析出 I_2，立即用 $Na_2S_2O_3$ 标准溶液（0.1109mol·L^{-1}）滴定，用去 35.58mL 到达终点。计算样品中有效氯的含量。[提示：漂白粉组成为 $Ca(ClO)_2$·$CaCl_2$·$Ca(OH)_2$·H_2O，溶于水。酸化发生反应：$ClO^- + Cl^- + 2H^+ \Longrightarrow Cl_2 + H_2O$。按 Cl_2 为漂白粉中有效氯计算。]

实训六 高锰酸钾标准溶液的配制与标定

【实训目的】

1. 掌握高锰酸钾标准溶液的配制方法和保存条件。

2. 掌握用草酸钠基准试剂标定高锰酸钾浓度的原理和方法。

【实训仪器】 酸式滴定管；500mL 棕色试剂瓶；50mL、10mL 量筒；25mL 移液管；1mL 吸量管；250mL 锥形瓶；250mL 容量瓶；电子天平；水浴锅；电炉；玻璃砂芯漏斗。

【实训药品】 高锰酸钾（AR）；草酸钠（基准试剂）；3mol·L^{-1} 硫酸溶液；1mol·L^{-1} $MnSO_4$ 溶液。

【实训原理】

见第五章第二节中 $KMnO_4$ 标准溶液的配制。

【实训内容及操作步骤】

1. 0.02mol·L^{-1} $KMnO_4$ 标准溶液的配制

在托盘天平上称取高锰酸钾约 1.7g，置于烧杯中，加入适量蒸馏水，煮沸 10~15min 后倒入洁净的 500mL 棕色试剂瓶中，用水稀释至 500mL，摇匀，塞好，静止 7~10 天后将上层清液用玻璃砂芯漏斗过滤，残余溶液和沉淀倒掉，把试剂瓶洗净，将滤液倒回试剂瓶，摇匀，待标定。

如果将称取的高锰酸钾溶于大烧杯中，加 500mL 水，盖上表面皿，加热至沸，保持微沸状态 1h，则不必长期放置，冷却后用玻璃砂芯漏斗过滤除去二氧化锰杂质后，将溶液储于 500mL 棕色试剂瓶，可直接用于标定。

2. $KMnO_4$ 标准溶液浓度的标定

精确称取 0.134g 左右预先干燥过的 $Na_2C_2O_4$ 三份，分别置于 250mL 锥形瓶中，各加入 40mL 蒸馏水和 10mL 3mol·L^{-1} H_2SO_4 使其溶解，水浴慢慢加热，直到锥形瓶口有蒸气冒出（约 75~85℃）。趁热用待标定的 $KMnO_4$ 溶液进行滴定。开始滴定时，速率宜慢，在第一滴 $KMnO_4$ 溶液滴入后，不断摇动溶液，当紫红色褪去后再滴入第二滴。待溶液中有 Mn^{2+} 产生后，反应速率加快，滴定速率也就可适当加快，但也绝不可使 $KMnO_4$ 溶液连续流下（为了使反应加快，可以先在高锰酸钾溶液中加 1~2 滴 1mol·L^{-1} $MnSO_4$ 溶液）。接近终点时，应减慢滴定速率，同时充分摇匀。最后滴加半滴 $KMnO_4$ 溶液，在摇匀后 30s 内仍保持微红色不褪，表明已达到终点。记下最终读数，并计算 $KMnO_4$ 溶液的浓度及相对平均偏差。

【思 考 题】

1. 配制 $KMnO_4$ 标准溶液为什么要煮沸，并放置一周后过滤？能否用滤纸过滤？
2. 滴定 $KMnO_4$ 标准溶液时，为什么第一滴 $KMnO_4$ 溶液加入后红色褪去很慢，以后褪色较快？
3. $Na_2C_2O_4$ 标定 $KMnO_4$ 溶液应在多高的温度下进行？温度过高或过低有什么不好？
4. 反应中可否用盐酸或硝酸来控制酸度？
5. 滴定过程中溅在锥形瓶内壁上的高锰酸钾溶液要立即用蒸馏水冲入溶液中，为什么？
6. 称取 0.134g 的 $Na_2C_2O_4$ 是否会造成较大的称量误差？如何改进？

实训七 高锰酸钾法测定过氧化氢的含量

【实训目的】

1. 掌握 0.01mol·L^{-1} $KMnO_4$ 溶液的配制方法（溶液煮沸 1h）。
2. 掌握用 $Na_2C_2O_4$ 基准物质标定 $KMnO_4$ 的条件（温度、酸度、滴定速率）。
3. 注意用 $KMnO_4$ 标准溶液滴定 H_2O_2 溶液时滴定速率控制（先慢、后快、终点前慢）。
4. 对自动催化反应有所了解。

【实训仪器】 同实训六。

【实训药品】 $KMnO_4$ 标准溶液（0.020mol·L^{-1}）；H_2SO_4 溶液（3mol·L^{-1}）；$MnSO_4$ 溶液（1mol·L^{-1}）；H_2O_2 试样（市售质量分数约为 30% 的 H_2O_2 水溶液）。

【实训原理】

过氧化氢具有还原性，在酸性介质中和室温条件下能被高锰酸钾定量氧化，其反应方程式为：

$$2MnO_4^- + 5H_2O_2 + 6H^+ = 2Mn^{2+} + 5O_2 \uparrow + 8H_2O$$

室温时，开始反应缓慢，随着 Mn^{2+} 的生成而加速。H_2O_2 加热时易分解，因此，滴定

时通常加入 Mn^{2+} 作催化剂。

【实训内容及操作步骤】

1. $0.02mol \cdot L^{-1}$ $KMnO_4$ 溶液的配制与标定（参见实训六）

2. 过氧化氢含量测定

将 H_2O_2 试样移取 $1.00mL$ 于 $250mL$ 容量瓶中，加水稀释至刻度摇匀。再量取 $25.00mL$ 于锥形瓶中，加 $50mL$ 水、$3mol \cdot L^{-1}$ H_2SO_4 $30mL$。用 $KMnO_4$ 标准溶液滴定到溶液呈微红色 $30s$ 内不褪色即为终点。平行测定三次，计算试样中 H_2O_2 的质量浓度（g/L）和相对平均偏差。

【思 考 题】

1. 用高锰酸钾法测定 H_2O_2 时，能否用 HNO_3 或 HCl 来控制酸度？

2. 用高锰酸钾法测定 H_2O_2 时，为何不能通过加热来加速反应？

实训八 重铬酸钾法测定亚铁盐中铁的含量

【实训目的】

1. 学习用直接法配制重铬酸钾标准溶液。

2. 掌握重铬酸钾法测定亚铁含量的基本原理和方法。

【实训仪器】 $50mL$ 酸式滴定管；$250mL$ 容量瓶；$250mL$ 锥形瓶；$150mL$ 烧杯；$10mL$ 量筒；$25mL$ 移液管。

【实训药品】 $K_2Cr_2O_7$ 固体（AR）（在 $100 \sim 110℃$ 下烘干 $1h$）；二苯胺磺酸钠（0.2%）；H_3PO_4（85%）；H_2SO_4（$3mol \cdot L^{-1}$）；$FeSO_4 \cdot 7H_2O$（CP）。

【实训原理】

因为 $K_2Cr_2O_7$ 易获得 99.9% 以上的纯品，其溶液也非常稳定，故可用直接法配制 $K_2Cr_2O_7$ 标准溶液。$K_2Cr_2O_7$ 在酸性溶液中与 Fe^{2+} 的反应如下：

$$Cr_2O_7^{2-} + 6Fe^{2+} + 14H^+ \Longrightarrow 2Cr^{3+} + 6Fe^{3+} + 7H_2O$$

因为滴定过程中有 Fe^{3+} 生成，应加入 H_3PO_4 使之与 Fe^{3+}（黄色）形成 $Fe(HPO_4)_2^-$ 配离子（无色），降低溶液中 Fe^{3+} 的浓度，使得滴定终点易于确定。

【实训内容及操作步骤】

1. $K_2Cr_2O_7$ 标准溶液的配制

准确称取约 $1.25g$ 的 $K_2Cr_2O_7$，放入 $150mL$ 锥形瓶中，加入少量蒸馏水溶解后，定量地移入 $250mL$ 容量瓶中，用蒸馏水稀释至刻度，计算其准确浓度（此标准溶液也可由实验室统一准备）。

2. 亚铁盐中铁的测定

准确称取约 $0.8g$ 的 $FeSO_4$ 试样（或用 $25mL$ 移液管吸取实验室统一准备的亚铁盐溶液 $25mL$），置于 $150mL$ 锥形瓶中，加入蒸馏水 $50mL$、$3mol \cdot L^{-1}$ H_2SO_4 $10mL$、85% H_3PO_4 $5mL$，再加入二苯胺磺酸钠 6 滴，立即用 $K_2Cr_2O_7$ 标准溶液滴定至溶液呈蓝紫色，摇动不褪色为止。记录滴定所消耗的 $K_2Cr_2O_7$ 标准溶液体积 V（mL），计算亚铁盐中铁的含量。重复 3 次，求其平均值。

【实验记录与数据处理】

1. $K_2Cr_2O_7$ 标准溶液物质的量浓度

$$c(K_2Cr_2O_7) = \frac{m(K_2Cr_2O_7)}{M(K_2Cr_2O_7) \times 0.2500}$$

式中　$m(K_2Cr_2O_7)$——称取的 $K_2Cr_2O_7$ 质量，g；

$M(K_2Cr_2O_7)$——$K_2Cr_2O_7$ 的摩尔质量，$g \cdot mol^{-1}$；

$c(K_2Cr_2O_7)$——$K_2Cr_2O_7$ 标准溶液的物质的量浓度，$mol \cdot L^{-1}$。

2. 亚铁盐铁的含量

$$w_{Fe}(\%) = \frac{6c(K_2Cr_2O_7)V(K_2Cr_2O_7) \times 10^{-3} M(Fe)}{m(试样)}$$

式中　$M(Fe)$——Fe 的摩尔质量，$g \cdot mol^{-1}$；

$m(试样)$——亚铁盐试样质量，g。

【思　考　题】

1. 重铬酸钾法测定亚铁盐的含量时，加入 H_2SO_4、H_3PO_4 的作用各是什么？
2. 如何选择氧化还原指示剂？

实训九　碘量法测定维生素 C 的含量

【实训目的】

1. 掌握 I_2 标准溶液和 $Na_2S_2O_3$ 标准溶液的配制和标定方法。

2. 了解直接碘量法测定维生素 C 的原理及操作过程。

【实训仪器】　分析天平、酸式滴定管、容量瓶、移液管、洗瓶等常规分析仪器。

【实训药品】

1. I_2 溶液（$0.1mol \cdot L^{-1}$）

称取 6.6g I_2 和 10gKI，置于研钵中，加少量水，在通风橱中研磨。待 I_2 全部溶解后，将溶液转入棕色试剂瓶，加水稀释至 250L，摇匀，放置暗处保存。

2. $Na_2S_2O_3$ 标准溶液（$0.2mol \cdot L^{-1}$）

称取 $Na_2S_2O_3 \cdot 5H_2O$ 约 12.4g，溶于适量刚煮沸并已冷却的水中，加入 Na_2CO_3 约 0.1g 后，稀释至 250mL，倒入细口瓶中，放置 1~2 周后标定。

3. 淀粉溶液（1%）

称取 1g 可溶性淀粉，用 100g 冷水溶解后，加热煮沸 2min，并不断搅拌，冷却后加入 0.4g 氯化锌，贮于试剂瓶中备用。

4. 稀 HAc(2mol/L)；固体维生素 C 样品(维生素片剂)；$K_2Cr_2O_7$(AR)；KI 固体(A.R.)。

【实训原理】

抗坏血酸又称维生素 C，分子式为 $C_6H_8O_6$。由于分子中的烯二醇基具有还原性，能被 I_2 氧化成二酮基：

$$C_6H_8O_6 + I_2 \longrightarrow C_6H_6O_6 + 2HI$$

1mol 维生素 C 与 $1molI_2$ 定量反应。维生素 C 的摩尔质量为 $176.12g \cdot mol^{-1}$。

由于维生素 C 的还原性很强，在空气中极易被氧化，尤其是在碱性介质中，因此测定时加入 HAc 使溶液呈弱酸性，以减少维生素 C 的副反应。

【实训内容及操作步骤】

1. $0.2mol \cdot L^{-1}$ $Na_2S_2O_3$ 标准溶液的标定

准确称取 $0.15\sim0.2g$ $K_2Cr_2O_7$ 三份于三个 $250mL$ 碘量瓶中，加 $25mL$ 蒸馏水溶解；再加 $2g$ KI、$1\sim2mL$ $6mol \cdot L^{-1}$ HCl 溶液，密塞，摇匀，在暗处放置 $10min$，使 $Cr_2O_7^{2-}$ 和 I^- 反应完全。加 $50mL$ 蒸馏水稀释，用 $0.2mol \cdot L^{-1}$ $Na_2S_2O_3$ 标准溶液滴定至将近终点（溶液呈浅黄绿色）时，加 $2mL$ 淀粉指示剂，继续滴定至深蓝色消失（溶液呈亮绿色）即为终点。

$$Cr_2O_7^{2-}+6I^-+14H^+ =\!\!= 2Cr^{3+}+3I_2+7H_2O$$
$$I_2+2S_2O_3^{2-} =\!\!= 2I^-+S_4O_6^{2-}$$

2. $0.1mol \cdot L^{-1}$ I_2 溶液的标定

移取 $25.00mL$ $Na_2S_2O_3$ 标准溶液于 $250mL$ 锥形瓶中，加蒸馏水 $60mL$、淀粉指示剂 $2mL$，用 I_2 标准溶液滴定至溶液刚刚呈现淡蓝色且 $30s$ 内不褪色时即为终点。平行操作 3 次。

3. 维生素 C 的测定

取样品约 $0.2g$，精确称定。加新煮沸的冷开水或新制的蒸馏水 $100mL$ 和稀醋酸 $10mL$ 使溶解。加淀粉指示剂 $1mL$，立即用 I_2 滴定液（$0.1mol \cdot L^{-1}$）滴定，至溶液呈蓝色且 $30s$ 不褪即为滴定终点。每 $1mL$ 的碘液（$0.1mol \cdot L^{-1}$）相当于 $8.806g$ 的 $C_6H_8O_6$。

【思 考 题】

1. 溶样时为什么要用新煮沸并冷却的蒸馏水？
2. 加醋酸的目的是什么？

第六章　沉淀滴定法

【知识目标】
1. 理解沉淀滴定法的基本原理、沉淀滴定所用指示剂的使用条件和指示终点的方法。
2. 掌握沉淀滴定法的标准溶液配制及标定方法。

【能力目标】
1. 能应用沉淀滴定法进行某些物质的分析并进行实际操作。
2. 会沉淀滴定的有关计算。

第一节　概　　述

沉淀滴定法是以沉淀反应为基础的滴定分析法。虽然沉淀反应很多，但能够用于沉淀滴定的却很少，原因是很多沉淀没有固定的组成、沉淀溶解度较大、有较严重的副反应、易形成过饱和溶液或反应速率较慢等。只有符合下列条件反应才能用于滴定分析。

① 反应的完全程度高，反应速率快，不易形成过饱和溶液。
② 沉淀的溶解度必须很小，小于 10^{-6} g·mL^{-1}，在沉淀过程中也不易发生共沉淀现象。
③ 有适当的方法确定终点。
④ 沉淀的吸附现象不影响滴定终点的确定。

由于上述条件的限制，能用于滴定分析的沉淀反应并不多，如 $K_4[Fe(CN)_6]$ 与 Zn^{2+}、Ba^{2+} 与 SO_4^{2-}、$Na[B(C_6H_5)_4]$ 与 K^+ 或 R_4N^+、Ag^+ 与 X^-（X^- 代表 Cl^-、Br^-、I^-、CN^- 及 SCN^- 等离子）等形成的沉淀反应，都可用于沉淀滴定分析法。目前应用较多是生成难溶银盐的反应，例如：

$$Ag^+ + Cl^- \Longrightarrow AgCl\downarrow$$
$$Ag^+ + SCN^- \Longrightarrow AgSCN\downarrow$$

利用生成难溶性银盐反应的沉淀滴定称为银量法。银量法主要用于测定 Cl^-、Br^-、I^-、SCN^- 及 Ag^+ 等离子，还可以测定经处理而能定量地产生这些离子的有机化合物。农业上常用此法测定土壤、饲料中的水溶性氯化物和有机氯农药等。

根据确定终点所采用的指示剂不同，并按其创立者的名字命名，把银量法分为莫尔法、佛尔哈德法和法扬司法。

第二节　银量法的分类

一、莫尔法

1. 原理

用 K_2CrO_4 作指示剂的银量法称为莫尔法。在中性或弱碱性溶液中用 $AgNO_3$ 标准溶液

可以直接滴定 Cl^- 或 Br^- 等离子。

以测定 Cl^- 为例说明其原理。在含有 Cl^- 的中性或弱碱性溶液中，以 K_2CrO_4 为指示剂，用 $AgNO_3$ 标准溶液滴定，由于 $AgCl$ 的溶解度小于 Ag_2CrO_4 的溶解度，根据分步沉淀的原理，溶液中首先析出 $AgCl$ 沉淀，当 $AgCl$ 定量沉淀后，稍过量的 $AgNO_3$ 与 CrO_4^{2-} 生成砖红色的 Ag_2CrO_4 沉淀，指示滴定终点的到达。滴定反应和指示剂的反应分别为：

$$Ag^+ + Cl^- \Longrightarrow AgCl \downarrow$$
$$(白色)$$
$$2Ag^+ + CrO_4^{2-} \Longrightarrow Ag_2CrO_4 \downarrow$$
$$(砖红色)$$

2. 滴定条件

莫尔法测定 Cl^-（或 Br^-）要在中性或弱碱性介质中进行，要求溶液适宜的酸度范围为 $pH = 6.5 \sim 10.5$。

如果在酸性溶液中进行，CrO_4^{2-} 将因下列反应而使浓度降低，影响 Ag_2CrO_4 沉淀的生成：

$$2H^+ + 2CrO_4^{2-} \Longrightarrow 2HCrO_4^- \Longrightarrow Cr_2O_7^{2-} + H_2O$$

如果在碱性溶液中进行，$AgNO_3$ 标准溶液将因下列反应而额外消耗：

$$2Ag^+ + 2OH^- \Longrightarrow 2AgOH \longrightarrow Ag_2O \downarrow + H_2O$$

若试液的碱性太强，则用稀 HNO_3 中和；酸性太强，则用 $NaHCO_3$ 或 $Na_2B_4O_7$ 中和。此外，滴定不能在氨性溶液中进行，因为 NH_3 与 Ag^+ 能生成稳定的 $[Ag(NH_3)]^+$ 及 $[Ag(NH_3)_2]^+$ 配离子，而使 $AgCl$ 和 Ag_2CrO_4 沉淀溶解。当溶液中有铵盐存在时，要求试液的酸度范围更窄，$pH = 6.5 \sim 7.2$。

凡在中性或弱碱性条件下能与 Ag^+ 生成沉淀的阴离子如 PO_4^{3-}、AsO_4^{3-}、SO_3^{2-}、S^{2-}、CO_3^{2-}、$C_2O_4^{2-}$ 等，能与 CrO_4^{2-} 生成沉淀的阳离子如 Ba^{2+}、Pb^{2+} 等，或是大量的有色离子 Cu^{2+}、Co^{2+}、Ni^{2+} 等，以及在中性或弱碱性溶液中易发生水解的离子如 Fe^{3+}、Al^{3+}、Bi^{3+}、Sn^{4+} 等，都干扰测定，影响终点的观察，应预先分离。

莫尔法要严格控制 K_2CrO_4 的用量。终点出现的早晚与溶液中 CrO_4^{2-} 的浓度大小有关。若 CrO_4^{2-} 的浓度过大，终点将提早出现，分析结果偏低，而且 CrO_4^{2-} 本身呈黄色，浓度过大，颜色太深，影响终点的观察；若 CrO_4^{2-} 的浓度过小，则终点将出现过迟，使结果偏高。指示剂 CrO_4^{2-} 的浓度必须合适，实验证明，采用 K_2CrO_4 的浓度为 $5 \times 10^{-3} \, mol \cdot L^{-1}$ 左右可以获得满意的结果。

为了避免由于先生成的 $AgCl$ 沉淀对溶液中 Cl^- 离子的吸附作用的影响，滴定时应剧烈摇动溶液，防止终点提前。测定 Br^- 时，$AgBr$ 沉淀吸附 Br^- 更为严重，所以滴定时更应剧烈摇动。

3. 莫尔法的适用范围

莫尔法只适于测定氯化物和溴化物，不适宜于测定 I^- 及 SCN^- 的化合物。因为 AgI 和 $AgSCN$ 沉淀吸附溶液中的 I^- 及 SCN^- 更为强烈，造成化学计量点前溶液中被测离子浓度降低，影响测定结果的准确性。

若要用莫尔法测定 Ag^+ 的浓度，只能采用返滴定法，即先向试液中加入准确过量的 $NaCl$ 标准溶液将待测 Ag^+ 沉淀完全之后，再以 $AgNO_3$ 标准溶液回滴剩余的 Cl^-。不能用含有 Cl^- 的标准溶液直接滴定 Ag^+，因为在加入指示剂后溶液中的 CrO_4^{2-} 与 Ag^+ 首先生成

Ag₂CrO₄ 沉淀，当滴入 Cl⁻ 标准溶液时，虽然 Ag_2CrO_4 沉淀的溶解度比 AgCl 大，Ag_2CrO_4 沉淀可以转化为 AgCl，但这个转化过程很慢，不适于滴定，因而不能直接滴定 Ag^+。

二、佛尔哈德法

1. 原理

用铁铵矾[$NH_4Fe(SO_4)_2 \cdot 12H_2O$]作指示剂的银量法称为佛尔哈德法。本方法分为直接滴定法和返滴定法。

（1）**直接滴定法** 在酸性条件下，以铁铵矾作指示剂，用 KSCN（或 NH_4SCN）标准溶液直接滴定溶液中的 Ag^+，当 Ag^+ 定量沉淀后，稍过量的 SCN^- 与 Fe^{3+} 生成血红色的 $Fe(SCN)^{2+}$ 配合物，即为终点。

$$Ag^+ + SCN^- \Longrightarrow AgSCN \downarrow$$
（白色）

$$Fe^{3+} + SCN^- \Longrightarrow Fe(SCN)^{2+}$$
（血红色）

AgSCN 会吸附溶液中的 Ag^+，所以在滴定时，尤其是在滴定接近终点时，必须剧烈振荡，充分摇动，使被吸附的 Ag^+ 及时释放出来，避免指示剂过早显色，减小测定误差。直接滴定法的溶液中 [H^+] 一般控制在 $0.1 \sim 1 mol \cdot L^{-1}$。若酸性太低，$Fe^{3+}$ 将水解，生成棕色的 $Fe(OH)_3$ 或 $Fe(H_2O)_5(OH)^{2+}$，影响终点的观察。

终点出现的早晚，还与 Fe^{3+} 的浓度大小有关。浓度过大，Fe^{3+} 呈现的橙黄色严重影响终点的观察。在滴定时，一般采用的 Fe^{3+} 浓度为 $0.015 mol \cdot L^{-1}$，可以得到明显的滴定终点。

（2）**返滴定法** 测定卤素离子及 SCN^- 时，采用返滴定法。在待测离子的 HNO_3 介质中加入一定过量的 $AgNO_3$ 标准溶液，使卤素离子或 SCN^- 定量生成银盐沉淀后，以铁铵矾为指示剂，用 NH_4SCN 标准溶液返滴定过量的 Ag^+，待溶液出现红色反应达到终点。

例如，滴定 Cl^- 时的主要反应：

$$Cl^- + Ag^+ （准确过量） \Longrightarrow AgCl \downarrow$$
$$Ag^+ （剩余量） + SCN^- \Longrightarrow AgSCN \downarrow$$

当过量一滴 NH_4SCN 标准溶液时，Fe^{3+} 便与 SCN^- 反应，生成血红色的 $Fe(SCN)^{2+}$ 指示终点。

$$Fe^{3+} + SCN^- \Longrightarrow Fe(SCN)^{2+}$$
（淡血红色）

这里需指出，当滴定 Cl^- 到达化学计量点时，溶液中同时有 AgCl 和 AgSCN 两种银盐存在，由于 AgSCN 的溶解度（$1.0 \times 10^{-6} mol \cdot L^{-1}$）小于 AgCl 的溶解度（$1.2 \times 10^{-5}$ $mol \cdot L^{-1}$），如果用力振摇，AgCl 就会与 AgSCN 作用，逐渐转化为溶解度更小的 AgSCN 沉淀，使 $Fe(SCN)^{2+}$ 的红色褪去，终点很难确定。

$$AgCl + Fe(SCN)^{2+} \Longrightarrow AgSCN \downarrow + Cl^- + Fe^{3+}$$

这种转化反应将继续向右进行，直至达到平衡。这样，在化学计量点后又消耗较多的 NH_4SCN 标准溶液，使分析结果产生较大误差。为此，需采用一些措施避免已沉淀的 AgCl 转化生成 AgSCN。

① 在接近化学计量点时，必须防止用力振摇。

② 在滴定前，先加入 1～3mL 的硝基苯或 1～2mL 的 1,2-二氯乙烷并强力振摇，使有机溶剂包裹在 AgCl 沉淀的表面上，减少 AgCl 与 SCN⁻ 的接触，防止沉淀转化。此法简便易行。

③ 若无硝基苯或 1,2-二氯乙烷时，可在加入过量 $AgNO_3$ 标准溶液后立即加热煮沸试液，使 AgCl 沉淀凝聚，以减少对 Ag^+ 的吸附。过滤后，再用稀 HNO_3 洗涤沉淀，并将洗涤液并入滤液中，用 NH_4SCN 标准溶液回滴滤液中的 $AgNO_3$。

由于 AgBr、AgI 的溶解度比 AgSCN 小，不会发生沉淀转化，所以用返滴定法测定溴化物、碘化物时，可在 AgBr 或 AgI 沉淀存在下进行回滴。但返滴定 I^- 时，应注意先加入过量的 $AgNO_3$ 使 I^- 沉淀完全后再加入指示剂，避免 Fe^{3+} 氧化 I^-，影响测定结果的准确度。

$$2Fe^{3+} + 2I^- \rightleftharpoons 2Fe^{2+} + I_2$$

2. 滴定条件

佛尔哈德法必须在 HNO_3 的强酸性溶液中进行，一方面可防止 Fe^{3+} 水解，以便终点观察，另一方面，溶液中若共存有 Zn^{2+}、Ba^{2+} 及 CO_3^{2-} 等离子，也不会干扰测定。与莫尔法相比，这是此法的最大优点。

试样中若含有强氧化剂、氮的低价氧化物、汞盐等，能与 SCN^- 起反应，干扰测定，必须预先除去。

3. 应用范围

佛尔哈德法的直接滴定法可以测定 Ag^+，返滴定法可以测定 Cl^-、Br^-、I^-、PO_4^{3-}、AsO_4^{3-} 等。生产上常用来测定有机氯化物和一些有机试剂，所以佛尔哈德法比莫尔法应用广泛。

三、法扬司法

1. 原理

用吸附指示剂指示滴定终点的银量法称为法扬司法。

所谓吸附指示剂就是一些有色的有机化合物，它被沉淀表面吸附以后，其结构发生改变，从而引起颜色的变化。例如，用 $AgNO_3$ 标准溶液滴定 Cl^- 时，采用荧光黄作吸附指示剂。荧光黄是一种有机弱酸，可用 HFIn 表示，它的解离如下：

$$HFIn \rightleftharpoons FIn^- + H^+$$
（黄绿色）

在化学计量点前，溶液中存在着大量的 Cl^-，AgCl 沉淀吸附 Cl^- 形成带负电荷的 $AgCl \cdot Cl^-$，荧光黄阴离子不被吸附，溶液呈现 FIn^- 的黄绿色。滴定到达化学计量点时，一滴过量的 $AgNO_3$ 使溶液中出现过量的 Ag^+，则 AgCl 沉淀因为吸附 Ag^+ 而形成带正电荷的 $AgCl \cdot Ag^+$，它强烈地吸附 FIn^-，因结构变化而呈粉红色，指示滴定终点。

$$AgCl \cdot Ag^+ + FIn^- \rightleftharpoons AgCl \cdot Ag^+ \cdot FIn^-$$
（黄绿色）　　　　（粉红色）

2. 滴定条件

① 吸附指示剂能吸附在沉淀表面上而变色，为了使终点的颜色变化更明显，必须使沉淀具有较大的表面积，需要使卤化银沉淀保持胶体状况，可以在滴定前将溶液稀释并加入糊精或淀粉等亲水性高分子化合物以保护胶体。同时，应避免大量中性盐存在，因为它能使胶

体凝聚。

② 溶液的 pH 值应适当。常用的吸附指示剂多是有机弱酸，而起指示剂作用的是它们的阴离子，因此，溶液的 pH 值应有利于吸附指示剂阴离子的存在。所以，法扬司法必须在中性、弱碱性或很弱的酸性溶液中进行，否则，吸附指示剂就会以不带电荷的分子态存在，不被沉淀胶粒所吸附。溶液的 pH 值高低视所用吸附指示剂的电离常数而定，电离常数小的，溶液的 pH 值就要偏高些，反之则偏低。如荧光黄 $K_a=10^{-8}$，用它来指示 Cl^- 的测定时，就需要在中性或弱碱性（pH＝7～10）溶液中进行；若用二氯荧光黄（$K_a≈10^{-4}$）来指示测定 Cl^-，溶液的 pH 值可在 4～10，一般维持在 5～8 时终点更为明显。对于酸性稍强的一些吸附指示剂，溶液的酸性也可稍大些，如曙红（$K_a≈10^{-2}$）在 pH＝2 时仍可使用。

③ 卤化银对光比较敏感，易感光分解，使沉淀变成灰黑色，影响终点观察，所以应避免在强光照射下滴定。

④ 不同的指示剂离子被沉淀吸附的能力不同，在滴定时通常要求指示剂的吸附能力应小于沉淀对被测离子的吸附能力，否则在化学计量点之前指示剂离子取代被吸附的被测离子而改变颜色，使终点提前。但指示剂离子被吸附的能力太弱，终点出现太晚，也会造成较大的误差。指示剂的吸附性能要适当。滴定卤化物时，卤化银和几种常用的吸附指示剂的吸附力的大小次序如下：

$$I^->二甲基二碘荧光黄>Br^->曙红>Cl^->荧光黄$$

另外，指示剂的离子与加入滴定剂的离子应带有相反电荷。如用 Cl^- 滴定 Ag^+ 时，可用甲基紫作吸附指示剂，这一类指示剂称为阳离子指示剂。

3. 应用范围

法扬司法是银量法中的一种滴定方法，它可以测定 Cl^-、Br^-、I^-、SCN^-，但操作步骤较莫尔法和佛尔哈德法要烦琐，且溶液的 pH 值必须严格控制，因此，日常用得较少。作为吸附指示剂法，它不仅可以测卤化物，还可以测定生物碱盐类和其他某些可以生成沉淀的物质。如测 SO_4^{2-} 时就可选用甲基紫作指示剂，在 pH＝1.5～3.5 的溶液中用 Ba^{2+} 作标准溶液来滴定 SO_4^{2-}，终点颜色由红色变为紫色。

第三节　沉淀滴定法的应用

一、标准溶液的配制和标定

银量法中常用的标准溶液是 $AgNO_3$、$NaCl$ 和 NH_4SCN 溶液。

1. AgNO₃ 标准溶液

$AgNO_3$ 可以制得很纯，可直接用干燥的基准物质 $AgNO_3$ 来配制标准溶液。但一般的 $AgNO_3$ 含有杂质，还应进行标定，即先配成近似浓度的 $AgNO_3$ 溶液，再用基准物质 $NaCl$ 标定。

需注意的是，用于配制 $AgNO_3$ 溶液的蒸馏水应不含 Cl^-，且 $AgNO_3$ 溶液应保存于棕色瓶中。

2. NaCl 标准溶液

基准物质 $NaCl$ 在使用前要放在坩埚中加热至 500～600℃，直至不再有爆裂声为止，除去 $NaCl$ 吸湿的水分，然后放入干燥器中冷却，直接称量配制标准溶液。

3. NH₄SCN 标准溶液

NH₄SCN 试剂一般含有杂质，易潮解，不能直接配制标准溶液，需要标定。可取一定量已标定好的 $AgNO_3$ 溶液，用 NH₄SCN 溶液直接滴定。

二、应用实例

银量法除用于无机卤化物如饲料中可溶性氯化物的测定、生理盐水中氯化钠含量的测定等及能与 NH₄SCN 生成沉淀的无机物测定外，许多有机碱的盐酸盐和有机卤素化合物都可用银量法测定。对有机卤素化合物中卤素含量的测定，多数不能直接采用银量法，必须将它经过适当的处理，如与 NaOH 共热回流水解，使有机卤素转变为卤离子后，才能用银量法测定。

1. 氯化物中 Cl^- 的测定

以莫尔法、佛尔哈德法和法扬司法均可测定氯化物中的氯。

准确称取可溶性氯化物 1.5～2g，在烧杯中用水溶解，定量地转移至 250mL 容量瓶中定容，摇匀备用。

（1）莫尔法　用 25mL 移液管移取溶液两份，分别放入两个锥形瓶中，加入 5％ K_2CrO_4 1mL，然后在剧烈摇动下用标准溶液滴定至终点。

（2）佛尔哈德法　用 25mL 移液管移取溶液两份，分别放入两个锥形瓶中，加入 5mL $6mol \cdot L^{-1}$ HNO_3。从滴定管准确加入 45mL $AgNO_3$ 标准溶液。加时不断摇动锥形瓶，加完后继续摇动，至 AgCl 全部聚沉。加入 4mL 硝基苯，充分摇动，再加入铁铵钒指示剂 1mL，在摇动下用 NH₄SCN 标准溶液滴定，至溶液保持橙红色 30s 不褪色时即为终点。

（3）法扬司法　用 25mL 移液管移取溶液两份，分别放入两个锥形瓶中，加入 1％ 糊精溶液 10mL、0.1％荧光黄（或二氯荧光黄）5 滴，在用力摇动下，以 $AgNO_3$ 标准溶液滴定至溶液由黄色变为沉淀，呈现淡红色为止。滴定时应避开日光直射，并在几分钟内完成。

2. 溴化钠的含量测定

莫尔法、佛尔哈德法或法扬司法都可用于测定。用法扬司法测定时，可用曙红作吸附指示剂，滴定须在含有约 $0.1mol \cdot L^{-1}$ HAc 溶液中进行。

3. 有机物中卤素的测定

含有较活泼卤原子的有机物与 NaOH 或 KOH 的乙醇溶液一起加热回流煮沸，则卤素原子会以离子的形式转入溶液，溶液冷却后，以 HNO_3 酸化，再用佛尔哈德法测定释放出来的 Cl^-。有机物中的其他卤素也可采用类似方法进行测定。

【思考与习题】

1. 说明在下面情况中分析结果是偏高还是偏低，对结果准确度有没有影响？为什么？

（1）在 pH＝4.0 时，以莫尔法测定 Cl^-；

（2）采用佛尔哈德法测定 Cl^- 或 Br^- 时未加硝基苯；

（3）用法扬司法测定 Cl^-，选曙红为指示剂；

（4）用莫尔法测定 NaCl 和 Na_2SO_4 混合溶液中的 NaCl。

2. 用佛尔哈德法测定碘化物时，在加入过量的 $AgNO_3$ 滴定液后，待 AgI 沉淀完全后，再加入铁铵钒指示剂，其原因是什么？

3. 称取纯 NaCl 0.1169g，加水溶解后，以 K_2CrO_4 为指示剂，用 $AgNO_3$ 标准溶液滴定时共用去 20.00mL，求该 $AgNO_3$ 溶液的浓度。

4. 称取可溶性氯化物样品 0.2266g，加入 30.00mL $c(AgNO_3)=0.1121mol \cdot L^{-1}$ 硝酸银溶液，过量的 $AgNO_3$ 用 $c(NH_4SCN)=0.11185mol \cdot L^{-1}$ 硫氰酸铵标准溶液滴定，用去 6.50mL，计算样品中氯的质量分数。

5. 如果将 30.00mL $AgNO_3$ 溶液作用于基准物质 0.1173g NaCl，过量的银离子需 3.26mL NH_4SCN 溶液滴定到终点。已知 20.00mL $AgNO_3$ 溶液需要消耗 21.00mL NH_4SCN 溶液，试计算 $AgNO_3$ 和 NH_4SCN 溶液的物质的量浓度。

6. 将 40.00mL 0.1020mol $\cdot L^{-1}$ $AgNO_3$ 溶液加到 25.00mL $BaCl_2$ 溶液中，剩余的 $AgNO_3$ 溶液需用 15.00mL 0.09800mol $\cdot L^{-1}$ NH_4SCN 溶液返滴定，问 25.00mL $BaCl_2$ 溶液中含有 $BaCl_2$ 多少克？

7. 称取不纯的 KCl 试样 0.1864g，溶解后用 0.1028mol $\cdot L^{-1}$ $AgNO_3$ 溶液滴定至终点，用去 21.30mL，求试样的纯度。

8. 取含氯离子水样 50.00mL，加入 0.01028mol $\cdot L^{-1}$ $AgNO_3$ 溶液 25.00mL，用 4.20mL 0.09560mol $\cdot L^{-1}$ NH_4SCN 溶液滴定过量的 $AgNO_3$，求水中氯离子含量（$mg \cdot L^{-1}$）。

9. 取 0.1131mol $\cdot L^{-1}$ $AgNO_3$ 溶液 32.00mL，加入到含有氯化物试样 0.2368g 的溶液中，然后用 0.125mol $\cdot L^{-1}$ NH_4SCN 溶液滴定过量的 $AgNO_3$ 溶液，用去 10.30mL NH_4SCN 溶液，计算试样中氯的质量分数。

实训十 可溶性氯化物中氯的测定

【实训要求】 利用所学知识设计出测定方案，并进行实际操作（参考方案）。

【实训目的】

1. 了解 $AgNO_3$ 标准溶液的配制方法和保存条件。

2. 掌握银量法中 $AgNO_3$ 标准溶液的标定方法。

3. 掌握莫尔法终点的判断和在实际中的应用。

【实训仪器】 100mL、250mL 容量瓶；锥形瓶；25mL 移液管；酸式滴定管；坩埚；干燥器；烧杯等。

【实训药品】 $AgNO_3$ 固体；NaCl 固体；粗食盐样品；5％K_2CrO_4 溶液。

【实训原理】 $AgNO_3$ 标准溶液可以直接用分析纯 $AgNO_3$ 来配制。在准确称量前，先要把 $AgNO_3$ 在 110℃烘干 1～2h。$AgNO_3$ 见光易分解，因此纯净的 $AgNO_3$ 固体或已配制好的 $AgNO_3$ 标准溶液都应保存在密闭的棕色玻璃瓶中。长期保存的 $AgNO_3$ 标准溶液在使用前应重新标定。

$AgNO_3$ 标准溶液一般采用标定法配制，用分析纯 NaCl 进行标定。标定时所用的方法应该和测定时的方法一致，以抵消测定方法所引起的系统误差。本实验采用莫尔法。

因 $AgNO_3$ 与有机物接触易被有机物所还原，所以 $AgNO_3$ 标准溶液应装入酸式滴定管中使用。

可溶性氯化物中氯含量测定是在中性或弱酸性溶液中，以 K_2CrO_4 为指示剂，用 $AgNO_3$ 标准溶液测定氯的含量。

【实训内容及操作步骤】

1. $AgNO_3$ 标准溶液的配制和标定

(1) 0.1mol $\cdot L^{-1}$ $AgNO_3$ 溶液的配制 称取 $AgNO_3$ 8.5g，溶于 500mL 蒸馏水（应不含 Cl^-）中，摇匀后，贮存于带玻璃塞的棕色试剂瓶中备用。

(2) 0.1mol $\cdot L^{-1}$ $AgNO_3$ 溶液的标定 准确称取 0.45～0.50g 基准试剂 NaCl 于小烧杯

中，加水 25mL 使之溶解，定量转移到 100mL 容量瓶中，稀释至刻度。取此溶液 25mL 三份，分别置于 250mL 锥形瓶中，加 5‰ K_2CrO_4 溶液 1mL，在充分摇动下，用 $AgNO_3$ 溶液滴定，直至溶液微呈砖红色即为终点。记录 $AgNO_3$ 溶液的用量。根据 NaCl 的质量和 $AgNO_3$ 溶液的体积计算 $AgNO_3$ 溶液的准确浓度。平行测定三次。

2. 粗盐中氯含量的测定

准确称取 1.3g 粗食盐样品，置于小烧杯中，加水溶解后，定量地移入 250mL 容量瓶中，用水稀释至刻度，摇匀。准确量取 25mL 粗食盐试液，置于 250mL 锥形瓶中，加 1mL5‰ K_2CrO_4 溶液，在充分摇动下，用 $AgNO_3$ 标准溶液滴至出现稳定的砖红色（约保持 1min 不褪色），即为终点。记录所用 $AgNO_3$ 溶液的用量 V（mL）。

【思 考 题】

1. 莫尔法的指示剂是 $K_2Cr_2O_7$ 溶液还是 K_2CrO_4 溶液？为什么？
2. 滴定过程中为什么要充分振荡溶液？
3. 滴定液的酸度应控制在什么范围为宜？为什么？

第七章　配位滴定法

【知识目标】

1. 了解配位化合物的定义、组成和命名。

2. 掌握配位滴定的原理、金属指示剂的变色原理和使用条件。

3. 掌握 EDTA 与金属离子形成配合物的特点。

【能力目标】

能正确选择滴定方式测定常见金属离子含量。

第一节　配位滴定法概述

一、配位化合物

1. 配位化合物的概念

如果在 $CuSO_4$ 溶液中加入氨水，有蓝色的碱式硫酸铜 $Cu_2(OH)_2SO_4$ 沉淀生成。当氨水过量时，则蓝色沉淀消失，变成深蓝色溶液。在此溶液中再加入乙醇，可得到深蓝色晶体，经分析证明此晶体为 $[Cu(NH_3)_4]SO_4$。$[Cu(NH_3)_4]SO_4$ 就是配位化合物的一种。

$CuSO_4$ 是简单化合物，它在水溶液中完全离解为 Cu^{2+} 和 SO_4^{2-} 离子。在纯 $[Cu(NH_3)_4]SO_4$ 溶液中，除了 SO_4^{2-} 和 $[Cu(NH_3)_4]^{2+}$ 离子以外，几乎检查不出 Cu^{2+} 离子和 NH_3 分子存在。$[Cu(NH_3)_4]^{2+}$ 叫做配离子，不仅存在于溶液中，也存在于晶体中，它是由 Cu^{2+} 和 NH_3 通过配位键结合起来的。配位化合物的化学性质不同于简单化合物，如 $CuSO_4$ 溶液能与 OH^- 反应，生成蓝色 $Cu(OH)_2$ 沉淀，而 $[Cu(NH_3)_4]^{2+}$ 却一般不与 OH^- 反应。

一般把 $[Cu(NH_3)_4]SO_4$ 中的 Cu^{2+} 称为中心离子，NH_3 称为配位体。配位化合物是以配位键相结合成的化合物，由于 Cu^{2+} 离子最外层没有电子，所以其形成共价键所需的成对电子全部是由 NH_3 中的 N 原子上的孤对电子提供的，N 原子又被称为配位原子。

2. 配位化合物的组成

现以 $[Cu(NH_3)_4]SO_4$ 为例，介绍配位化合物的组成和常用的术语，如下所示。

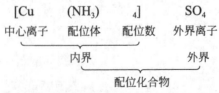

配位化合物在组成上一般包括两大部分：外界与内界。内界书写时用方括号括起来，其他部分称为外界，外界写在方括号之外。内界与外界之间以离子键结合。

配位化合物的内界一般由一个金属阳离子（或原子）和若干个中性分子（或阴离子）组成。金属阳离子（或原子）是内界的核心部分，称为中心离子或形成体；与之相连接的中性分子（或阴离子）称为配位体。配位体中与金属离子（或原子）直接以配位键相结合的原子称为配位原子。配位原子的总数称为配位数。

3. 配位化合物的命名

配位化合物的命名方法仍然服从无机化合物的命名原则，即阴离子名称在前，阳离子的名称在后。如果配位化合物的外界是一个简单的酸根离子，便叫"某化某"；若是一个复杂的酸根离子，便叫"某酸某"。

内界的命名次序是：配位体数（以中文字二、三等表示，只有一个时省略"一"字）→配位体名称→"合"字→中心离子名称→中心离子氧化数（用带圆括号的罗马数字表示）。

例如：$[Cu(NH_3)_4]^{2+}$ 配离子命名为四氨合铜（Ⅱ）离子。

四	氨	合	铜	（Ⅱ）	离子
配位体数	配位体名称		中心离子名称	中心离子氧化数	

内界中有两种以上的配位体时，无机配位体在前，有机配位体在后；先列阴离子配位体，后列阳离子、中性分子配位体；同类配位体按配位原子元素符号的英文顺序排列，如氨在前，水在后；配位原子相同时，含原子数目少的配位体列在前面；不同配位体以中点"·"间隔开。先命名酸根离子，后命名中性分子；如果酸根离子或中性分子不止一种，一般按先简单后复杂的顺序命名。

一些配位化合物的命名示例如下：

$K_2[SiF_6]$	六氟合硅（Ⅳ）酸钾
$(NH_4)_2[Co(SO_4)_2]$	二硫酸根合钴（Ⅱ）酸铵
$[Cu(en)_2]SO_4$	硫酸二乙二胺合铜（Ⅱ）
$[Co(NH_3)_3(H_2O)Cl_2]Cl$	氯化二氯·三氨·一水合钴（Ⅲ）
$[Pt(NH_3)_2Cl_2]$	二氯·二氨合铂（Ⅱ）

除系统命名外，有些配位化合物至今仍沿用习惯名称。如 $K_3[Fe(CN)_6]$ 叫铁氰化钾（俗称赤血盐），$[Ag(NH_3)_2]^+$ 叫银氨配离子。

二、配位滴定法对配位反应的要求

配位滴定法是以配位反应为基础，用配位剂作为标准溶液来直接或间接测定金属离子的一种滴定方法。

例如，用 $AgNO_3$ 溶液滴定 CN^-（又称氰量法）时，Ag^+ 与 CN^- 发生配位反应，生成配离子 $[Ag(CN)_2]^-$，其反应式如下：

$$Ag^+ + 2CN^- = [Ag(CN)_2]^-$$

当滴定到达化学计量点后，稍过量的 Ag^+ 与 $[Ag(CN)_2]^-$ 结合生成 $Ag[Ag(CN)_2]$ 白色沉淀，使溶液变浑浊，指示终点的到达。

配位反应种类很多，但并不是所有的配位反应都能用于滴定分析。按照滴定分析对滴定反应的要求，只有满足下列条件的配位反应才能用于配位滴定。

① 配位反应必须完全，生成的配位化合物要相当稳定。

② 反应应按一定的反应式定量进行，即金属离子与配位剂的比例（即配位比）要恒定，没有副反应。

③ 反应速率快。滴定反应要能在瞬间完成。对反应速率较慢的，有时可用加热或加催化剂等方法加速反应。

④ 有适当的方法检出终点。

在配位反应中提供配位原子的物质叫配位剂。配位剂分为无机配位剂和有机配位剂两类。无机配位剂大多是单齿配体（只有一个配位原子），它可与金属形成多级配合物。这类配合物稳定性较差。所以，除个别反应外，大多数不能用于配位滴定。

有机配位剂分子中常含有两个以上的配位原子，是多齿配体，它与金属离子形成具有环状结构的螯合物，不仅稳定性高，且一般只形成一种类型的配合物。这类配位剂克服了无机配位剂的缺点，在分析化学中得到广泛的应用。目前使用最多的是氨羧配位剂。氨羧配位剂是一类以氨基二乙酸为主体的衍生物，其分子中含有氨基氮和羧基氧两种配位能力较强的配位原子，几乎能和所有的金属离子形成稳定的环状结构的配合物（或称螯合物）。

目前研究过的氨羧配位剂已有 30 多种。例如在分析中已实际应用的乙二胺四乙酸（EDTA）、乙二胺四乙酸二钠盐（也简称 EDTA）、环己烷二胺四乙酸（DCTA）、乙二胺四丙酸（EDTP）、乙二醇二乙醚二胺四乙酸（EGTA）等，其中最重要、最常用的是乙二胺四乙酸及其钠盐，即 EDTA，通常所说的配位滴定法主要是指 EDTA 滴定法。

第二节　EDTA 的分析特性

EDTA 为乙二胺四乙酸的简称（通常用 H_4Y 表示）。以 EDTA 为标准滴定溶液的配位滴定法称为 EDTA 配位滴定法。本节主要介绍 EDTA 配位滴定法相关内容。

一、EDTA 的性质

乙二胺四乙酸简称 EDTA，其结构式为：

$$HOOC-CH_2 \diagdown N-CH_2-CH_2-N \diagup CH_2-COOH$$
$$HOOC-CH_2 \diagup \qquad \diagdown CH_2-COOH$$

乙二胺四乙酸是四元酸，为白色无水结晶粉末，室温时溶解度较小（22℃时溶解度为 0.02g/100mL H_2O），难溶于酸和有机溶剂，易溶于碱或氨水中形成相应的盐。由于乙二胺四乙酸溶解度小，因而不适用作滴定剂。

EDTA 二钠盐（$Na_2H_2Y \cdot 2H_2O$，也简称为 EDTA，相对分子质量为 372.26）为白色结晶粉末，室温下可吸附水分 0.3%，80℃时可烘干除去。在 100~140℃时将失去结晶水而成为无水的 EDTA 二钠盐（相对分子质量为 336.24）。EDTA 二钠盐易溶于水（22℃时溶解度为 11.1g/100mL H_2O，浓度约 0.3mol·L^{-1}，pH≈4.4），因此通常使用 EDTA 二钠盐作滴定剂。

二、EDTA 与金属离子形成配合物的特点

螯合物是一类具有环状结构的配合物。螯合即指成环，只有当一个配位体至少含有两个可配位的原子时才能与中心原子形成环状结构，螯合物中所形成的环状结构常称为螯环。能与金属离子形成螯合物的试剂称为螯合剂。EDTA 就是一种常用的螯合剂。

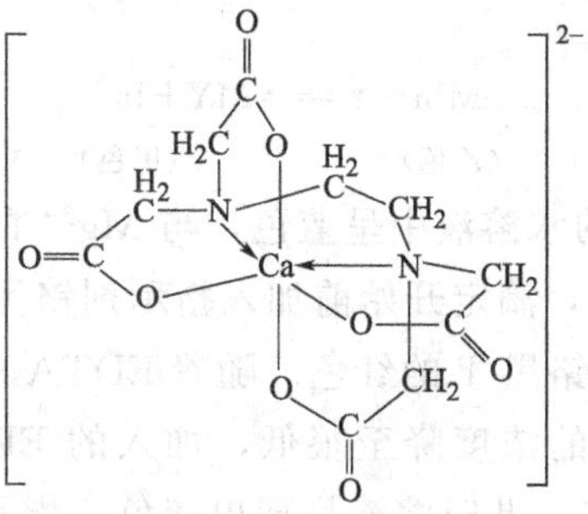

EDTA 与 Ca²⁺形成的螯合物

EDTA 分子中有 6 个配位原子，此 6 个配位原子恰能满足它们的配位数，在空间位置上均能与同一金属离子形成环状化合物，即螯合物。附图所示的是 EDTA 与 Ca^{2+} 形成的螯合物的立方构型。

EDTA 与金属离子的配合物有如下特点。

① 普遍性。EDTA 有 6 个配位原子，具有广泛的配位性能，几乎能与所有金属离子形成配合物，因而配位滴定应用很广泛。

② 组成一定。EDTA 配合物的配位比简单，多数情况下都形成 1：1 配合物。个别离子如 Mo(V) 与 EDTA 配合物 $[(MoO_2)_2Y^{2-}]$ 的配位比为 2：1。使分析结果的计算简单化。

③ 稳定性高。EDTA 与金属离子能形成具有多个五元环结构的螯合物，稳定性高。

④ 带电容易。EDTA 与金属离子形成的配位化合物大多带电荷，能溶于水，使滴定能在水中进行，配位反应较迅速。

⑤ 大多数金属-EDTA 配合物无色，这有利于指示剂确定终点。但 EDTA 与有色金属离子配位生成的螯合物颜色则加深。例如：

CuY^{2-}	NiY^{2-}	CoY^{2-}	MnY^{2-}	CrY^-	FeY^-
深蓝	蓝色	紫红	紫红	深紫	黄

因此，滴定这些离子时，要控制其浓度不能过大，否则使用指示剂确定终点将产生困难。

第三节　金属指示剂

配位滴定指示终点的方法很多，其中最重要的是使用金属离子指示剂（简称为金属指示剂）指示终点。

一、金属指示剂的作用原理

金属指示剂是一种显色剂（有机染料），也是一种配位剂，能与某些金属离子反应，生成与其本身颜色显著不同的配位化合物以指示终点。

在滴定前加入金属指示剂（用 In 表示金属指示剂的配位基团），则 In 与待测金属离子 M 有如下反应（省略电荷）：

$$M + In \rightleftharpoons MIn$$

（甲色）　（乙色）

这时溶液呈 MIn（乙色）的颜色。当滴入 EDTA 溶液后，Y 先与游离的 M 结合。至化学计量点附近，Y 夺取 MIn 中的 M，使指示剂 In 游离出来，溶液由乙色变为甲色，指示滴定终点的到达。

$$MIn + Y \Longrightarrow MY + In$$

（乙色）　　　　（甲色）

例如，铬黑 T 在 pH＝10 的水溶液中呈蓝色，与 Mg^{2+} 的配合物的颜色为酒红色。若在 pH＝10 时用 EDTA 滴定 Mg^{2+}，滴定开始前加入指示剂铬黑 T，则铬黑 T 与溶液中部分的 Mg^{2+} 反应，此时溶液呈 Mg^{2+}-铬黑 T 的红色。随着 EDTA 的加入，EDTA 逐渐与 Mg^{2+} 反应。在化学计量点附近，Mg^{2+} 的浓度降至很低，加入的 EDTA 进而夺取了 Mg^{2+}-铬黑 T 中的 Mg^{2+}，使铬黑 T 游离出来，此时溶液呈现出蓝色，指示滴定终点到达。

二、金属指示剂应具备的条件

首先，金属指示剂与金属离子之间的反应必须灵敏、迅速，且具有良好的可逆性，这样才便于滴定。

其次，金属指示剂与金属离子形成的配合物 M-In 要有适当的稳定性。M-In 的稳定性太弱，会使 EDTA 提前从其中将 In 游离出来，使终点提前；M-In 的稳定性太强，会使终点拖后，甚至使 EDTA 不能从其中夺取金属离子，从而不改变颜色，无法指示滴定终点。所以，滴定分析中指示剂的选择很重要。

另外，金属指示剂与金属离子形成的配合物的颜色应与金属指示剂本身的颜色有明显的不同，这样才能借助颜色的明显变化来判断终点的到达。同时，指示剂应比较稳定，易溶于水，便于贮存和使用。

三、常用的金属指示剂

目前，已被合成的金属指示剂有 300 多种，并且不断有新的金属指示剂出现。下面简要介绍几个测定 Ca^{2+}、Mg^{2+} 常用金属指示剂的一般性质和应用条件。

1. 铬黑 T

铬黑 T 简称 EBT，它属于偶氮染料，化学名称为 1-(1-羟基-2-萘基偶氮基)-6-硝基-2-萘酚-4-磺酸钠。它可用符号 NaH_2In 表示。溶于水后，结合在磺酸根上的 Na^+ 全部电离，以 H_2In^- 阴离子形式存在于溶液中。H_2In^- 是一个二元酸，它分两步电离，在溶液中存在着下列平衡关系而呈现三种不同的颜色：

$$H_2In^- \underset{}{\overset{pK=6.3}{\Longleftrightarrow}} HIn^{2-} \underset{}{\overset{pK=11.6}{\Longleftrightarrow}} In^{3-}$$

（紫红色）　　　　（蓝色）　　　　（橙色）

pH＜6　　　　pH＝7～11　　　　pH＞12

在 pH＜6.3 时，EBT 在水溶液中呈紫红色；pH＞11.6 时，EBT 呈橙色，而 EBT 与二价离子形成的配合物颜色为红色或紫红色。所以，只有在 pH＝7～11 范围内使用，指示剂才有明显的颜色，滴定过程中颜色变化为：酒红→紫色→蓝色。实验表明最适宜的酸度是 pH＝9～10.5。铬黑 T 固体相当稳定，但其水溶液仅能保存几天，这是由于聚合反应的缘故。聚合后的铬黑 T 不能再与金属离子显色。pH＜6.5 的溶液中聚合更为严重，加入三乙醇胺可以防止聚合。

铬黑 T 是在弱碱性溶液中滴定 Mg^{2+}、Zn^{2+}、Pb^{2+}、Mn^{2+}、Ca^{2+} 等离子的常用指示剂。现以 Mg^{2+} 为例说明如下。

滴定 Mg^{2+} 是在 pH＝10 的缓冲溶液中进行的，这时 EDTA 主要以 HY^{3-} 形式存在。向溶液中加入铬黑 T，则 Mg^{2+} 与铬黑 T 反应而呈现酒红色（Mg^{2+} 与铬黑 T 的 $\lg K_f = 5.4$）：

$$Mg^{2+} + HIn^{2-} \Longrightarrow H^+ + MgIn^-$$
　　　　（蓝色）　　　　　　　（酒红色）

$$Mg^{2+} + HY^{3-} \Longrightarrow MgY^{2-} + H^+$$
　　　　　　　　　　　（无色）

终点时，由于 EDTA 从 $MgIn^-$ 中夺取 Mg^{2+} 而使 HIn^{2-} 游离出来，溶液由酒红色变为蓝色（Mg^{2+} 与 EDTA 的 $\lg K_f = 8.7$）。

$$MgIn^- + HY^{3-} \Longrightarrow MgY^{2-} + HIn^{2-}$$
　　（酒红色）　　　　　　　　　　（蓝色）

因为 Mg^{2+} 与 EDTA 的反应要放出 H^+，所以选用 $pH = 10$ 的缓冲溶液。

Ca^{2+} 与 EDTA 形成的化合物比 MgY^{2-} 还要稳定（$\lg K_f = 10.54$），Ca^{2+} 与铬黑 T 形成的化合物不稳定（$\lg K_f = 5.4$），所以，当溶液中有 Ca^{2+} 与 Mg^{2+} 时，加入 $pH = 10$ 的缓冲溶液，以铬黑 T 作指示剂，用 EDTA 滴定时，先与 Ca^{2+}，次与 Mg^{2+}，继与 CaIn，最后与 MgIn 反应，指示点时溶液从酒红色变为蓝色，消耗的 EDTA 是用于结合 Ca^{2+} 与 Mg^{2+} 二种离子的总量。这正是测定水硬度的原理。

铬黑 T 在水溶液或醇溶液中都不稳定，只能保存数天。铬黑 T 在酸性溶液中容易聚合成高分子，在碱性溶液中易被氧化破坏而褪色。因此，常把铬黑 T 与惰性盐 NaCl 或 K_2SO_4 混合磨细，配成固体混合物备用。

2. 钙指示剂

钙指示剂也属于偶氮染料，化学名称为 2-羟基-1-(2-羟基-4-磺酸基-1-萘偶氮基)-3-萘甲酸，此指示剂也可用符号 Na_2H_2In 表示。在水溶液中，它存在着下列平衡，以 H_2In^{2-}、HIn^{3-}、HIn^{4-} 三种形式存在，而呈现三种不同的颜色：

$$H_2In^{2-} \xrightarrow{pK=7.4} HIn^{3-} \xrightarrow{pK=13.5} HIn^{4-}$$
　（红色）　　　　　　（蓝色）　　　　　　（橙色）
　$pH < 7$　　　　$pH = 8 \sim 13$　　　$pH > 13.5$

该指示剂在 $pH = 12 \sim 13$ 时呈蓝色，它与 Ca^{2+} 形成相当稳定的红色化合物，与 Mg^{2+} 形成更稳定的红色化合物。但当溶液 $pH = 12$ 时，Mg^{2+} 已被沉淀为 $Mg(OH)_2$，因此，用钙指示剂可以在 Ca^{2+}、Mg^{2+} 的混合液中直接滴定 Ca^{2+}。

纯的钙指示剂为紫色粉末，其水溶液或乙醇溶液均不稳定，一般也与干燥的 NaCl 粉末混合磨细后应用。

3. 其他指示剂

除前面所介绍的指示剂外，还有磺基水杨酸、二甲酚橙（XO）、PAN 等常用指示剂。磺基水杨酸（无色）在 $pH = 2$ 时与 Fe^{3+} 形成紫红色配合物，因此可用作滴定 Fe^{3+} 的指示剂；二甲酚橙为多元酸，在 pH 值为 $0 \sim 6.0$ 之间呈黄色，它与金属离子形成的配合物为红色，是酸性溶液中许多离子配位滴定所使用的极好指示剂；PAN 与 Cu^{2+} 的显色反应非常灵敏，但很多其他金属离子如 Ni^{2+}、Co^{2+}、Zn^{2+}、Pb^{2+}、Bi^{3+}、Ca^{2+} 等与 PAN 反应慢或显色灵敏度低，所以有时利用 Cu-PAN 作间接指示剂来测定这些金属离子，类似 Cu-PAN 这样的间接指示剂还有 Mg-EBT 等。

几种常见金属指示剂及可用于指示直接滴定的金属离子情况见表 7-1。

表 7-1 常用的金属指示剂

指 示 剂	离解常数	滴定元素	颜色变化	配制方法	对指示剂封闭离子
酸性铬蓝 K	$pK_{a1}=6.7$ $pK_{a2}=10.2$ $pK_{a3}=14.6$	Mg(pH=10) Ca(pH=12)	红~蓝	0.1%乙醇溶液	
钙指示剂	$pK_{a2}=3.8$ $pK_{a3}=9.4$ $pK_{a4}=13\sim14$	Ca(pH=12~13)	酒红~蓝	与 NaCl 按 1:100 的质量比混合	Co^{2+}、Ni^{2+}、Cu^{2+}、Fe^{3+}、Al^{3+}、Ti^{4+}
铬黑 T	$pK_{a1}=3.9$ $pK_{a2}=6.4$ $pK=11.5$	Ca(pH=10,加入 EDTA-Mg) Mg(pH=10) Pb(pH=10,加入酒石酸钾) Zn(pH=6.8~10)	红~蓝 红~蓝 红~蓝 红~蓝	与 NaCl 按 1:100 的质量比混合	Co^{2+}、Ni^{2+}、Cu^{2+}、Fe^{3+}、Al^{3+}、Ti(Ⅳ)
紫脲酸铵	$pK_{a1}=1.6$ $pK_{a2}=8.7$ $pK_{a3}=10.3$ $pK_{a4}=13.5$ $pK_{a5}=14$	Ca(pH>10,φ=25%乙醇) Cu(pH=7~8) Ni(pH=8.5~11.5)	红~紫 黄~紫 黄~紫红	与 NaCl 按 1:100 的质量比混合	
磺基水杨酸	$pK_{a1}=2.6$ $pK_{a2}=11.7$	Fe(Ⅲ)(pH=1.5~3)	红紫~黄	10~20g/L 水溶液	

第四节 配位滴定法的应用

一、配位滴定方式

在配位滴定中采用不同的滴定方法,可以扩大配位滴定的应用范围。配位滴定法中常用的滴定方法有以下几种。

1. 直接滴定法及应用

直接滴定法是配位滴定中的基本方法。这种方法是将试样处理成溶液后,调节至所需的酸度,再用 EDTA 直接滴定被测离子。在多数情况下,直接法引入的误差较小,操作简便、快速。只要金属离子与 EDTA 的配位反应能满足直接滴定的要求,应尽可能地采用直接滴定法。但有以下任何一种情况,都不宜直接滴定。

① 待测离子与 EDTA 不形成配合物或形成的配合物不稳定。

② 待测离子与 EDTA 的配位反应很慢,例如 Al^{3+}、Cr^{3+}、Zr^{4+} 等的配合物虽稳定,但在常温下反应进行得很慢。

③ 没有适当的指示剂,或金属离子对指示剂有严重的封闭或僵化现象。

④ 在滴定条件下,待测金属离子水解或生成沉淀,滴定过程中沉淀不易溶解,也不能用加入辅助配位剂的方法防止这种现象的发生。

实际上大多数金属离子都可采用直接滴定法。例如,测定钙、镁可有多种方法,但以直接配位滴定法最为简便。钙、镁联合测定的方法是:先在 pH=10 的氨性溶液中,以铬黑 T 为指示剂,用 EDTA 滴定。由于 CaY 比 MgY 稳定,故先滴定的是 Ca^{2+},但它们与铬黑 T 配位化合物的稳定性则相反,因此当溶液由紫红变为蓝色时,表示 Mg^{2+} 已定量滴定。而此时 Ca^{2+} 早已定量反应,故由此测得的是 Ca^{2+}、Mg^{2+} 总量。另取同量试液,加入 NaOH 调节溶液酸度至 pH>12。此时镁以 $Mg(OH)_2$ 沉淀形式被掩蔽,选用钙指示剂为指示剂,用 EDTA 滴定 Ca^{2+}。由前后两次测定之差,即得到镁含量。

直接滴定法是配位滴定中常用的滴定方式。

能直接滴定的离子，在强酸性溶液中有（pH＝2～3）：Fe^{3+}、Bi^{3+}、Th^{4+}、Hg^{2+}、Zr^{4+}；在弱酸性溶液中有（pH＝5～6）：Zn^{2+}、Pb^{2+}、Cd^{2+}、Cu^{2+} 及稀土元素；在碱性溶液中有（pH＝10）：Mg^{2+}、Co^{2+}、Ni^{2+}、Zn^{2+}、Cd^{2+}、Pb^{2+}、Ca^{2+} 等。

2. 返滴定法及应用

返滴定法是在适当的酸度下，在试液中加入定量且过量的 EDTA 标准溶液，加热（或不加热）使待测离子与 EDTA 配位完全，然后调节溶液的 pH 值，加入指示剂，以适当的金属离子标准溶液作为返滴定剂，滴定过量的 EDTA。

返滴定法适用于如下一些情况：①被测离子与 EDTA 反应缓慢；②被测离子在滴定的 pH 值下会发生水解，又找不到合适的辅助配位剂；③被测离子对指示剂有封闭作用，又找不到合适的指示剂。

例如，Al^{3+} 与 EDTA 配位反应速率缓慢，而且对二甲酚橙指示剂有封闭作用；酸度不高时，Al^{3+} 还易发生一系列水解反应，形成多种多核羟基配合物。因此 Al^{3+} 不能直接滴定。用返滴定法测定 Al^{3+} 时，先在试液中加入一定量并过量的 EDTA 标准溶液，调节 pH＝3.5，煮沸以加速 Al^{3+} 与 EDTA 的反应（此时溶液的酸度较高，又有过量 EDTA 存在，Al^{3+} 不会形成羟基配合物）。冷却后，调节 pH＝5～6，以保证 Al^{3+} 与 EDTA 定量配位，然后以二甲酚橙为指示剂（此时 Al^{3+} 已形成 AlY，不再封闭指示剂），用 Zn^{2+} 标准溶液滴定过量的 EDTA。

返滴定法中用作返滴定剂的金属离子 N 与 EDTA 的配合物 NY 应有足够的稳定性，以保证测定的准确度。但 NY 又不能比待测离子 M 与 EDTA 的配合物 MY 更稳定，否则将发生下式反应（略去电荷），使测定结果偏低：

$$N + MY \Longrightarrow NY + M$$

上例中 ZnY^{2-} 虽比 AlY^- 稍稳定，但因 Al^{3+} 与 EDTA 配位缓慢，一旦形成，离解也慢。因此，在滴定条件下 Zn^{2+} 不会把 AlY 中的 Al^{3+} 置换出来。但是，如果返滴定时温度较高，AlY 活性增大，就有可能发生置换反应，使终点难于确定。

3. 置换滴定法及应用

置换滴定法是利用置换反应置换出等物质的量的另一金属离子或置换出 EDTA，然后进行滴定。

（1）置换出金属离子　例如，Ag^+ 与 EDTA 配合物不够稳定，不能用 EDTA 直接滴定。若在 Ag^+ 试液中加入过量的 $Ni(CN)_4^{2-}$，则会发生如下置换反应：

$$2Ag^+ + Ni(CN)_4^{2-} \Longrightarrow 2Ag(CN)_2^- + Ni^{2+}$$

此反应进行较完全。在 pH＝10 的氨性溶液中，以紫脲酸铵为指示剂，用 EDTA 滴定置换出的 Ni^{2+}，即可求得 Ag^+ 含量。

（2）置换出 EDTA　用返滴定法测定可能含有 Cu^{2+}、Pb^{2+}、Zn^{2+}、Fe^{2+} 等杂质离子的复杂试样中的 Al^{3+} 时，实际测得的是这些离子的含量。为了得到准确的 Al^{3+} 量，在返滴定至终点后加入 NH_4F，F^- 与溶液中的 AlY^- 反应，生成更为稳定的 AlF_6^{3-}，置换出与 Al^{3+} 相当量的 EDTA。

$$AlY^- + 6F^- + 2H^+ \Longrightarrow AlF_6^{3-} + H_2Y^{2-}$$

置换出的 EDTA 再用 Zn^{2+} 标准溶液滴定，由此可得 Al^{3+} 的准确含量。

4. 间接滴定法及应用

间接滴定法通常是将待测离子完全沉淀，再利用 DETA 滴定沉淀中的另一种离子而间接计算出待测离子的含量。一些金属离子如 Li^+、Na^+、K^+、Rb^+、Cs^+ 等和一些非金属离子如 SO_4^{2-}、PO_4^{3-} 等，它们不与 DETA 反应，或配合物很不稳定，这时可采用间接滴定方式测定。例如，测定 PO_4^{3-} 时，在一定条件下，将 PO_4^{3-} 沉淀为 $MgNH_4PO_4$，沉淀经过滤、洗涤并溶解后，调节溶液 pH＝10，用铬黑 T 作指示剂，用 EDTA 滴定 Mg^{2+} 而间接计算磷含量。间接滴定法步骤烦琐，误差较大。

二、EDTA 标准溶液的配制与标定

1. EDTA 标准溶液的配制

常用的 EDTA 标准溶液的浓度为 $0.01\sim0.05mol \cdot L^{-1}$。称取一定量 EDTA[$Na_2H_2Y \cdot 2H_2O$，$M(Na_2H_2Y \cdot 2H_2O)=372.2g \cdot mol^{-1}$]，用适量蒸馏水溶解（必要时可加热），溶解后稀释至所需体积，并充分混匀，转移至试剂瓶中待标定。

EDTA 二钠盐溶液的 pH 值正常应为 4.8，市售的试剂如果不纯，pH＜2，有时 pH＜4。当室温较低时易析出难溶于水的乙二胺四乙酸，使溶液变浑浊，并且溶液的浓度也发生变化。因此配制溶液时可用 pH 试纸检查，若溶液 pH 值较低，可加几滴 $0.1mol \cdot L^{-1}$ NaOH 溶液，使溶液的 pH＝$5\sim6.5$，直至变清为止。

2. EDTA 标准溶液的标定

标定 EDTA 的基准物质有很多，如金属纯锌、铜、ZnO、$CaCO_3$ 和 $MgSO_4 \cdot 7H_2O$ 等。所选基准物质最好与被测物质一致，以减少测定误差。

金属锌的纯度高又稳定，Zn^{2+} 及 ZnY 均为无色。在 pH＝$5\sim6$ 的条件下，用二甲酚橙（XO）作指示剂进行标定，终点时由红色变为亮黄色；在 pH＝10 的氨性缓冲溶液中，选用铬黑 T 作指示剂进行标定，终点由红色变为蓝色。终点均很敏锐。所以实验室中多被采用。

金属锌表面有一层氧化物，先用稀 HCl 溶液洗涤金属锌 $2\sim3$ 次，然后用蒸馏水洗净，再用丙酮漂洗 2 次，沥干后于 110℃烘干 5min 备用。

三、应用实例

配位滴定法是一种应用非常广泛和重要的滴定分析方法。在工农业生产、环保、食品、医学、生物样品等各领域都有广泛的应用。配位滴定法在畜牧兽医、兽药、饲料等行业的应用上，主要体现在动物临床诊断、兽药检测技术和饲料分析技术等，例如血清钙的测定、磺胺类药物滴定分析实验、常见饲料原料中钙含量的测定等。

1. 水总硬度的测定

畜禽生产环境与环保中对饮用水的卫生评价要求水的 pH＝$6.8\sim8.5$，水的硬度不超过 25 度。水中钙、镁盐等的含量用"硬度"表示，即当 1L 水中钙、镁离子的总含量相当于 10mg CaO 称为 1 度。用 EDTA 进行水的总硬度及 Ca^{2+}、Mg^{2+} 含量的测定时，以铬黑 T 为指示剂，在 pH＝10 的缓冲溶液中先测定 Ca^{2+}、Mg^{2+} 的总量，再测定 Ca^{2+} 的量，由总量与 Ca^{2+} 的量的差求得 Mg^{2+} 的含量，并由 Ca^{2+}、Mg^{2+} 的总量求总硬度。

2. 硫酸镁的含量测定

结晶硫酸镁 $MgSO_4 \cdot 7H_2O$ 俗称泻盐，其相对分子质量为 264.5。Mg^{2+} 与 EDTA 形成的配合物稳定性较差，用 EDTA 滴定法测定 Mg^{2+} 时，需要在 pH＝10 的范围内进行。准确

称取一定量泻盐，加蒸馏水溶解后，加 NH_3-NH_4Cl 缓冲溶液调 pH＝10，加入铬黑 T 指示剂，用 EDTA 滴定至溶液由酒红色变为纯蓝色。

3. 血清钙的测定

血清钙的测定有助于钙磷代谢障碍疾病的诊疗及甲状旁腺机能状态的判定。测定时取一定量的血清，加 $0.2mol \cdot L^{-1}$ NaOH 溶液后，加钙指示剂，最后用 EDTA 标准溶液滴定到溶液由酒红色变为蓝色即为终点。根据 EDTA 标准溶液的用量计算血清钙的含量。

【思考与习题】

1. 命名下列配位化合物。

$Na_3[AlF_6]$ $[Ag(NH_3)_2]Cl$ $[Pt(NH_3)_2Cl_2]$

2. 配位滴定终点所呈现的颜色是什么？

(1) 游离金属指示剂的颜色；

(2) EDTA 与待测金属离子形成的配合物的颜色；

(3) 金属指示剂与待测金属离子形成的配合物的颜色；

(4) 上述 (1) 与 (3) 项的混合色。

3. EDTA 与金属离子的配合物有何特点？

4. 取 100mL 某水样，在 pH＝10 的缓冲溶液中，以铬黑 T 为指示剂，用 $0.1000mol \cdot L^{-1}$ EDTA 标准溶液滴定至终点，用去 EDTA 标准溶液 28.66mL；另取相同水样，用 NaOH 调节 pH＝12，加钙指示剂，用 $0.1000mol \cdot L^{-1}$ EDTA 标准溶液滴定至终点，用去 EDTA 标准溶液 16.48mL。计算该水样的总硬度以及 Ca^{2+}、Mg^{2+} 含量（$mg \cdot L^{-1}$）。

5. 称取铝盐试样 1.250g，溶解后加 $0.05000mol \cdot L^{-1}$ EDTA 溶液 25.00mL，在适当条件下反应后，调节溶液 pH＝5～6，以二甲酚橙为指示剂，用 $0.02000mol \cdot L^{-1}$ Zn^{2+} 标准溶液回滴过量的 EDTA，耗用 Zn^{2+} 溶液 21.50mL，计算铝盐中铝的质量分数。

实训十一　水的总硬度及钙、镁含量的测定

【实训目的】

1. 了解水的硬度的测定意义和水硬度常用表示方法。

2. 掌握 EDTA 法测定水中 Ca^{2+}、Mg^{2+} 含量的原理和方法。

【实训仪器】　酸式滴定管；50mL 移液管；250mL 锥形瓶；10mL 量筒。

【实训药品】　10%NaOH 溶液；pH＝10 的缓冲溶液；铬黑 T 指示剂（将 1g 铬黑 T 指示剂与 100g 分析纯 NaCl 混合，磨细，装瓶备用）；EDTA 标准溶液（$0.01mol \cdot L^{-1}$）；钙指示剂（1g 钙指示剂与 100g 分析纯 NaCl 混合，磨细，装瓶备用）。

【实训原理】

用 EDTA 进行水的总硬度及 Ca^{2+}、Mg^{2+} 含量的测定时，可先测定 Ca^{2+}、Mg^{2+} 的总量，再测定 Ca^{2+} 的量，由总量与 Ca^{2+} 的量的差求得 Mg^{2+} 的含量，并由 Ca^{2+}、Mg^{2+} 的总量求总硬度。

Ca^{2+}、Mg^{2+} 总量的测定：用 NH_3-NH_4Cl 缓冲溶液调节溶液的 pH＝10，在此条件下，加入铬黑 T（EBT）指示剂，Ca^{2+}、Mg^{2+} 均可被 EDTA 标准溶液准确滴定。在滴定的过程中，将有四种配合物生成，即 CaY、MgY、MgIn 和 CaIn，它们的稳定性次序为（略去电荷）

$$CaY > MgY > MgIn > CaIn$$

由此可见，当加入铬黑 T 后，它首先与 Mg^{2+} 结合，生成红色配合物 MgIn，当滴入 EDTA 时，首先与之结合的是 Ca^{2+}，其次是游离态的 Mg^{2+}，最后，EDTA 夺取与铬黑 T 结合的 Mg^{2+}，使指示剂游离出来，溶液的颜色由红色变为蓝色，到达指示终点。设消耗 EDTA 的体积为 V_1。

Ca^{2+} 含量的测定：用 NaOH 溶液调节待测水样的 pH＝12，将 Mg^{2+} 转化为 $Mg(OH)_2$ 沉淀，使其不干扰 Ca^{2+} 的测定。滴加少量钙指示剂，溶液中的部分 Ca^{2+} 立即与之反应，生成红色配合物，使溶液呈红色。当滴定开始后，随着 EDTA 的不断加入，溶液中的 Ca^{2+} 逐渐被滴定，接近计量点时，游离的 Ca^{2+} 被滴定完后，EDTA 则夺取与指示剂结合的 Ca^{2+}，使指示剂游离出来，溶液的颜色由红色变为蓝色，到达指示终点。设滴定中消耗 EDTA 的体积为 V_2。

按下式计算：

$$水的总硬度(°) = \frac{c(\text{EDTA}) \cdot V_1(\text{EDTA}) \cdot M(\text{CaO}) \times 1000}{V(水样) \times 10}$$

$$\rho(Ca^{2+}/\text{mg} \cdot \text{L}^{-1}) = \frac{c(\text{EDTA}) \cdot V_2 \cdot M(\text{Ca}) \times 1000}{V(水样)}$$

$$\rho(Mg^{2+}/\text{mg} \cdot \text{L}^{-1}) = \frac{c(\text{EDTA}) \cdot (V_1 - V_2) \cdot M(\text{Mg}) \times 1000}{V(水样)}$$

【实训内容及操作步骤】

水的总硬度及钙、镁离子含量的测定。

用移液管吸取水样 50.00mL 于 250mL 锥形瓶中，加 5mL pH＝10 的缓冲溶液，再加少许（约 0.1g）铬黑 T 混合指示剂，用 EDTA 标准溶液滴定至酒红色变为纯蓝色。记录 ED-TA 用量 V_1（mL），重复 1～2 次。

另取 50.00mL 水样于 250mL 锥形瓶中，加 5mL10％ NaOH 溶液，摇匀，加少许（约 0.1g）钙指示剂，用 EDTA 标准溶液滴定至酒红色变为纯蓝色。记录 EDTA 用量 V_2（mL），重复 1～2 次。

【思 考 题】

1. 配位滴定中加入缓冲溶液的作用是什么？
2. 水中若含有 Fe^{3+}、Al^{3+}，为何干扰测定？应如何消除？

第八章　吸光光度法

【知识目标】

1. 理解吸光光度法的原理。
2. 了解分光光度计的主要部件。

【能力目标】

1. 会使用常见的分光光度计。
2. 能运用吸光光度法进行定量实验操作。

第一节　概　述

吸光光度法是根据物质对光选择吸收逐步发展建立起来的方法，它是光学分析法的一个分支，又称吸收光谱法，包括比色法、可见-紫外分光光度法、红外分光光度法和原子吸收分光光度法等。本章重点讨论可见光区的分光光度法。

吸光光度法与滴定分析法相比，具有灵敏度高、准确度较高、快速简便以及应用广泛等特点。吸光光度法所检测组分的浓度下限可达 $10^{-6} \sim 10^{-5} \text{mol} \cdot \text{L}^{-1}$，因而它具有较高的灵敏度，相对误差为 $2\% \sim 5\%$，适合于微量组分的分析。特别是近年来合成了卟啉类、双偶氮类和荧光酮类系列新显色剂，将吸光光度法应用领域拓宽到痕量组分的测定。

第二节　吸光光度法的原理

一、物质对光的选择性吸收

光是一种电磁波，具有波和粒子的二象性。描述光的波动性的重要参数及其关系是：

$$c = \lambda v$$

式中，c 为光速；v 为光的频率；λ 为光的波长。

光的微粒性表现在光是带有能量的微粒流，这种微粒称为光子或光量子。单个光子的能量 E 决定于光的频率 v 或波长 λ，即

$$E = hv = hc/\lambda$$

式中，h 为普朗克常数（$6.626 \times 10^{-34} \text{J} \cdot \text{s}$）。

通常把人眼能感觉到的光称为可见光，其波长约为 $400 \sim 760 \text{nm}$。可见光区的白光是由不同颜色的光按一定强度比例混合而成。如果让一束白光通过三棱镜，由于折射作用，就色散为红、橙、黄、绿、青、蓝、紫七种颜色的光。每种颜色的光具有一定的波长范围。人们把白光称为复合光，即不同波长的光组成的光。把只具有一种颜色的光即单一波长的光称为单色光。

图 8-1　光的互补色示意图

实验证明，不仅七种单色光可以混合成白光，如果把适当颜色的两种单色光按一定强度比例混合，也可以成为白光，这两种单色光就叫互补色光。图 8-1 中处于直线关系的两种单色光为互补色，如绿光和紫光互补，蓝光和黄光互补等。

物质的颜色正是由于物质对不同波长的光具有选择吸收作用而产生的。

对溶液来说，溶液所呈现的颜色是由于它选择吸收了一定颜色的光所引起的。当白光通过有色溶液时，某些波长范围的光被吸收，只有一定波长范围的光可透过，所能看到的颜色就是透过的这一部分的光的颜色。

例如，$KMnO_4$ 溶液之所以是紫红色，就是由于它吸收了蓝、绿、黄等光而透过了紫红色光，因而溶液呈紫红色；$CuSO_4$ 溶液吸收了红光，透过了蓝绿色光，溶液呈现出蓝绿色；NaCl 溶液对各颜色的光透过程度相等，所以是无色的。也就是说，溶液呈现的是与它吸收的光成互补色的颜色。在可见光区，溶液的颜色由透射光的波长所决定。一些溶液的颜色与吸收光颜色的互补对应关系如表 8-1 所示。

表 8-1　物质颜色和吸收光颜色的关系

溶液颜色	吸收光		溶液颜色	吸收光	
	颜色	波长范围/nm		颜色	波长范围/nm
黄绿	紫	400～450	紫	黄绿	560～580
黄	蓝	450～480	蓝	黄	580～600
橙	绿蓝	480～490	绿蓝	橙	600～650
红	蓝绿	490～500	蓝绿	红	650～750
紫红	绿	500～560			

二、光的吸收曲线

溶液对不同波长光的吸收程度，通常用光吸收曲线来描述。即将不同波长的光依次通过固定浓度的有色溶液，然后用仪器测量每一波长下相应光的吸收程度（吸光度），以波长为横坐标、以吸光度为纵坐标作图，可得一曲线，此曲线称为光吸收曲线或吸收光谱曲线，它能更清楚地描述物质对光的吸收情况。如图 8-2 所示为 $KMnO_4$ 溶液的光吸收曲线。由图可以看出，在可见光范围内，$KMnO_4$ 溶液对波长 525nm 附近黄绿色光的吸收最强，而对紫色和红色光的吸收很弱。光吸收程度最大处的波长叫做最大吸收波长，记作 $\lambda_{max} = 525nm$。不同物质，其吸收曲线的形状和最大吸收波长也不相同。不同浓度的同一物质，吸光度随浓度增大而增大，尤其是最大吸收峰（A、B、C、D）附近，变化更加明显。但是相应的吸光度大小不同。

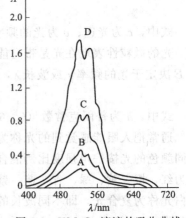

图 8-2　$KMnO_4$ 溶液的吸收曲线

三、光的吸收定律——朗伯-比尔定律

当一束平行的单色光通过有色溶液时，由于溶液中有色物质的质点吸收了一部分光能，通过光的强度就要减弱。溶液的浓度愈大，通过的液层厚度愈大，入射光强度 I_0 愈强，则光被吸收得愈多，光强度的减弱也愈显著。

早在 1729 年，波格（Bouguer）发现物质对光的吸收与液层厚度有关。1760 年朗伯（Lambert）进一步研究指出，如果溶液的浓度一定，则光的吸收程度与液层厚度成正比，此关系称为朗伯定律。

$$A=\lg(I_0/I)=k_1 b$$

式中，I_0 为入射光强度；I 为透射光强度；A 为吸光度；k_1 为比例常数；b 为吸收池（亦称比色皿）液层厚度。

1852 年，比尔（Beer）进行了大量研究工作后指出，如果吸收池液层厚度一定，吸光度与物质浓度成正比，这种关系称为比尔定律。

$$A=\lg(I_0/I)=k_2 c$$

式中，c 为有色物质溶液的浓度；k_2 为比例常数。

如果同时考虑溶液的浓度及液层的厚度对光吸收的影响，就可将朗伯定律和比尔定律结合起来，称为物质对光吸收的基本定律，即朗伯-比尔定律，用下式表示：

$$A=\lg(I_0/I)=Kbc$$

朗伯-比尔定律是吸光光度法进行定量分析的理论依据，其物理意义是，当一束单色光平行照射并通过均匀的、非散射的吸光物质的溶液时，溶液的吸光度 A 与溶液浓度 c 和液层厚度 b 的乘积成正比。

上式中的比例常数 K 称为吸光系数，其数值及单位随 b、c 所取单位的不同而不同。当 b 的单位用 cm、c 的单位用 $g \cdot L^{-1}$ 时，吸光系数的单位为 $L \cdot g^{-1} \cdot cm^{-1}$；如果 c 的单位用 $mol \cdot L^{-1}$、b 的单位用 cm，吸光系数就称为摩尔吸光系数，用符号 ε 表示，单位为 $L \cdot mol^{-1} \cdot cm^{-1}$。摩尔吸光系数是物质吸光能力大小的量度。

在吸光光度法中，有时也用透射率（透光度）T 来表示物质吸收光的能力大小。透射率 T 是透射光强度 I 与入射光强度 I_0 之比，即 $T=I/I_0$。T 与 A 之间的关系为：

$$-\lg T=-\lg(I/I_0)=A$$

或者

$$A=\lg(1/T)$$

朗伯-比尔定律不仅适用于可见光，也适用于紫外和红外光区；不仅适用于均匀非散射的液体，也适用于固体和气体。

第三节　显色反应及显色条件的选择

有色物质本身具有明显的颜色，可直接用来作比色分析。但很多物质本身颜色很浅或无色，故在可见光区的吸光光度分析中，首先要利用显色反应将待测组分转变为有色物质，然后进行测定。为了获得一个灵敏度高、选择性好的显色反应，就必须了解对显色反应的要求和掌握显色反应的适宜条件。

一、对显色反应的要求

对于显色反应，一般应满足下列要求。

（1）显色反应的灵敏度要高　待测物是微量组分，需选择 K 大的显色反应。生成的有色化合物颜色越深，即反应的灵敏度越高，测定的浓度越低。如钼酸铵可与磷、硅等反应生成黄色物质，但灵敏度不高。如用适当的还原剂进一步把黄色配合物中的钼还原为钼蓝，颜色很深，大大提高了测定的灵敏度。

（2）显色反应的选择性要好　比色分析最好选用只与被测组分发生显色反应的显色剂，如还有其他组分可以与显色剂生成化合物，则需要加掩蔽剂或采取其他的措施，排除干扰。必要时可以先把干扰组分分离开来。

（3）显色后的有色物质组成要恒定，化学性质要稳定　这样被测物质与有色化合物之间才有定量关系。例如，在测定 Fe^{3+} 时，常采用 pH＝8～11.5 的氨性溶液，磺基水杨酸为显色剂，生成黄色三磺基水杨酸铁配合物。该化合物组成恒定，实际试剂用量及溶液 pH 值略有变动时均无妨碍，因而进行比色测定时不会产生误差。

另外，有色化合物越稳定，其他离子的干扰就越小。

（4）形成后的有色物质与显色剂本身的颜色要有足够大的差别　有色物质的最大吸收波长与显色剂本身的最大吸收波长的差值 $\Delta\lambda$ 称为对比度，一般要求 $\Delta\lambda \geqslant 60\text{nm}$。试剂空白值小，可以提高测定的准确度。

二、显色条件的选择

用吸光光度法测定物质的含量，要求严格控制显色反应条件，才能得到可靠的数据和准确的分析结果。显色反应条件有溶液的酸度、显色剂用量、温度、时间、溶剂及溶液中共有离子的影响等。现对显色反应的主要条件讨论如下。

（1）溶液的酸度　酸度对显色反应的影响是多方面的。显色反应通常是在合适的酸度下进行，由于大多数有机显色剂是弱酸（或弱碱），具有酸碱的性质，在水溶液中，除了显色反应外，还有副反应存在。

同一金属离子与同一试剂，在不同酸度下会生成不同组成的有色配合物。酸度改变，会影响有色物质的浓度，甚至改变溶液的颜色；也可能引起待测组分水解，使待测组分或共存组分的存在状态发生改变，甚至形成沉淀。这些情况对显色反应是不利的。因此，适宜的酸度是吸光光度法成败的关键。在比色分析中，常采用缓冲溶液来控制溶液的酸度。

（2）显色剂用量　从化学平衡的观点看，为了使显色反应进行完全，需加入过量显色剂。但显色剂不是愈多愈好，有时显色剂加入太多，反而引起副反应，对测定也不利。在实际应用中，如果有色化合物很稳定，只要加入稍过量的显色剂就可以。如果有色化合物不稳定，则需要加入过量较多的显色剂。但要考虑到显色剂过多时有时会生成不同配位数的配合物。这些情况都应更加严格地控制显色剂用量，使标准溶液和试样溶液生成的有色配合物的组成一样，否则将会影响测定的结果。

（3）温度　不同的显色反应对温度的要求不同。有的显色反应需要加热才能完成，有的有色物质在高温下反倒会分解。所以，对不同的反应，应通过实践找出各自的适宜温度范围。但多数显色反应通常在室温下进行。例如钢铁分析中用硅钼蓝法测定硅含量，需在沸水浴中加热 30s，先形成硅钼黄，然后经还原形成硅钼蓝；而如在室温下，则要 10min 才能显色完全。具体实验中，可绘制吸光度-温度的关系曲线来选择适宜的温度。

（4）显色时间　显色反应有的可瞬间迅速完成，有的则要放置一段时间才能反应完全。所以，应根据具体情况掌握适当的显色时间，在颜色稳定的时间范围内进行比色测定。也可以通过实验得到吸光度-时间的关系曲线进行选择。

(5) 溶剂 有时在显色体系中加入有机溶剂，可降低有色物质的解离度，从而提高显色反应的灵敏度。例如，在 $Fe(SCN)_3$ 溶液中加入可与水混溶的有机溶剂（如丙酮），由于降低了 $Fe(SCN)_3$ 的解离度，从而使颜色加深，提高测定的灵敏度。

(6) 溶液中共存离子的干扰 被测试液中往往存在多种离子，若共存离子本身有色，或共存离子能与显色剂反应生成有色物质，或与被测离子结合成溶解度小的另一化合物，均会影响测定的准确度。

三、显色剂

1. 无机显色剂

无机显色剂与金属离子生成的配合物大多不够稳定，灵敏度不高，选择性也不太好，目前在吸光光度分析中应用不多。尚有实用价值的有：硫氰酸盐用于测定铁、钼、钨、铌等元素；钼酸铵用于测定硅、磷、钒，与之形成杂多酸。如磷肥中磷的测定，利用 $(NH_4)_2MoO_4$ 与 PO_4^{3-} 形成 $(NH_4)_2H[PMo_{12}O_{40}] \cdot H_2O$ 杂多酸。还有利用 H_2O_2 与 Ti 在 $1 \sim 2mol \cdot L^{-1}$ H_2SO_4 介质中形成 $TiO[H_2O_2]^{2+}$ 黄色化合物，应用于测定矿石中的钛。

2. 有机显色剂

大多数有机显色剂能与金属离子生成稳定的螯合物，显色反应选择性和灵敏度都较无机显色剂高，因此广泛应用于吸光光度分析中。高灵敏度和高选择性有机显色剂的研制和应用，促进了吸光光度分析法的发展。

第四节　吸光光度法及其仪器的主要部件

一、各种方法简介与对比

1. 目视比色法

目视比色法是直接用眼睛观察，比较溶液颜色深浅，以确定物质含量的方法。常用的目视比色法是标准系列法。它是用一套由相同质料制成的、形状大小相同的比色管（容量有 10mL、50mL、100mL），将一系列不同量的标准溶液依次加入比色管中，再分别加入等量的显色剂及其他试剂，并控制其他实验条件相同，最后稀释至同样体积，这样就配成一套颜色逐渐加深的标准色阶。然后将一定量待测试液置于另一比色管中，在同样条件下显色，并稀释至同样体积，从管口垂直往下观察，也可以从侧面观察。如果待测试液与标准色阶中某一标准溶液颜色相同，则这两个比色管中溶液的浓度相等；如果待测试液颜色深度介于相邻两个标准溶液之间，则试液浓度也就介于这两个标准溶液的浓度之间。

标准系列法优点是设备和操作都简单。又因所用比色管较长，对颜色很淡的溶液（即浓度很稀的溶液）也能测出其含量，因而测定的灵敏度比较高。由于目视比色法是在复合光（日光）下进行测定，因而某些不完全符合朗伯-比尔定律的显色反应，只要操作条件完全相同，也可以用目视比色法进行测定。

标准系列法的缺点是，由于许多有色溶液不够稳定，标准系列不能久存，经常需要在测定时同时配制，比较费时、费事。为了克服这一缺点，有时也采用某些比较稳定的有色物质来配制标准色阶，如用一定比例的重铬酸钾、硫酸铜和硫酸钴配成标准色阶。也有制备成各种色阶的有色玻璃、有色纸片等来代替标准系列。此外，因人眼的辨色能力不强，且不同的人辨色能力也有差异，或因长时间观察使眼睛疲劳，视力减弱，这些都会造成目视比色法的主观误差。目视比色法的准确度较差，相对误差达 5%～20%。

2. 光电比色法

光电比色法是利用光电效应测量光线通过有色溶液透过光的强度以求出待测物质的含量的方法。

光电比色法的基本原理是比较有色溶液对某一波长单色光的吸收程度。由光源发出的白光通过滤光片后，得到一定范围波长的近似单色光，让单色光透过有色溶液，透过光投射到光电池上，产生电流，光电池所产生的电流大小与透过光的强度成正比，光电流的大小用灵敏检流计测量，在检流计的标尺上可读出相应的吸光度（A）或透光度（T）。

光电比色法优于目视比色法，因用光电池代替人的眼睛测量，不仅消除了主观误差，而且也提高了准确度和重现性。另外还可选用适当的滤光片和参比液来消除共存的干扰物质的影响，从而提高了选择性。

3. 分光光度法

利用分光光度计测定溶液吸光度进行定量分析的方法称为分光光度法。分光光度法与光电比色法的基本原理是一致的，都是基于有色溶液对单色光的吸收程度，通过检测系统的信号（吸光度）来测知待测液的浓度。因为吸光度的大小直接与溶液浓度成正比，只要准确测量其吸光度，就可测溶液的浓度。所不同的是获得单色光的方法不同。光电比色计多用固定波长范围的滤光片，而分光光度计是用棱镜或光栅组成的单色器，后者较前者可获得较纯的单色光（约 5～10nm）。分光光度计的测量范围不只局限于可见光区，它已广泛用于紫外、红外光区。紫外-可见分光光度计主要用于有机物和无机物含量的测定，而红外分光光度计主要用于有机物的结构分析。

二、测定方法

1. 工作曲线法（标准曲线法）

用标准溶液配成由稀到浓一系列不同浓度的标准溶液，置于同一厚度的比色皿中，在相同光强度单色光照射下分别测量各浓度的标准液的吸光度 A，然后以吸光度 A 为纵坐标，以浓度 c 为横坐标，绘制 A-c 曲线，此曲线称为标准曲线或工作曲线，如图 8-3 所示。在相同条件下，用同样方法配制未知液，测其吸光度 A(测)，从标准曲线上可查出未知液的浓度 c(测)。

2. 标准试样计算法或比较法

在同一光强度的单色光透过两个厚度相同、浓度不同的同一种有色溶液时，用其吸光度之比等于两溶液的浓度比的原理，可直接算出未知液的浓度。

$$A(标) = K(标)b(标)c(标)$$

$$A(测) = K(测)b(测)c(测)$$

因液层厚度相同，浓度较接近时

$$b(标) = b(测)$$

$$K(标) = K(测)$$

所以

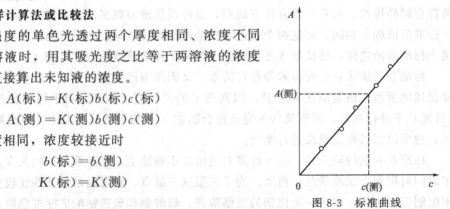

图 8-3　标准曲线

$$A(标)/A(测)=c(标)/c(测)$$
$$c(测)=c(标)A(测)/A(标)$$

式中，$c(测)$、$A(测)$ 为未知液的浓度和吸光度；$c(标)$、$A(标)$ 为标准溶液的浓度和吸光度。注意，只有 $c(标)$ 与 $c(测)$ 相接近时，结果才是可靠的，否则将有较大的误差。

三、吸光光度法仪器的主要部件

可见光区的吸光光度法，主要使用 721 型、722S 型、751 型分光光度计等仪器。这些仪器基本上均由光源、单色器或分光系统、比色皿及检测读数系统四大部分组成：

光源→单色器→比色皿→检测系统

下面选择常用仪器进行介绍。

1. 721 型分光光度计的使用方法

① 检查仪器各调节钮的起始位置是否正确，接通电源开关，打开样品室暗盒盖，使电表指针处于 0 位，预热 20min 后，再选择所需的单色光波长和相应的放大灵敏度，用调 0 电位器调整电表所示透射率为 $T=0$。

② 盖上样品室盖使光电管受光，推动比色皿架拉杆，使参比溶液池（溶液装入 4/5 高度，置第一格）置于光路上，调节 100% 透射率调节器，使电表指针指 $T=100\%$。

③ 重复进行打开样品室盖，调 0，盖上样品室盖，调 100%T 的操作至稳定。

④ 盖上样品室盖，推动比色皿架拉杆，使样品溶液池置于光路上，读出吸光度值。读数后应立即打开样品室盖。

⑤ 测量完毕，取出吸收池（比色皿），洗净后倒置于滤纸上晾干。各旋钮置于起始位置，电源开关置于"关"，拔下电源插头。

2. 722S 型分光光度计

722S 型分光光度计是一种简洁的分光光度法通用仪器，能在 340～1000nm 波长范围内执行透射率、吸光度和浓度直接测定。

使用方法简单介绍如下。

① 预热：接上电源，打开开关和样品室的上盖，预热 30min。

② 设定波长：用波长调节钮设定波长。

③ 置入空白溶液：将空白溶液和样品溶液装入合适的比色皿，置入样品室中。

④ 调 100%T、0%T：打开样品室上盖时，调 0%T。在盖上样品室时，调 100%T。

⑤ 设定吸光度标尺：各标尺间的转换用 MODE 键操作，并由 TRANS、ABS、FACT、CONC 指示灯分别指示，开机初始状态为 TRANS 灯亮，每按一次顺序循环，按 CONC 键至 ABS 灯亮。

⑥ 将样品置入光路：用试样槽架拉杆将样品置入光路。

⑦ 读出数据：在显示窗读出各样品溶液的吸光度值。

四、吸光光度法的应用

吸光光度法广泛应用于试样中微量组分的测定，有时也用于某些高含量物质的分析。近年来用于多组分物质的分析、配合物的组成和稳定常数的测定等。在畜牧兽医领域分析中，常用来分析铵、铁和磷等。例如饲料中总磷量的测定，兽医临床上的血液生化检验（血糖测定、血清尿素氮的测定、血清无机磷的测定、血清镁的测定等）。

1. 微量铁的测定

（1）反应原理　亚铁离子与邻菲罗啉在 pH＝2～9 生成稳定的橙红色配合物。溶液中 Fe^{3+} 在显色前用盐酸羟胺或对苯二酚还原。

（2）操作步骤　用吸量管吸取 5mL 10μg·mL^{-1} 标准铁溶液，加入 50mL 容量瓶中，显色后，在分光光度计上以波长 420～600nm，每隔 10nm 测定一次吸光度，以波长为横坐标、以吸光度为纵坐标绘制邻菲罗啉亚铁曲线，并找出最大吸收波长 λ_{max}。然后吸取铁标准溶液显色，配成标准系列，测量吸光度，以标准溶液浓度为横坐标、以吸光度为纵坐标绘制工作曲线，再用同样方法测量被测试液的吸光度，从工作曲线上找出铁的含量。

2. 微量磷的测定

（1）反应原理　在酸性溶液中，磷酸盐与钼酸铵反应，生成钼磷酸后，再加还原剂 $SnCl_2$ 或抗坏血酸，钼磷酸被还原生成磷钼蓝，使溶液变为蓝色。蓝色的深浅在一定浓度范围内与磷的含量成正比。反应式为：

$$PO_4^{3-}+12MoO_4^{2-}+27H^+ \Longrightarrow H_3P(Mo_3O_{10})_4（钼磷酸）+12H_2O$$

$$H_3P(Mo_3O_{10})_4+SnCl_2+2HCl \Longrightarrow H_3PO_4·10MoO_3·Mo_2O_5（磷钼蓝）+SnCl_4+H_2O$$

（2）操作步骤　先取磷的标准溶液显色，配成标准系列，进行比色，测量吸光度，绘制标准曲线。再用同样方法测量被测试液的吸光度，从标准曲线上查出相应的浓度。最后通过计算求出试样中磷的含量。

原试液中含磷的浓度＝标准曲线上查得的浓度×试液的稀释倍数。

【思考与习题】

1. 什么是透光度、吸光度、摩尔吸光系数？
2. 影响显色反应的因素有哪些？
3. 有色物质的溶液为什么会有颜色？
4. 物质对光选择性吸收的本质是什么？简要说明之。
5. 什么叫吸光光度法？它有哪些特点？
6. 朗伯-比尔定律的物理意义是什么？它对吸光光度分析有何重要意义？
7. 有一标准 Fe^{2+} 溶液，浓度为 7.80μg·mL^{-1}，其吸光为 0.430，有一待测液在同一条件下测得吸光度为 0.660，求待测液中铁的含量（mg·L^{-1}）。
8. 在进行水中微量铁的测定时，所应用的标准溶液含 Fe_2O_3 0.25mg·L^{-1}，测得其吸光度为 0.37。将试液稀释 5 倍后，在同样条件下显色，其吸光度为 0.41。求原试液中 Fe_2O_3 的含量。
9. 用邻二氮菲分光光度法测铁。标准 Fe(Ⅲ) 溶液的质量浓度为 $1.00×10^{-3}$μg·mL^{-1}，取不同体积的该溶液于 50.0mL 容量瓶中，加显色剂和还原剂后定容，配成一系列标准溶液。测定这些溶液的吸光度，数据如下：

V(Fe)/mL	1.00	2.00	3.00	4.00	5.00
A	0.097	0.200	0.304	0.398	0.505

再取含 Fe(Ⅲ) 试液 5.00mL 于 50.0mL 容量瓶中，在相同条件下还原显色并定容，测得吸光度为 0.350。试用工作曲线法计算试液中 Fe(Ⅲ) 的质量浓度。

10. 取 2.000g 含铁的试样，配制成 100mL $Fe(SCN)_3$ 的红色溶液，将此溶液和一系列的标准溶液（其浓度列于下表）比较时，其颜色介于第三、第四两管之间，求试样中铁的含量（以 Fe_2O_3 ％表示）。

标准溶液管号	1	2	3	4	5
标准溶液浓度/(mgFe₂O₃·mL^{-1})	0.080	0.090	0.10	0.20	0.30

实训十二 磷的定量测定（吸光光度法）

【实训目的】

1. 学会分光光度法工作曲线的绘制，并能运用分光光度计测定试样中磷的含量。

2. 熟悉 721 型分光光度计的基本结构、工作原理以及使用方法、注意事项等。

【实训仪器】 721 型分光光度计；10mL 吸量管 1 支；25mL 比色管 6 支；烧杯。

【实训药品】 $5\mu g \cdot mL^{-1} PO_4^{3-}$ 标准溶液；$SnCl_2$-甘油溶液；钼酸铵-硫酸混合液；磷试液。

【实训原理】

微量磷的测定，一般采用钼蓝法。此法先使磷酸盐在酸性溶液中与钼酸铵作用，生成黄色钼磷酸。

$$PO_4^{3-} + 12MoO_4^{2-} + 27H^+ = H_3P(Mo_3O_{10})_4（钼磷酸）+ 12H_2O$$

此黄色化合物遇到还原剂，如抗坏血酸、氧化亚锡、硫酸肼等，可以被还原成磷钼蓝，使溶液呈深蓝色。

$$H_3P(Mo_3O_{10})_4 + SnCl_2 + 2HCl = H_3PO_4 \cdot 10MoO_3 \cdot Mo_2O_5（磷钼蓝）+ SnCl_4 + H_2O$$

蓝色的深浅与磷的含量成正比。磷的含量为 $0.05 \sim 2.0\mu g \cdot mL^{-1}$ 时，服从朗伯-比尔定律。大量的事实证明，用抗坏血酸还原的钼蓝法最为适宜，其优点是：反应灵敏度高，稳定性好，反应要求的酸度范围宽。用该方法测定磷的含量，通常不用除去 Fe^{3+}。

【实训内容及操作步骤】

1. 工作曲线的绘制

取 25mL 比色管 6 支，洗净并编号。用吸量管分别吸取含 PO_4^{3-} $5\mu g \cdot mL^{-1}$ 的标准溶液 0.00mL、2.00mL、4.00mL、6.00mL、8.00mL 和 10.00mL，注入已编号的比色管中，分别加 5mL 蒸馏水，各加入 1.5mL 钼酸铵-硫酸混合液，摇匀，再分别加入 $SnCl_2$-甘油溶液 2 滴，摇匀，用蒸馏水定容至 25.00mL，充分摇匀，静置 10min。按编号顺序，从空白溶液开始，依次将溶液装入已用待测溶液润洗的比色皿中，在分光光度计上测试。用 $690 \sim 700nm$ 的单色光，以 1 号比色管的溶液为空白液，调节比色计的透光度为 100（吸光度为 0），测定各比色管中标准溶液的吸光度。以 PO_4^{3-} 的浓度（$\mu g \cdot mL^{-1}$）为横坐标、吸光度为纵坐标，绘制工作曲线。

2. 试液中含磷量的测定

用吸量管吸取试样溶液 10.00mL 于 25mL 比色管中，在与标准溶液相同的条件下显色定容，并测定其吸光度。从工作曲线上查出相应磷的含量，并计算试样溶液中磷的含量（$\mu g \cdot mL^{-1}$）。

【思 考 题】

721 型分光光度计的原理和使用时的注意事项都有哪些？

第九章 烃

【知识目标】

1. 了解各种烃的结构及其同分异构现象。
2. 理解有机物取代反应、加成反应、氧化反应的反应实质。
3. 掌握烷烃、烯烃、炔烃、二烯烃、单环芳烃的主要化学性质。

【能力目标】

1. 能应用系统命名法对各类烃正确命名。
2. 能对各类烃进行定性检验。

第一节 有机化合物概述

一、有机化合物

有机物在生产和生活中的应用由来已久。例如在我国古代，就有关于酿酒、制醋、制糖、染色等的记载。这是对有机物的最初认识，它只是对有机物的一种运用，并不了解其结构与性质。在 17 世纪中叶，人们根据物质来源将物质分为动物物质、植物物质和矿物物质三大类。到 19 世纪初，瑞典化学家柏齐利乌斯(Berzelius，1779～1848)把动物物质和植物物质合并称为有机化合物，把矿物物质称为无机化合物。于是科学史上首次出现了有机物质的名称。"有机"(organic)一词来源于"有机体"(organism)。由于那时的有机物都是从动植物即有生命的物体中获得的，不能人工合成，所以错误地认为有机物只有在活细胞中的"生命力"的作用下才能形成。这一思想曾一度统治了有机化学界，阻碍了有机化学的发展。1828 年，维勒(Wöhler)第一次用无机化合物氯化铵制得了有机化合物尿素。随着科学的发展，更多的原来由生物体中提取的有机物被合成，"生命力"学说才彻底被否定。在今天，有机化合物无处不在，药物、有机肥料、食品、塑料、合成纤维等与人类生活息息相关的物质都是有机物。

有机化合物的共同特点是均含有碳原子，所以有机化合物是指含碳元素的化合物，有机化学为"碳化合物的化学"。有机物分子中除含有碳元素外，绝大多数还含有氢，而且常含有氧、氮、硫、卤素等其他元素，所以也常把有机化学称为"碳氢化合物及其衍生物的化学"。有机化学与生物学、微生物学、医学、生命科学、地球科学、海洋化学等有着千丝万缕的联系，所以凡从事医学、药学、化学、生物学、微生物学、环境科学等领域的工作者都必须具备有机化学的基础知识。

二、有机化合物的特性

1. 数量多，组成复杂

有机物至今已发现有二千多万种，而且还在不断增加。这是由于碳的成键能力强，既可自身形成单、双、叁键，也可以不同方式连接成链或成环，存在同分异构现象。由于组成有机物的原子数目可以达到很大，尤其是许多天然物质、药物分子等，因此分子中各原子的内在关系很复杂。

2. 熔点、沸点较低

有机物在室温下常为气体、液体或低熔点的固体，一般有机物的熔点不超过 400℃。而无机化合物一般熔点较高，如氯化钠的熔点为 800℃。

3. 难溶于水，易溶于有机溶剂

这是由于有机化合物以共价键结合，一般极性较弱或无极性，它们的分子结构和有机溶剂更为相似，根据"相似相溶"原理，极性小的有机物很难溶于极性大的水中。而无机物多为离子键结合的离子化合物，极性较强，多数易溶于水，不易溶于有机溶剂。

4. 容易燃烧

除少数外，大多数有机物均易燃烧，如汽油、酒精等。这与有机物一般都含有碳和氢有关，燃烧的主要产物为二氧化碳和水。而大多数的无机物是不易燃烧的。故常用此性质区别无机物和有机物。

5. 反应速率慢，有副反应发生

无机物的化学反应一般都是离子反应，反应速率快，产物单一。例如，卤离子和银离子相遇时即刻形成不溶解的卤化银沉淀。有机化合物的化学反应多在分子间进行，涉及共价键的断裂，需要较高能量，所以通常需要加热或应用催化剂以促进反应的进行。同时有机物分子比较复杂，能起反应的部位比较多，所以除主要反应外还常伴随有副反应，生成物除主产物外通常还有副产物出现，降低了产物的产率。

三、有机化合物的结构特点

有机化合物分子中的原子主要是以共价键相结合的。一般来说，原子核外未成对的电子数就是该原子可能形成的共价键的数目。碳原子最外层电子有 4 个，其中 2 个电子是成对的，剩余 2 个电子是未成对的单电子，按价键理论，应该只能与其他原子共用 2 个电子，形成 2 个共价键，也就是碳的化合价只能是 2 价。但是在一般有机化合物中碳都为 4 价。例如甲烷（CH_4）分子中 1 个碳原子和 4 个氢原子结合，形成 4 个共价键。经科学实验证明，甲烷分子是一个正四面体结构，碳原子位于正四面体的中心，4 个氢原子分别位于正四面体的四个顶点。

甲烷分子结构示意图　　　　甲烷的球棍模型　　　　甲烷分子比例模型

甲烷分子中 C—H 键或 C—C 键形成的是 σ 键。其特点是：成键原子绕键轴作相对旋转，不易断裂、牢固。

用价键将分子中各原子相互连接起来表示分子结构的式子叫结构式。书写结构式的方法是用相应的价键将各个原子连接起来，每个原子的化合价都正好得到饱和。如甲烷的结构式是：

$$\begin{array}{c} H \\ | \\ H-C-H \\ | \\ H \end{array}$$

结构式有一个缺陷，就是不能反映分子的立体结构。书写结构式时，只能把它写在平面上，不能反映键角，如

$$Br-\overset{\displaystyle H}{\underset{\displaystyle Br}{C}}-H \quad 与 \quad Br-\overset{\displaystyle H}{\underset{\displaystyle H}{C}}-Br$$

看起来不同，但它们是同一种化合物。

为了便于书写和表达有机化合物分子的组成和结构，常用结构简式表示，也可用键线式。如丁烷：

$$\begin{array}{c} H\ H\ H\ H \\ |\ \ |\ \ |\ \ | \\ H-C-C-C-C-H \\ |\ \ |\ \ |\ \ | \\ H\ H\ H\ H \end{array} \qquad CH_3CH_2CH_2CH_3 或 CH_3(CH_2)_2CH_3 \qquad \diagup\!\diagdown\!\diagup$$

       结构式   结构简式   键线式

四、有机化合物的分类

对于数以千万计的有机物，一般有两种分类方法：一种是根据分子中碳原子的连接方式（碳骨架）来分类，一种是按照分子中所含有的官能团来分类。

1. 按基本骨架分类

根据碳骨架，可以把有机物分为以下三类。

（1）开链化合物　这类化合物分子中碳架成直链或带支链的链状。由于此类化合物最初是从油脂中发现的，也被称为脂肪族化合物。

$$CH_3CH_2CH_2CH_2CH_2CH_3 \qquad CH_3CH=CHCH_2CH_3 \qquad CH_3CH_2CHCH_2OH \atop \qquad\qquad\qquad\qquad\qquad\qquad\qquad\qquad\qquad\qquad\qquad\qquad\qquad | \atop \qquad\qquad\qquad\qquad\qquad\qquad\qquad\qquad\qquad\qquad\qquad\qquad\qquad CH_3$$

      己烷   2-戊烯   2-甲基-1-丁醇

（2）碳环化合物　这类化合物分子中碳原子连接成环状。碳环化合物又分为两大类。

① 脂环族化合物　结构上可以看做是开链化合物首尾相连成环。

               环己烷   环戊烷   环己烯

② 芳香族化合物　碳原子连接成闭合环状共轭体系。

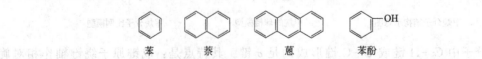

         苯   萘   蒽   苯酚

（3）杂环化合物　这类化合物具有环状结构，但是组成环的原子除碳外还有氧、硫、氮等其他元素的原子。

呋喃　　　　吡咯

2. 按官能团分类

官能团是决定某类化合物的主要性质的原子、原子团或特殊结构。显然，含有相同官能团的有机化合物具有相似的化学性质。按官能团分类如表 9-1 所示。

表 9-1　有机化合物按官能团分类

官能团	化合物类别	化合物举例	官能团	化合物类别	化合物举例
碳碳双键：$C=C$	烯	丙烯 ($CH_3CH=CH_2$)	羧基：—COOH	羧酸	乙酸 (CH_3COOH)
碳碳叁键：—C≡C—	炔	丙炔 ($CH_3C≡CH$)	酯基：—COOR	酯	乙酸甲酯 (CH_3COOCH_3)
卤素：—X	卤代烃	氯乙烷 (CH_3CH_2Cl)	酰卤基：—COX	酰卤	乙酰氯 (CH_3COCl)
羟基：—OH	醇或酚	甲醇 (CH_3OH)、苯酚 (C_6H_5OH)	酰胺基：—CONH$_2$	酰胺	乙酰胺 (CH_3CONH_2)
醚键：—C—O—C—	醚	乙醚 ($CH_3CH_2OCH_2CH_3$)	氨基：—NH$_2$	胺	甲胺 (CH_3NH_2)
			硝基：—NO$_2$	硝基化合物	硝基苯 ($C_6H_5NO_2$)
醛基：—CHO	醛	乙醛 (CH_3CHO)	磺基：—SO$_3$H	磺酸	苯磺酸 ($C_6H_5SO_3H$)
酮基：—CO—	酮	丙酮 (CH_3COCH_3)			

第二节　饱和链烃

一、烃的概念和分类

烃是碳氢化合物的简称，是仅由碳和氢两种元素组成的化合物。如常见的煤、石油、天然气等，其主要成分都是烃类。根据烃分子中碳架的不同，可以把烃分为链烃（也称脂肪烃）和环烃。链烃又分为饱和链烃（烷烃）和不饱和链烃（烯烃、炔烃、二烯烃等）；环烃分为脂环烃和芳香烃。

二、烷烃的同分异构现象和同分异构体

1. 烷烃的概念及通式

烷烃是饱和链烃。之所以叫饱和链烃，是由于在烃分子中碳原子和碳原子之间以碳碳单键相连，其余的价键都被氢原子所饱和。例如：

甲烷(CH_4)　　　　乙烷(C_2H_6)　　　　丙烷(C_3H_8)

甲烷是最简单的烷烃，只含有一个碳原子，分子式为 CH_4。含有两个碳原子的是乙烷，分子式为 C_2H_6。随着碳原子数目的增加，可以看到，每增加一个碳原子，就相应增加两个氢原子。因此，可以用 C_nH_{2n+2} 这个式子来表示所有的烷烃，称为烷烃的通式。

结构上有共同的特点，分子式可用同一个通式表示，而在组成上相差一个或多个 CH_2

原子团的所有化合物组成的一个系列称为同系列。同系列中各种化合物互称为同系物。同一系列中，各同系物的化学性质相似，它们的物理性质随着碳原子数目的增加而呈现有规律的变化。

2. 烷烃的同分异构现象和同分异构体

分子式相同但结构不同的化合物互称同分异构体。这种现象为同分异构现象。有机化合物的异构现象有多种形式，总的来说分为两大类，即构造异构和立体异构。烷烃的异构现象主要是构造异构中的碳链异构，即由于分子中碳原子连接次序的不同造成的异构。

甲烷、乙烷、丙烷分子中的碳原子只有一种排列，没有同分异构体。

丁烷有两种异构体：

$$CH_3-CH_2-CH_2-CH_3 \qquad\qquad CH_3-\overset{\displaystyle CH_3}{\underset{\displaystyle |}{CH}}-CH_3$$

正丁烷(C_4H_{10})   异丁烷(C_4H_{10})

戊烷有三种异构体

$$CH_3CH_2CH_2CH_2CH_3 \qquad CH_3\overset{\displaystyle CH_3}{\underset{\displaystyle |}{CH}}CH_2CH_3 \qquad CH_3-\overset{\displaystyle CH_3}{\underset{\displaystyle \underset{\displaystyle CH_3}{|}}{\overset{|}{C}}}-CH_3$$

正戊烷   异戊烷   新戊烷

随着烷烃分子中碳原子数目的增加，烷烃异构体的数目也在不断增加。如碳原子数目为6个时，异构体数目为5个；碳原子数目为7个时，异构体数目为9个。

三、烷烃的命名

烷烃的命名经常采用的是普通命名法和系统命名法。

1. 普通命名法

普通命名法仅适合于结构简单、含碳数较少的烷烃。根据分子中所含总的碳原子的数目称为"某烷"。碳原子数目在十以内的，用甲、乙、丙、丁、戊、己、庚、辛、壬、癸依次对应碳原子数为1、2、3、4、5、6、7、8、9、10的烷烃，如：

$CH_3CH_2CH_3$ $CH_3CH_2CH_2CH_2CH_2CH_3$ $CH_3(CH_2)_8CH_3$

丙烷   己烷   癸烷

碳原子数为10以上的，用十一、十二等数字表示，如：

$CH_3(CH_2)_{10}CH_3$ $CH_3(CH_2)_{15}CH_3$

十二烷   十七烷

对碳原子数较少的烷烃，可以用正、异、新为前缀区别同分异构体。直链的烷烃为"正"某烷，"正"字可以省略；链烃第二个碳原子上有一个甲基侧链的烷烃为"异"某烷；第二个碳原子上连有两个甲基侧链的烷烃为"新"某烷。如正戊烷、异戊烷、新戊烷。同分异构体的数目如果再增加，普通命名法就难以胜任了，因此对复杂的有机物一般采用系统命名法来命名。

2. 系统命名法

系统命名法是国际纯粹与应用化学联合会(IUPAC)于1979年公布的统一命名原则，步骤如下所示。

(1) 选择主链　选择结构式中最长而且连续的碳链作为主链，也称为母体，把支链看成取代基。取代基的命名如下：烷烃分子去掉一个氢原子后剩下的原子团称为烷基。例如

CH_3—称为甲基，CH_3CH_2—（或 C_2H_5—）称为乙基，$CH_3CH_2CH_2$—称为正丙基，$(CH_3)_2CH$—称为异丙基。

根据主链碳原子的个数称为"某烷"。例如：

$$\boxed{CH_3-CH-CH_2-CH-CH_2-CH_3} \longleftarrow 主链$$
$$\qquad\quad |\qquad\qquad |$$
$$\qquad\quad CH_3\qquad\quad CH_3$$

2,4-二甲基己烷

主链有六个碳原子，所以母体命名为"己烷"。

同一分子中若含有连续的等长的碳链有两条或多条时，应选取支链最多的那一条作为主链，例如：

$$\boxed{CH_3-CH-CH-CH-CH-CH_2-CH_3} \longleftarrow 主链$$
$$\qquad\quad |\quad |\quad |\quad |$$
$$\qquad\quad CH_3\ CH_2\ CH_2\ CH_3$$
$$\qquad\qquad\quad |\quad |$$
$$\qquad\qquad\quad CH_3\ CH_2$$
$$\qquad\qquad\qquad\quad |$$
$$\qquad\qquad\qquad\quad CH_3$$

2,5-二甲基-3-乙基-4-丙基庚烷

（2）对主链碳原子编号 用阿拉伯数字给主链碳原子编号，编号的原则是让取代基的位次尽量最小。例如，下例有从左到右和从右到左两种编号方法。从左到右编号，取代基位次为 2、4；从右到左编号，取代基位次为 3、5。显而易见，从左到右编号，可以保证取代基的位次最小。

$$\overset{6\ \ 5\ \ 4\ \ 3\ \ 2\ \ 1}{\underset{1\ \ 2\ \ 3\ \ 4\ \ 5\ \ 6}{CH_3-CH-CH_2-CH-CH_2-CH_3}}$$
$$\qquad\quad |\qquad\quad |$$
$$\qquad\quad CH_3\qquad CH_3$$

2,4-二甲基己烷

（3）命名 依次写出取代基的位次和名称，位次号与名称之间用"-"相连，最后写出母体名称"某烷"。当有多个相同取代基时，取代基数目合并，用二、三、四等数字表示，位次之间用逗号隔开。上面这个烷烃的名称为 2，4-二甲基己烷。

$$CH_3-CH-CH_2-\overset{|}{\underset{|}{C}}-CH_3 \qquad\qquad CH_3-\overset{|}{\underset{|}{C}}-CH_3$$
$$\qquad |\qquad\qquad |$$
$$\qquad CH_3\qquad\quad CH_3$$

2,2,4-三甲基戊烷 　　　　　　2,2-二甲基丁烷

当有两种或多种取代基时，遵循先简单后复杂的原则。例如：

$$CH_3-CH-CH_2-CH-CH_2-CH_2-CH_3 \qquad CH_3-CH_2-CH-CH-CH_2-CH_3$$
$$\qquad |\qquad\quad |\qquad\qquad\qquad\qquad\qquad |\ \ |$$
$$\qquad CH_3\qquad CH_2\qquad\qquad\qquad\qquad CH_3\ CH_2$$
$$\qquad\qquad\qquad |\qquad\qquad\qquad\qquad\qquad\qquad |$$
$$\qquad\qquad\qquad CH_3\qquad\qquad\qquad\qquad\qquad CH_3$$

2-甲基-4-乙基庚烷 　　　　　　3-甲基-4-乙基己烷

四、烷烃的性质

1. 物理性质

随着烷烃中所含碳原子数目的增加，烷烃特别是直链烷烃的物理性质呈现规律性变化。

在常温常压下，$C_1 \sim C_4$ 是气态，$C_5 \sim C_{16}$ 为液态，C_{17} 以上为固态。直链烷烃的沸点随着分子量的增加而有规律地升高。在相同碳原子数的烷烃异构体中，直链烷烃沸点最高，支

链烷烃沸点较低，支链越多沸点越低。直链烷烃的熔点随着分子量的增加而升高，其中含偶数碳原子的烷烃比含奇数碳原子的烷烃熔点升高幅度大，形成锯齿形曲线。烷烃的密度均比水小，直链烷烃的密度随碳原子数目的增加而增大。烷烃是非极性分子，难溶于水，易溶于有机溶剂。

2. 化学性质

烷烃分子中原子之间均为较牢固的 σ 键相连，因此烷烃的化学性质比较稳定，常温常压下不易与强酸、强碱、强氧化剂等发生反应。但在一定条件下，烷烃也可以发生某些化学反应，如卤代、氧化等反应。

（1）卤代反应　有机物分子中的某些原子或原子团被其他原子或原子团所替代的反应叫做取代反应。当分子中的氢原子被卤原子所替代的取代反应叫卤代反应。烷烃与卤素的混合物在常温和黑暗中几乎不起任何反应，但在强烈日光照射下会发生剧烈反应。例如甲烷和氯气的混合气体，在强光照射下反应剧烈，甚至发生爆炸，生成氯化氢和碳。

$$CH_4 + 2Cl_2 \xrightarrow{\text{强光}} C + 4HCl$$

在漫射光照射下或稍微加热，甲烷分子中的氢原子会被氯原子逐步取代，生成一氯甲烷、二氯甲烷、三氯甲烷和四氯甲烷的混合物。

$$CH_4 + Cl_2 \xrightarrow{\text{光}} CH_3Cl + HCl$$

$$CH_3Cl + Cl_2 \xrightarrow{\text{光}} CH_2Cl + HCl$$

$$CH_2Cl_2 + Cl_2 \xrightarrow{\text{光}} CHCl_3 + HCl$$

$$CHCl_3 + Cl_2 \xrightarrow{\text{光}} CCl_4 + HCl$$

（2）氧化反应　有机物的氧化还原反应与无机物的不同，通常把化合物分子中氧原子增加或氢原子减少的反应统称为氧化反应，把氧原子减少或氢原子增加的反应称为还原反应。

燃烧是剧烈的氧化反应。烷烃完全燃烧生成二氧化碳和水。如：

$$CH_4 + 2O_2 \xrightarrow{\text{燃烧}} CO_2 + 2H_2O$$

烷烃完全燃烧的化学反应方程式的通式如下：

$$C_nH_{2n+2} + \frac{3n+1}{2}O_2 \longrightarrow nCO_2 + (n+1)H_2O$$

烷烃不完全燃烧时，产物为一氧化碳和碳，所以做饭时锅底会被熏黑。此时若门窗关闭过严，容易发生一氧化碳中毒。

当然，在有适当催化剂存在的情况下，烷烃也可以氧化成醇、醛、酸等含氧化合物。

第三节　不饱和链烃

链烃除包括饱和链烃外，还包括不饱和链烃。不饱和链烃有烯烃、炔烃和二烯烃等。在分子结构中含有碳碳双键的不饱和链烃叫烯烃。分子中只含有一个碳碳双键的烯烃也叫单烯烃；分子中含有两个碳碳双键的不饱和链烃叫二烯烃；分子中含有碳碳叁键的不饱和链烃叫炔烃。

碳碳双键（ C═C ）是烯烃的官能团。由于烯烃中出现了碳碳双键，使得每个单烯烃分子中比同样碳原子数的链烷烃少了两个氢原子，所以烯烃通式为 C_nH_{2n}。二烯烃分子中含有两个碳碳双键，所以二烯烃通式为 C_nH_{2n-2}。碳碳叁键（ C≡C ）是炔烃的官能团。碳碳叁键的存在使得炔烃分子中比同样碳原子数的烯烃又少了两个氢原子，所以炔烃通式为 C_nH_{2n-2}。二烯烃和炔烃是同分异构体，属于官能团异构。

一、不饱和链烃的结构

1. 烯烃的结构

烯烃的结构特点是分子中含有一个碳碳双键。以最简单的烯烃——乙烯为例，乙烯是平面型分子，每个碳原子形成 1 个 C—Cσ 键和 2 个 C—Hσ 键，两个碳原子之间形成一个 π 键。由于有了 π 键的存在，碳碳双键就不能像碳碳单键那样自由旋转，双键中的 π 键更易断裂。因此，烯烃的化学反应主要发生 π 键上。

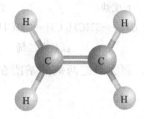 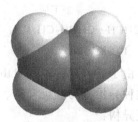

乙烯的球棍模型　　　　　　　乙烯立体结构示意图

2. 炔烃的结构

炔烃分子结构的特点是含有碳碳叁键。以最简单的炔烃——乙炔为例，乙炔为一直线型分子，每个碳原子形成 1 个 C—Cσ 键和 1 个 C—Hσ 键，两个碳原子之间形成两个 π 键。乙炔 π 键电子云分布于 C—Cσ 键轴的周围，其形状像一个以 σ 键为对称轴的圆柱体。

乙炔的球棍模型　　　　　　　乙炔立体结构示意图

3. 二烯烃

二烯烃分子结构的特点是含有两个碳碳双键。根据二烯烃中两个碳碳双键的相对位置不同，可将二烯烃分为以下三大类。

① 含两个相邻双键的二烯烃叫做累积二烯烃，即分子中含有 $\diagdown C=C=C\diagup$ 结构，如 $CH_2=C=CH_2$（丙二烯）。

② 两个双键中间隔着一个单键的二烯烃叫做共轭二烯烃，即分子骨架为 $\diagdown C=C-C=C\diagup$，如 $CH_2=CH—CH=CH_2$（1，3-丁二烯）。

③ 两个双键中间隔着两个以上单键的二烯烃叫做隔离二烯烃，即分子骨架为 $\diagdown C=C-(CH_2)_n-C=C\diagup$，如 $CH_2=CH—CH_2—CH_2—CH=CH_2$（1，5-己二烯）。

累积二烯烃不稳定，自然界较少见，没有研究价值。隔离二烯烃与一般的烯烃性质相似。仅研究共轭二烯烃。

4. 同分异构现象

烯烃、炔烃和二烯烃中具有官能团，所以它们的同分异构现象要比烷烃复杂得多。

（1）碳链异构　烯烃、炔烃、二烯烃和烷烃一样，都会因为分子中碳原子连接方式的不同而造成碳链异构现象。如：

$$CH_3CH_2CH{=}CH_2 \quad 和 \quad (CH_3)_2C{=}CH_2 \qquad CH_3CH_2CH_2C{\equiv}CH \quad 和 \quad (CH_3)_2CHC{\equiv}CH$$

1-丁烯　　　　　　　2-甲基丙烯　　　　　　　1-戊炔

$$CH_2{=}CHCH{=}CHCH_2CH_2CH_3 \qquad 和 \qquad CH_2{=}CHCH{=}CHCH(CH_3)CH_3$$

1,3-庚二烯　　　　　　　　　　　　5-甲基-1,3-己二烯

（2）官能团位置异构　由于烯烃、炔烃和二烯烃中具有官能团，官能团的位置不同而引起的异构现象，称为官能团位置异构。如：

$$CH_3CH_2CH{=}CH_2 \quad 和 \quad CH_3CH{=}CHCH_3 \qquad CH_3CH_2CH_2C{\equiv}CH \quad 和 \quad CH_3CH_2C{\equiv}CCH_3$$

1-丁烯　　　　　　　2-丁烯　　　　　　　1-戊炔　　　　　　　2-戊炔

$$CH_2{=}CHCH{=}CHCH_2CH_2CH_3 \qquad 和 \qquad CH_2{=}CHCH_2CH{=}CHCH_2CH_3$$

1,3-庚二烯　　　　　　　　　　　　　1,4-庚二烯

（3）顺反异构　由于碳碳双键不能自由旋转，那么双键两侧的基团在空间的位置不同就会引起异构现象，这种异构称为顺反异构。

丁烯的两种顺反异构：

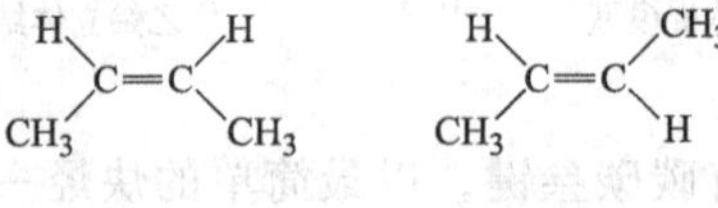

顺-2-丁烯　　　　　　　反-2-丁烯

并不是所有烯烃都有顺反异构。只要有一个双键碳原子所连接的两个取代基是相同的，就没有顺反异构。如 1-丁烯无顺反异构：

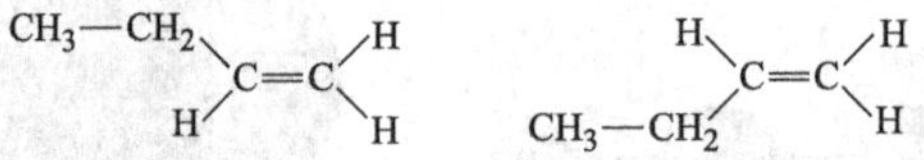

二、不饱和链烃的命名

1. 烯烃和炔烃的命名

（1）选择主链　选择包含有碳碳双键或碳碳叁键的最长而且连续的碳链作为主链。根据主链碳原子数目将母体定为"某烯"或"某炔"。

（2）对主链碳原子编号　从靠近官能团（双键或叁键）最近的一端给主链碳原子编号。

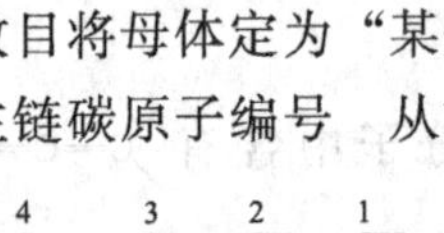

$$\overset{4}{C}H_3{-}\overset{3}{C}H{-}\overset{2}{C}H{=}\overset{1}{C}H_2$$
$$\underset{CH_3}{|}$$

3-甲基-1-丁烯

$$\overset{1}{C}H{\equiv}\overset{2}{C}{-}\overset{3}{C}H_2{-}\overset{4}{C}H{-}\overset{5}{C}H_2{-}\overset{6}{C}H{-}\overset{7}{C}H_3$$

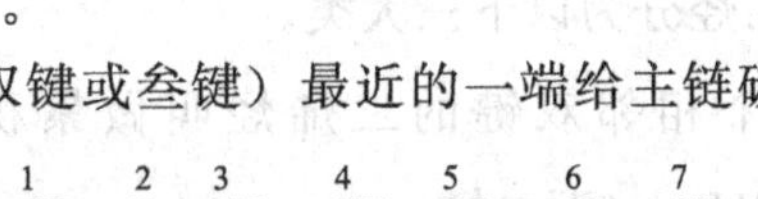

4-甲基-6-氯-1-庚炔

（3）命名　命名原则与烷烃相似。先写取代基的位次和名称，位次号与名称之间用"-"隔开。有相同取代基时，取代基合并。有多种取代基时，遵循先简单后复杂的原则。对于有官能团的有机物，命名时要用阿拉伯数字标出官能团的位次。

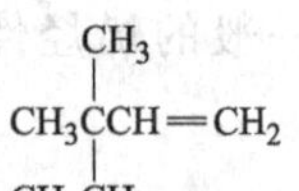

3,3-二甲基-1-戊烯 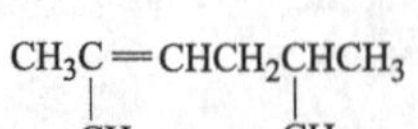　　　　2,5-二甲基-2-己烯　　　　3-戊烯-1-炔　　　　5-甲基-6-氯-2-庚炔

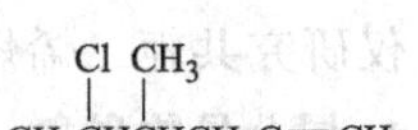

（4）顺反异构体的命名　对于有顺反异构体的烯烃，有两种命名方法：顺反命名法和 Z/E 命名法。

当两个双键碳原子上连有相同的原子或基团时，可用顺反命名法来命名。若相同的原子或基团均在双键的同一侧，命名时加"顺"字；若分别在双键的两侧，命名时加"反"字。

如果两个双键碳原子上没有连有相同的原子或基团时，则可用 Z/E 命名法来命名。

将直接连在双键碳原子上的原子按照原子序数的大小由大到小排序。常见原子的优先顺序为：$I > Br > Cl > S > P > F > O > N > C > H$。根据这个次序分别分析每个双键碳原子上所连接的两个原子，在次序中排在前面的称为"优先"基团。如果两个双键碳原子上连接的"优先"基团在双键的同一侧，为 Z 式，若"优先"基团在双键的两侧，为 E 式。如：

$$\underset{CH_3}{\overset{CH_3-CH_2}{\diagdown}}C=C\underset{CH_3}{\overset{H}{\diagup}}\qquad\qquad\underset{Cl}{\overset{Br}{\diagdown}}C=C\underset{H}{\overset{Cl}{\diagup}}$$

(*E*)-3-甲基-1-戊烯　　　　　(*Z*)-1,2-二氯-1-溴乙烯

2. 二烯烃的命名

二烯烃的命名与烯烃相似，所不同的是选择最长碳链时必须包含两个双键，编号时要保证两个双键位次的代数和最小。先写取代基的位次、数量、名称，再将每个双键的位次表示出来，命名为"某二烯"。

$$CH_2=\underset{CH_3}{\overset{|}{C}}-CH=CH_2$$

2-甲基-1,3-丁二烯

二烯烃如存在顺反异构体，应在名称之前标明每个双键的构型。

$$\underset{Cl}{\overset{H}{\diagdown}}C=C\underset{\overset{|}{C}}{\overset{H}{\diagup}}\cdots$$

(1*Z*,3*Z*)-1-氯-1,3-戊二烯

三、不饱和链烃的性质

1. 不饱和链烃的物理性质

（1）烯烃的物理性质　烯烃的物理性质和烷烃相似，4 个碳以下的烯烃在常温下是气体，高级同系物是固体。烯烃比水轻。不溶于水，易溶于苯、乙醚、氯仿等有机溶剂中。

（2）炔烃的物理性质　炔烃的沸点、密度等都比相应的烯烃略高。4 个碳以下的炔烃在常温常压下为气体。炔烃比水轻。有微弱的极性。不溶于水，易溶于苯、醚、丙酮等有机溶剂。

2. 烯烃和炔烃的化学性质

烯烃、炔烃和二烯烃分子中都含有较不稳定的 π 键，因此这些化合物的化学性质较烷烃活泼得多。在一定条件下，易发生加成、氧化和聚合等反应。

（1）加成反应　碳碳双键中的 π 键断裂，其他原子或基团分别加到 π 键两端的碳原子上，形成两个新的 σ 键，生成饱和的化合物。

① 加氢　在金属铂、镍、钯等的催化作用下，烯烃与氢发生加成反应，生成相应的烷烃。

$$CH_2=CH_2 + H_2 \xrightarrow{Ni} CH_3CH_3$$

炔烃在用钯、铂等催化剂催化氢化时，总是得到烷烃。

$$CH\equiv CH \xrightarrow{H_2} CH_2=CH_2 \xrightarrow{H_2} CH_3-CH_3$$

② 加卤素　烯烃与氯和溴易发生加成反应。烯烃与氟反应非常剧烈，容易发生分解反应。碘与烯烃不进行离子型加成反应。

将乙烯通入溴的四氯化碳溶液中，溴的红棕色很快褪去，常用这个反应来鉴别碳碳双键的存在。

$$CH_2=CH_2 + Br_2 \xrightarrow{CCl_4} BrCH_2-CH_2Br$$

炔烃与溴的四氯化碳溶液反应，溴的红棕色也褪去，可用于鉴别碳碳叁键的存在。

$$CH\equiv CH \xrightarrow[Br_2]{CCl_4} BrCH=CHBr \xrightarrow[Br_2]{CCl_4} Br_2CH-CHBr_2$$

③ 加卤化氢　将卤化氢气体直接通入液态烯烃中，或将卤化氢溶于醋酸与烯烃混合，即可发生加成反应。

$$CH_2=CH_2 + HCl \longrightarrow CH_3CH_2Cl$$

HX 与烯烃反应的活性顺序为：HI＞HBr＞HCl。

像乙烯分子这样的烯烃是对称烯烃，所以其与卤化氢加成时，无论氢加到哪个双键碳原子上，都能得到同样的产物。但不对称的烯烃与卤化氢加成时，就有可能形成两种不同的产物。如：

$$CH_3CH=CH_2 + HBr \begin{cases} \rightarrow CH_3CH_2CH_2Br(1\text{-溴丙烷},20\%) \\ \rightarrow CH_3CHCH_3(2\text{-溴丙烷},80\%) \\ \quad\quad\quad | \\ \quad\quad\quad Br \end{cases}$$

俄国化学家马尔科夫尼科夫(Markovnikov)研究这类反应后，总结出一条规律：当不对称烯烃和卤化氢加成时，氢原子主要加到含氢较多的双键碳原子上，而卤素加到含氢较少的双键碳原子上。这条规律称为马氏规则。所以，对于丙烯与卤化氢加成来说，2-卤丙烷为主要产物。

但是，在过氧化物存在的情况下，不对称烯烃与溴化氢加成就不遵循马氏规则了，而是遵循反马氏规则。

$$CH_3CH=CH_2 + HBr \xrightarrow{\text{过氧化物}} CH_3CH_2CH_2Br$$

炔烃与卤化氢加成，得到卤代烷烃。

$$CH\equiv CH \xrightarrow[HgCl_2]{HCl} CH_2=CHCl \xrightarrow[HgCl_2]{HCl} CH_3CHCl_2$$

不对称炔烃与卤化氢加成时，同样遵循马氏规则。

④ 加水　烯烃与水可发生加成反应，反应遵循马氏规则，产物为醇。

$$R-CH=CH_2 + H_2O \xrightarrow{H^+} RCH(OH)CH_3$$

在硫酸及汞盐的催化下，炔烃能与水加成。炔烃与水加成，产物与烯烃与水加成的产物不同。

$$R-C\equiv CH + H_2O \xrightarrow[HgSO_4]{H_2SO_4} R-\overset{OH}{\underset{}{C}}=CH_2 \longrightarrow R-\overset{O}{\underset{}{C}}-CH_3$$

(2) 氧化反应　烯烃很容易发生氧化反应。随氧化剂和反应条件的不同，氧化产物也不同。氧化反应发生时，首先是碳碳双键中的 π 键打开。当反应条件强烈时，σ 键也可断裂。

烯烃通入冷的高锰酸钾的碱性溶液，高锰酸钾紫色褪去，生成棕褐色二氧化锰沉淀，这也是鉴别不饱和键的方法之一。

$$CH_2=CH_2 + KMnO_4 + H_2O \longrightarrow CH_2(OH)CH_2(OH) + MnO_2 + KOH$$

若用酸性高锰酸钾溶液或加热条件下氧化烯烃，则碳碳双键断裂。根据双键碳原子连接的烃基不同，氧化产物也不同，生成 CO_2、酮或羧酸。此反应可用于推断烯烃的结构。

$$CH_3C(CH_3)=CHCH_3 \xrightarrow[H^+]{KMnO_4} CH_3COCH_3 + CH_3COOH$$

$$CH_3CH=CH_2 \xrightarrow[H^+]{KMnO_4} CH_3COOH + CO_2 + H_2O$$

炔烃可被酸性高锰酸钾氧化，碳碳三键断裂，生成羧酸和 CO_2。

$$CH_3C \equiv CH \xrightarrow[H^+]{KMnO_4} CH_3COOH + CO_2 + H_2O$$

（3）聚合反应　在一定条件下，烯烃分子相互加成，由低分子量的化合物有规律地相互结合成高分子化合物的反应，称为聚合反应。

$$nCH_2=CH_2 \xrightarrow{p} -[CH_2-CH_2]-n（聚乙烯）$$

炔烃在适当条件下也可发生聚合反应，形成链状或环状化合物。

$$2CH \equiv CH \xrightarrow[NH_4Cl]{Cu_2Cl_2} CH_2=CHC \equiv CH （3\text{-}丁烯\text{-}1\text{-}炔）$$

（4）金属炔化物的生成　将乙炔通入硝酸银的氨溶液或氯化亚铜的氨溶液中，碳碳叁键上的氢可被金属离子取代，生成难溶于水的白色乙炔银或砖红色乙炔亚铜沉淀。

$$CH \equiv CH + 2Ag(NH_3)_2^+ \longrightarrow AgC \equiv CAg \downarrow （乙炔化银）$$

$$RC \equiv CH + Cu(NH_3)_2^+ \longrightarrow RC \equiv CCu \downarrow （炔化亚铜）$$

这一反应为叁键上氢原子所特有的，故用以鉴定 $RC \equiv CH$ 型的炔烃。

3. 共轭二烯烃的性质

（1）1,4-加成反应　共轭二烯烃可与氢、卤素或卤化氢等试剂进行加成反应。例如，1,3-丁二烯在与溴加成时，两个溴原子既能加成到 C_1 和 C_2 两个碳原子上，即发生 1,2-加成反应，也可以加到两端的 C_1 和 C_4 两个碳原子上，即发生 1,4-加成反应。由于共轭效应的存在，常常发生 1,4-加成反应，产物以 1,4-加成产物为主。

$$CH_2=CH-CH=CH_2 + Br_2 \longrightarrow CH_2BrCHBrCH=CH_2 + CH_2BrCH=CHCH_2Br$$
$$\qquad\qquad\qquad\qquad\qquad\qquad (30\%) \qquad\qquad\qquad (70\%)$$

（2）双烯合成　共轭二烯烃可与某些具有碳碳双键的不饱和化合物发生 1，4-加成反应，产物为环状化合物，这样的反应称为双烯合成，也叫 Diels-Alder 反应。这是共轭二烯烃特有的反应，它将链状化合物转变成环状化合物，因此又叫环化加成反应。

四、萜类化合物

萜类化合物是指广泛存在于动植物体内的以异戊二烯单位为碳架的一类碳氢化合物及其含氧衍生物。异戊二烯单位指

含有两个或两个以上异戊二烯单位的碳氢化合物统称为萜烃。自然界的萜类化合物多数含有 10、15、20 或 30 个碳原子。开链萜烃具有 $(C_5H_8)_n$ 通式，碳原子数一般为 5 的倍数。

萜类化合物在自然界分布十分广泛，种类繁多，是各类天然物质中最多的一类成分。据统计，到 1991 年已超过 22000 种。许多中草药如穿心莲、龙胆、紫杉、人参、柴胡等中都含有萜类化合物。以下介绍几种生活中常见的萜类化合物。

（1）β-胡萝卜素　是一种广泛存在于绿色和黄色蔬菜、水果中的天然类胡萝卜素。β-胡萝卜素由 4 个异戊二烯双键首尾相连而成，属四萜类化合物，在动物体内可以转化成维生素 A，故有维生素 A 原之称。

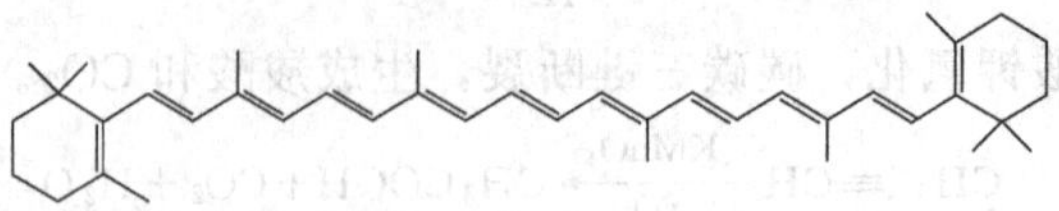

β-胡萝卜素

视黄醇、视黄醛是维生素 A 的活性形式。维生素 A 只存在于动物性食物中，是人体必需的营养物质，对人的生长发育、新陈代谢、预防疾病都起着非常重要的作用。维生素 A 对动物也非常重要，是动物饲料配方中必须考虑的营养元素之一。

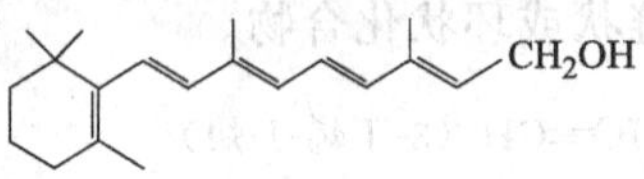

视黄醇 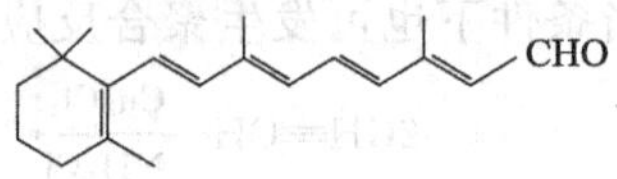　　　　　　　　　　　　视黄醛

（2）菠醇　俗称冰片、龙脑。冰片为无色透明或白色半透明的片状松脆结晶，气味清香，味辛、凉。医药方面用于开窍醒神、清热止痛，主治目赤肿痛、咽喉肿痛。

（3）樟脑　也称菠酮。樟脑为白色结晶，呈粒状、针状或片状。医药方面用于制备中枢神经兴奋剂（如十滴水、人丹）和复方樟脑酊等。

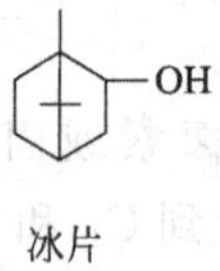

冰片 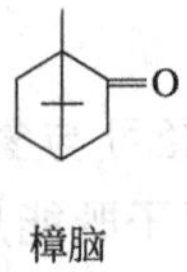　　　　　　樟脑

第四节　芳　香　烃

芳香烃，简称芳烃，一般是指分子中含苯环结构的碳氢化合物。"芳香"二字的由来，最初是指从树脂或香精油中提取的具有芳香气味的物质，如苯甲醛、苯甲醇等，所以就把含有苯环结构且有香味的一大类化合物叫做芳香族化合物。后来研究发现，许多不含苯环的化合物也有与苯相似的"芳香性"（易取代、难加成、难氧化的性质）。所以"芳香族化合物"的名称虽然一直沿用，但含义已截然不同，而是指具有芳香性的一类环状化合物。

芳香烃包括含苯芳烃和非苯芳烃。本节只对含苯芳烃作介绍。

一、芳香烃的结构

苯的分子式为 C_6H_6，结构式为：

简写为

从结构式上看，苯分子中似乎存在三个碳碳双键，应当具有烯烃、炔烃的性质，然而苯却是一个十分稳定的化合物。

近代物理方法证明，苯分子中的 6 个碳原子和 6 个氢原子都处于同一平面内。6 个碳碳键的键长相等（均为 0.1396nm），碳碳键的夹角相等（均为 120°）。这表明苯分子中的 6 个碳碳键是等同的，碳原子之间并没有单键和双键的区别。

每个碳原子分别与两个碳和一个氢形成 3 个 σ 键，都处在同一平面内，所以苯环上所有的原子都在一个平面内，并且键角为 120°。6 个碳原子之间形成 1 个闭合的大 π 键。大 π 键使苯分子中的 6 个碳原子构成了一个封闭的共轭体系。所以碳原子间既不是一般的单键，也不是一般的双键，通常称之为芳香键。

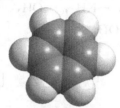

苯的比例模型

二、芳香烃的命名

芳烃常分为单环芳烃、多环芳烃、稠环芳烃三大类。

简单的一元烷基苯的命名是以苯环为母体，把烷基当作取代基，命名为"某苯"。如甲苯、乙苯。

丙苯　　　　　异丙苯　　　　　硝基苯　　　　　氯苯

当苯环上连有不饱和基团或多个碳原子的烷基时，则通常将苯环作为取代基。苯分子中除去一个氢原子，剩余的部分叫做苯基，常用 Ph—表示。芳烃分子的芳环上去掉一个氢原子后的基团叫做芳基，可用 Ar—代表。甲苯分子中苯环上去掉一个氢原子后所得的基团 $CH_3C_6H_5$—称为甲苯基；如果甲苯的甲基上去掉一个氢原子，$C_6H_5CH_2$—称为苯甲基，又称苄基。

苯基　　　邻甲苯基　　　苯甲基(苄基)　　　苯乙烯　　　2-苯基-2-丁烯　　　2-甲基-3-苯基戊烷

苯环上有两个相同取代基时，由于取代基的位置不同，都有三种异构体。如下面三个二甲苯可以用邻、间、对表示，也可以用 1,2-、1,3-、1,4-表示。

邻二甲苯　　　　　间二甲苯　　　　　对二甲苯

(1,2-二甲苯)　　　(1,3-二甲苯)　　　(1,4-二甲苯)

苯环上有三个相同取代基时，一般用数字表示它们的位置，也可以用连、偏、均表示。如三甲苯的异构体是：

1,2,3-三甲苯	1,2,4-三甲苯	1,3,5-三甲苯
(连三甲苯)	(偏三甲苯)	(均三甲苯)

当苯环上有多个不同取代基时，则以下列次序选择母体，排在后面的为母体，前面的为取代基：—NO$_2$，—X，—OR，—R，—NH$_2$，—OH，—COR，—CHO，—CN，—CONH$_2$，—COX，—COOR，—SO$_3$H，—COOH。如：

间氯苯甲醚　　　　　　　　　　　对氨基苯磺酸

三、单环芳香烃的性质

1. 物理性质

苯是无色、有特殊气味、易挥发的液体，熔点是 5.5℃，沸点是 80.1℃，不溶于水，易溶于醇、醚等有机溶剂。苯的低级同系物一般都是无色易挥发的液体，比水轻，不溶于水，而溶于汽油、乙醚和四氯化碳等有机溶剂。苯、甲苯、二甲苯等都是良好的有机溶剂。单环芳烃的沸点随着分子量的增加而递增。苯的同系列中，每增加一个 CH$_2$ 单位，沸点约升高 30℃。在各异构体中，对称性大的分子熔点较高，溶解度较小。苯及苯的同系物都有毒。苯广泛应用于生产医药、合成纤维、炸药和染料等，是一种重要的有机化工原料。

2. 化学性质

苯及苯的衍生物都具有芳香性，即容易发生取代反应，不易发生加成反应。

（1）取代反应　苯环上的氢原子易被卤素、硝基等原子或基团取代，发生亲电取代反应。根据取代的原子或基团的不同，又分为卤代、硝化、磺化、傅-克反应（烷基化反应和酰基化反应）。通过这些取代反应，可以制备各种芳香族化合物。

① 卤代反应　苯和卤素在铁粉或无水三卤化铁作催化剂时，苯环上的氢被卤素取代，生成卤苯。

甲苯的卤代比苯容易，产物主要是邻卤甲苯和对卤甲苯。如：

卤素活性顺序是：F＞Cl＞Br＞I。

② 硝化反应　以浓硝酸和浓硫酸（或称混酸）与苯共热，苯环上的氢原子能被硝基取代，生成硝基苯。

$$\text{苯} + HO\text{—}NO_2 \xrightarrow[60℃]{\text{浓}H_2SO_4} \text{硝基苯} + H_2O$$

③ 磺化反应　苯环上的氢原子被磺酸基（—SO_3H）取代生成苯磺酸的反应，称为磺化反应。

$$\text{苯} + H_2SO_4(\text{浓}) \underset{}{\overset{80℃}{\rightleftharpoons}} \text{苯磺酸}(SO_3H) + H_2O$$

甲苯比苯容易进行磺化，甲苯与浓硫酸在室温下即可发生反应，主要产物是邻甲基苯磺酸和对甲基苯磺酸。

$$\text{甲苯} + H_2SO_4 \longrightarrow \text{邻甲基苯磺酸} + \text{对甲基苯磺酸} + H_2O$$

（2）加成反应　苯虽然很稳定，但在一定条件下仍可发生加成反应。如：在催化剂镍、钯、铂的作用下，苯与氢加成生成环己烷。

$$\text{苯} + 3H_2 \xrightarrow[\triangle]{Ni} \text{环己烷}$$

（3）氧化反应　苯环很稳定，不易氧化，只有在高温、有催化剂的情况下才会被氧化。但苯环上所连接的烷基容易被氧化，如高锰酸钾、重铬酸钾等均可将其氧化。

$$\text{—}CH_2CH_3 \xrightarrow[H^+]{KMnO_4} \text{—}COOH$$

当与苯环相连的侧链碳（α-C）上有氢原子时，无论烷基长短，最后都氧化成羧基—COOH；当与苯环相连的侧链碳（α-C）上无氢原子时，该侧链不能被氧化。

$$(CH_3)_3C\text{—}CH_2CH_3 \xrightarrow[H^+]{KMnO_4} (CH_3)_3C\text{—}COOH$$

四、稠环芳烃

分子中含有两个或两个以上的苯环，共用两个相邻的碳原子而组成的多环化合物称为稠环芳烃。典型的稠环芳烃有萘、蒽、菲。

1. 萘

萘是两个苯环通过共用两个相邻碳原子而形成的芳烃。其为白色的片状晶体，不溶于水，溶于有机溶剂，有特殊的难闻气味。萘为煤焦油衍生物，存在于许多化合物中，如卫生球、某些驱虫剂等。动物吞食卫生球会引起中毒，表现为呕吐、腹泻、抽搐、溶血性贫血等。萘环的编号是固定的。其中1、4、5、8位相同，为α-位；2、3、6、7位相同，为β-位。稠合边共用碳原子不编号。

2. 蒽

蒽为白色片状带有蓝色荧光的晶体，不溶于水，也不溶于乙醇和乙醚，但在苯中的溶解度较大。熔点为217℃，沸点为354℃。蒽的分子式为$C_{14}H_{10}$，它是由三个苯环稠合而成，且三个环在一条直线上。

蒽环的编号从两边开始，最后编中间环。其中1、4、5、8位相同，为α-位；2、3、6、7位相同，为β-位；9、10两个位相同，为γ-位。X射线测定表明，蒽是一个平面分子，分子中的键长不等。

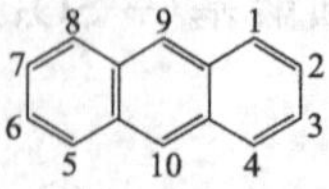

蒽

由蒽的衍生物与糖结合的苷叫做蒽苷（anthra glycosides）。凡具有如下基本结构的成分称蒽醌类。

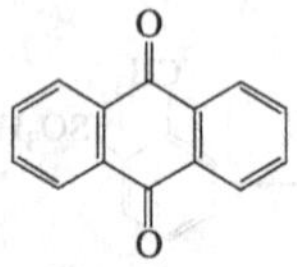

草药内存在的多为羟基蒽醌衍生物及其苷类。常见的羟基蒽醌类衍生物有大黄中的大黄素、大黄酸、大黄酚、芦荟大黄素、大黄素甲醚，茜草中的茜草素等，它们具有抗菌、抑制肿瘤、泻下作用等。含蒽醌类的常用中药有大黄、何首乌、虎杖、决明子、番泻叶、茜草、芦荟等。

3. 菲

菲是无色有荧光的单斜片状晶体，熔点为101℃，沸点为340℃。分子式也是$C_{14}H_{10}$，与蒽互为同分异构体，它也是由三个苯环稠合而成，但这三个苯环不在一条直线上，其结构式为：

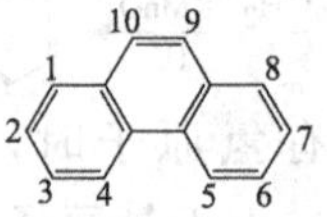

菲及其衍生物在中草药中较多见，如从中药丹参根中可分离得到多种菲醌衍生物。

【思考与习题】

1. 指出下列化合物所属有机化合物的类别和所含官能团的名称。

(1) $CH_3CH_2—O—CH_2CH_3$

(2) $CH_3CH_2CH_2CHO$

(3) $CH_3CH_2C≡CH$

(4) $CH_3CH_2CH_2CH_2COOH$

(5) $\begin{array}{c} CH_3CHCH_3 \\ | \\ CH_3 \end{array}$

(6) $\begin{array}{c} CH_3CH_2CHCH_2CH_3 \\ | \\ OH \end{array}$

2. 写出下列化合物的结构式或结构简式。

(1) 3-甲基-4-乙基壬烷

(2) 异己烷

(3) 2,3,4-三甲基-3-乙基戊烷

(4) 4-甲基-3-辛烯

(5) 2-甲基-3-乙基-3-辛烯

(6) (E)-2-己烯

(7) (Z)-3-甲基-2-戊烯

(8) 2,7-二甲基-3,5-辛二炔

3. 写出下列化合物的结构式，若命名有错误，请予以改正。

(1) 2,3-二甲基-2-乙基丁烷

(2) 3,3-二甲基丁烷

(3) 2,2,5-三甲基-4-乙基己烷

(4) 2-乙基-1-戊烯

(5) 3,4-二甲基-4-戊烯

(6) 3-异丙基-5-庚炔

(7) 2-异丙基-4-甲基己烷

(8) 2,3-二甲基-1,3-己二烯

4. 给下列化合物命名。

(1) $CH_3CH_2C(CH_2CH_3)_2CH_2CH_3$

(2) $(CH_3)_3CCH_2Br$

(3) $(CH_3CH_2)_2C=CH_2$

(4) $(CH_3)_2CHCH_2CH=C(CH_3)_2$

(5)
$$\begin{array}{c} CH_3CH_2 \quad\quad CH_3 \\ \diagdown\quad\diagup \\ C=C \\ \diagup\quad\diagdown \\ CH_3 \quad\quad CH_2CH_3 \end{array}$$

(6)
$$\begin{array}{c} (CH_3)_2CH \quad\quad C(CH_3)_3 \\ \diagdown\quad\diagup \\ C=C \\ \diagup\quad\diagdown \\ H \quad\quad\quad H \end{array}$$

(7) $CH_3CH(C_2H_5)C\equiv CCH_3$

(8) $(CH_3)_3CC\equiv C(CH_2)_2C(CH_3)_3$

(9)
$$\text{苯环—}CH_2CH_2CH_3$$

(10)
$$\text{苯环, 带 }Cl\text{ 和 }SO_3H$$

5. 完成下列反应。

(1) $CH_3—CH=CH—CH_3+H_2 \xrightarrow{Ni}$

(2) $(CH_3)_2C=CHCH_3 \xrightarrow{HBr}$

(3) $CH_3CH_2CH_2C\equiv CH+HCl（过量）\longrightarrow$

(4) $CH_3CH_2C\equiv CCH_3+KMnO_4 \xrightarrow[\triangle]{H^+}$

(5) $H_3C—\text{苯环}—CH(CH_3)_2 \xrightarrow{KMnO_4}{H^+}$

(6)
$$\text{甲苯 }+HNO_3 \xrightarrow{H_2SO_4}$$

6. 用简单化学方法鉴别下列各组化合物。

(1) 丙烷、丙烯、丙炔

(2) 苯和甲苯

(3) 1-戊炔、2-戊炔

(4) 甲苯和 3-甲基己烯

7. 写出同分异构体。

(1) 写出分子式为 C_4H_8 的构造同分异构体。

(2) 写出分子式为 C_5H_{12} 的所有同分异构体。

8. 推断题。

(1) 分子式同为 C_5H_8 的两种化合物 A 和 B。A 不与硝酸银的氨溶液作用，经酸性高锰酸钾溶液氧化得到丙二酸（$HOOC—CH_2—COOH$）和 CO_2。B 与硝酸银的氨溶液作用生成白色沉淀，经酸性高锰酸钾溶液氧化得到 2-甲基丙酸和 CO_2。A、B 均能使溴的四氯化碳溶液褪色。试推断 A、B 结构式。

(2) 有一种化合物分子式为 C_8H_{16}，能使溴的四氯化碳溶液褪色，催化加氢后生成 2,5-二甲基己烷，用过量的高锰酸钾酸性溶液氧化生成一种产物，试推断该化合物的结构式。

(3) 化合物 A 分子式为 C_4H_8，它能使溴的四氯化碳溶液褪色，但不能使稀的 $KMnO_4$ 溶液褪色。1mol A 和 1molHBr 反应生成 B，B 也可以从 A 的同分异构体 C 与 HBr 反应得到。化合物 C 能使溴的四氯化碳溶液和稀的 $KMnO_4$ 溶液褪色。试推导出化合物 A、B 和 C 的结构式，并写出各步反应式。

第十章 烃的衍生物

【知识目标】
　　1. 认识各类烃的衍生物的结构特点、分类和命名。
　　2. 掌握各类烃的衍生物的重要性质。
　　3. 熟悉重要的烃的衍生物的性质及用途。

【能力目标】
　　1. 能识别结构式中所含官能团，并判断其所属烃的衍生物的类型。
　　2. 学会各类烃的衍生物的鉴别方法。

　　烃分子中一个或多个氢原子被其他原子或原子团取代后的生成物称为烃的衍生物。烃的衍生物有很多种，其中很多化合物不仅是有机合成中的重要原料和中间体，也是物质代谢过程中的重要物质，在有机合成和医药卫生中具有重要的作用，也是从分子水平上理解和研究生理、病理变化及药物作用的重要物质基础。

第一节 醇、酚、醚

一、醇的结构和分类

　　羟基与脂肪烃基、脂环烃基或芳烃侧链碳原子直接相连的化合物称为醇，其官能团羟基又叫醇羟基。醇的分类方法有如下几种。

　　① 根据分子中羟基所连烃基的结构，醇可分为脂肪醇、脂环醇和芳香醇。

$$CH_3CH_2CHCH_3$$
$$|$$
$$OH$$
2-丁醇

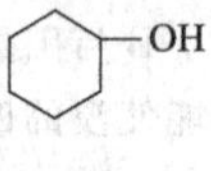

环己醇

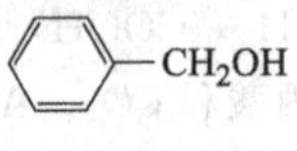

$$—CH_2OH$$
苯甲醇

　　② 根据分子中是否含有不饱和键，醇可分为饱和醇和不饱和醇。

$$CH_3CH_2OH$$
乙醇

$$H_2C=CH—CH_2OH$$
烯丙醇

　　③ 根据分子中羟基的数目，醇可分为一元醇和多元醇。

$$CH_3OH$$
甲醇

$$CH_2—CH_2$$
$$|\quad\ |$$
$$OH\ \ OH$$
乙二醇

$$CH_2—CH—CH_2$$
$$|\quad\ |\quad\ \ |$$
$$OH\ \ OH\ \ OH$$
丙三醇(甘油)

　　④ 根据羟基所连碳原子的类型不同，醇还可分为伯醇、仲醇和叔醇。

$$CH_3CH_2CH_2OH$$
1-丙醇(伯醇)

$$CH_3—CH—CH_3$$
$$|$$
$$OH$$
2-丙醇(仲醇)

$$CH_3—CH_2—\overset{\displaystyle CH_3}{\underset{\displaystyle OH}{\overset{|}{\underset{|}{C}}}}—CH_3$$
2-甲基-2-丁醇(叔醇)

二、醇的命名

结构简单的醇采用普通命名法，即在"醇"前加上烃基的名称。例如：

$$CH_3CH_2CH_2CH_2OH$$

正丁醇

$$CH_3-\underset{\underset{OH}{|}}{CH}-CH_3$$

异丙醇

$$CH_3-\underset{\underset{OH}{|}}{\overset{\overset{CH_3}{|}}{C}}-CH_3$$

叔丁醇

对于结构比较复杂的脂肪醇常采用系统命名法。其命名原则是：选择含有与羟基相连的碳在内的一条最长碳链作为主链；从靠近羟基的一端开始，给主链碳原子编号；根据主链碳原子数命名为"某醇"，同时注明官能团羟基所在碳原子的位号；若同时含不饱和键，还需注明双键或叁键的位置。例如：

$$CH_3-\underset{\underset{CH_3}{|}}{CH}-CH_2-\underset{\underset{OH}{|}}{CH}-CH_3$$

3,5-二甲基-2-己醇

$$CH_3-CH=CH-\underset{\underset{OH}{|}}{CH}-CH_3$$

3-戊烯-2-醇

芳香醇的命名是以芳环作取代基，侧链脂肪醇为母体。例如：

〈苯环〉$-CH_2CH_2OH$

2-苯乙醇

〈苯环〉$-\underset{\underset{CH_3}{|}}{\overset{\overset{CH_3}{|}}{C}}-OH$

2-苯基-2-丙醇

三、醇的重要性质

低级醇为无色易挥发液体，有酒味和烧灼感。$C_4 \sim C_{11}$的醇为油状液体，C_{12}以上的直链醇为蜡状固体。醇分子之间能形成氢键，故其沸点较分子量相近的烷烃高。醇羟基与水分子之间也能形成氢键，故低级醇（甲醇、乙醇、丙醇）可与水以任意比例相混溶，但随着烃基的增大，醇在水中溶解度明显下降。

醇的化学性质主要有以下几方面。

1. 与活泼金属反应

醇具有极微弱的酸性，能与活泼金属（如 Na、K 等）反应，生成相应的金属醇化物，并放出氢气。例如：

$$2CH_3CH_2OH + 2Na \longrightarrow 2CH_3CH_2ONa + H_2 \uparrow$$

乙醇钠

此反应类似于水同金属钠的反应，但比水与钠的反应要缓和得多，因此，可利用乙醇与钠的反应来处理多余的金属钠。

2. 与氢卤酸的反应

醇与氢卤酸（HX）作用，醇分子中的 C—O 键断裂，醇羟基被卤素原子取代，生成卤代烃和水。这实际上是卤代烃水解反应的逆反应。

$$R-OH + HX \rightleftharpoons R-X + H_2O$$

氢卤酸的反应活性次序是：$HI > HBr > HCl$。其中与 HCl 的反应很难，需要无水氯化锌的催化。浓盐酸与无水氯化锌配成的溶液称为卢卡斯（H. J. Lucas）试剂。由于生成的卤代烃不溶于浓盐酸，出现浑浊现象，且不同类型的醇与卢卡斯试剂反应出现浑浊的先后顺序不同。如：

$$CH_3-\underset{\underset{CH_3}{|}}{\overset{\overset{CH_3}{|}}{C}}-OH + HCl \xrightarrow[\text{室温}]{\text{干燥}ZnCl_2} CH_3-\underset{\underset{CH_3}{|}}{\overset{\overset{CH_3}{|}}{C}}-Cl + H_2O$$

叔醇　　　　　　　　　　（反应很快，片刻浑浊）

$$CH_3\underset{\underset{OH}{|}}{CH}CH_2CH_3 + HCl \xrightarrow[\text{室温}]{\text{干燥}ZnCl_2} CH_3\underset{\underset{Cl}{|}}{CH}CH_2CH_3 + H_2O$$

仲醇　　　　　　　　　　（反应慢，缓慢变浑浊）

$$CH_3CH_2CH_2CH_2OH + HCl \xrightarrow[\text{室温}]{\text{干燥}ZnCl_2} CH_3CH_2CH_2CH_2Cl + H_2O$$

伯醇　　　　　　　　　　（不浑浊）

该反应常用于区别伯醇、仲醇和叔醇。

3. 酯化反应

醇和酸作用生成酯和水的反应叫做酯化反应。酯化反应是可逆反应。

醇与有机酸（酰氯或酸酐）脱水生成有机酸酯。

$$CH_3-\overset{\overset{O}{\|}}{C}-[OH + H]O-CH_2CH_3 \underset{\triangle}{\overset{\text{浓}H_2SO_4}{\rightleftharpoons}} CH_3-\overset{\overset{O}{\|}}{C}-O-CH_2CH_3 + H_2O$$

乙酸乙酯

醇与无机含氧酸（硫酸、硝酸和磷酸）脱水生成无机酸酯。例如，用浓硫酸和浓硝酸处理甘油可得三硝酸甘油酯（硝化甘油）。

$$\begin{matrix} CH_2-[OH & HO]NO_2 \\ CH-[OH + HO]NO_2 \\ CH_2-[OH & HO]NO_2 \end{matrix} \xrightarrow[10℃]{H_2SO_4} \begin{matrix} CH_2-ONO_2 \\ CH-ONO_2 \\ CH_2-ONO_2 \end{matrix} + 3H_2O$$

三硝酸甘油酯

硝化甘油是较常用的有机炸药，也是心血管扩张药，可扩张冠状动脉，增加心脏自身供血量，缓解心绞痛，是治疗心脏病的一种常用药物。

4. 脱水反应

醇类在浓硫酸等作用下共热可发生脱水反应。一般在较高温度下发生分子内脱水生成烯烃，在较低温度下发生分子间脱水生成醚。其中分子内的脱水反应属于消去反应。如：

$$\begin{matrix} CH_3CH_2-[OH \\ CH_3CH_2-OH] \end{matrix} \xrightarrow[140℃]{\text{浓}H_2SO_4} CH_3CH_2-O-CH_2CH_3 + H_2O$$

$$\begin{matrix} CH_2-CH_2 \\ [H \quad OH] \end{matrix} \xrightarrow[170℃]{\text{浓}H_2SO_4} H_2C=CH_2\uparrow + H_2O$$

5. 氧化反应

含有 α-H 的醇具有一定的还原性，可被高锰酸钾或重铬酸钾等氧化剂氧化，生成不同的氧化产物。

伯醇易氧化生成相应的醛，醛继续氧化生成羧酸；仲醇氧化生成相应的酮；叔醇在相同条件下很难被氧化。故可利用此性质，将叔醇与伯醇、仲醇区分开来。

$$R-CH_2-OH \xrightarrow[H^+]{K_2Cr_2O_7} R-\overset{O}{\overset{\|}{C}}-H \rightarrow R-\overset{O}{\overset{\|}{C}}-OH + Cr^{3+}$$

伯醇　　　　　　　　　　醛　　　　羧酸

$$R^1-\underset{\underset{OH}{|}}{CH}-R^2 \xrightarrow[H^+]{K_2Cr_2O_7} R^1-\underset{\underset{OH}{|}}{C}-R^2 + Cr^{3+}$$

仲醇　　　　　　　　　　　酮

6. 邻二醇的特性

具有邻二醇结构的化合物（如乙二醇、丙三醇等）能与氢氧化铜作用生成深蓝色溶液，此性质可用于邻二醇结构化合物的鉴别。

$$\begin{matrix} CH_2-OH \\ | \\ CH-OH \\ | \\ CH_2-OH \end{matrix} + Cu(OH)_2 \longrightarrow \begin{matrix} CH_2-O \\ | \quad\quad Cu \\ CH-O \\ | \\ CH_2-OH \end{matrix} + 2H_2O$$

甘油酮

四、重要的醇

1. 甲醇

甲醇俗称木醇或木精，为无色、易燃、有挥发性的液体，沸点为 65℃。甲醇有毒，服入或吸入其蒸气或经皮肤吸收均可引起中毒，误饮能使眼睛失明，甚至导致死亡。工业酒精中含有少量甲醇，因此不能饮用。甲醇能与水或大多数有机溶剂混溶，是重要的化工原料和溶剂。

2. 乙醇

乙醇俗称酒精，为无色、易挥发、有特殊香味的透明液体，沸点为 78.5℃。乙醇能与水以任意比例混溶，毒性小，能使细菌的蛋白质变性。

乙醇用途很广。临床上常用体积分数 75% 的酒精溶液作外用消毒剂；利用乙醇挥发时能吸收热量，临床上用 30%～50% 的酒精溶液给高热患者擦浴以降低体温。它是重要的有机溶剂和化工原料，常用于制取兽药中草药流浸膏或提取其中的有效成分等。

3. 丙三醇

丙三醇俗称甘油，是一种无色、黏稠、带有甜味的液体，沸点为 290℃，具有很强的吸湿性，可与水混溶。甘油有润肤作用，使用时需加适量水稀释。临床上甘油或甘油溶液药品为"开塞露"，用以灌肠，治疗便秘。

4. 二巯基丙醇

二巯基丙醇是一种重要的硫醇，在结构上可看成是丙三醇分子中相邻两个碳原子上的羟基被巯基（—SH）取代后的生成物，为无色、黏稠、具有类似葱蒜味的液体，易溶于水和乙醇。

二巯基丙醇中的巯基能和重金属离子结合，生成不溶性的金属化合物。许多重金属盐能引起人畜中毒，就是由于重金属能与机体内某些酶中的巯基结合，使酶丧失活性。因此，临床上常用二巯基丙醇作为重金属中毒的解毒剂。

$$\begin{matrix} CH_2-SH \\ | \\ CH-SH \\ | \\ CH_2-OH \end{matrix} + Hg^{2+} \longrightarrow \begin{matrix} CH_2-S \\ | \quad\quad Hg \\ CH-S \\ | \\ CH_2-OH \end{matrix} + 2H^+$$

五、酚的结构、分类和命名

羟基直接连在芳环上的化合物叫做酚，其官能团羟基又叫酚羟基。根据分子中所含酚羟基的数目，酚可分为一元酚和多元酚；根据羟基所连芳环的不同，酚又可分为苯酚、萘酚和蒽酚等。

酚的命名一般采用习惯命名法，即在酚字前加上芳环的名称，称为"某酚"。例如：

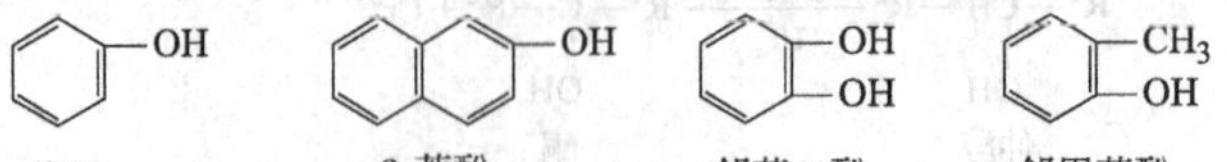

苯酚　　　　　β-萘酚　　　　　邻苯二酚　　　　　邻甲苯酚

六、酚的重要性质

常温下，除少数烷基酚（如间甲苯酚）是液体外，大多数酚为无色晶体，有特殊气味。酚的沸点较相应的烃高。一元酚微溶于水，多元酚水溶性则相应增大。

由于酚羟基和芳环直接相连，决定了酚具有以下特殊的化学性质。

1. 酚的弱酸性

酚类化合物一般具有弱酸性，其酸性比碳酸弱。如苯酚能与氢氧化钠等强碱作用生成酚盐；向酚盐水溶液中再加入稀盐酸或通入二氧化碳，酚即能重新游离出来。

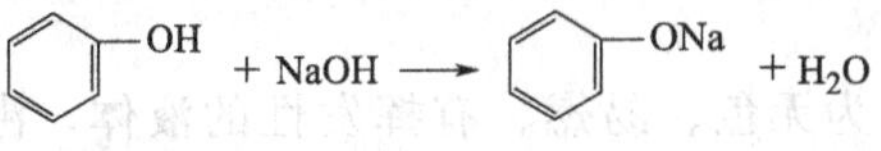

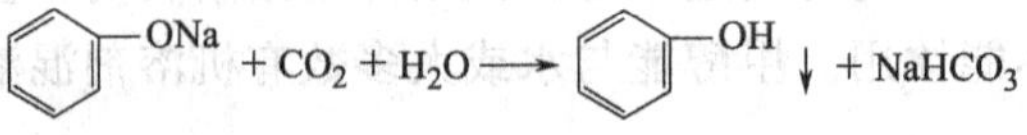

此反应常用于酚的分离与提纯。

2. 与三氯化铁的显色反应

多数酚能与三氯化铁溶液发生显色反应。例如，苯酚与 $FeCl_3$ 溶液作用显紫色，邻甲苯酚与三氯化铁溶液作用显蓝色等。这一反应常用于酚类的定性鉴别。

3. 氧化反应

酚很容易被氧化，其氧化过程非常复杂。无色的苯酚露置于空气中会被氧化成粉红色，进而变成红色或深褐色。水果、蔬菜去皮放置后发生褐变，就是水果、蔬菜中的酚类化合物被氧化的结果。

4. 卤代反应

苯酚水溶液与溴水反应，立即生成 2,4,6-三溴苯酚白色沉淀。

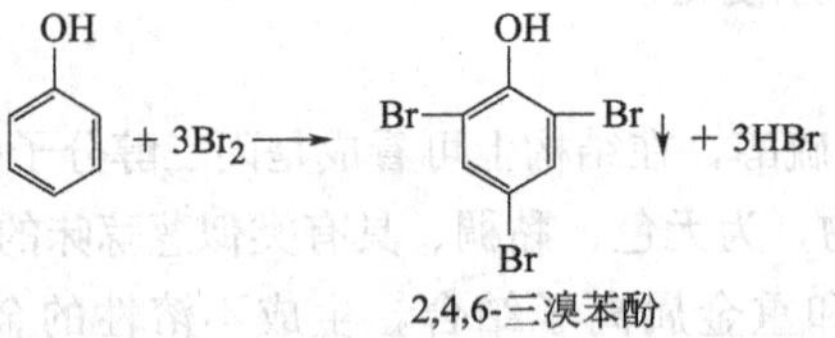

2,4,6-三溴苯酚

该反应在常温下几乎定量完成，故此反应常用于苯酚的定性和定量测定。

七、重要的酚

1. 苯酚

苯酚简称酚，俗称石炭酸，是一种具有特殊气味的无色针状晶体，熔点为 43℃，微溶于冷水，易溶于 65℃ 以上的热水，常温易溶于乙醇、甘油、氯仿、乙醚等有机溶剂。

苯酚具有较强的腐蚀性和毒性，接触皮肤后会使局部蛋白质变性，可以搽乙醇或甘油得以缓解。医药上，3%～5% 的苯酚水溶液可用于消毒外科器械，1% 的苯酚水溶液可外用于皮肤止痒。

2. 甲酚

甲酚俗称煤酚,是邻、间、对三种异构体的混合物。煤酚难溶于水,易溶于肥皂液中,其杀菌能力比苯酚强,是良好的消毒防腐药。医药上常用的消毒药水"来苏儿"就是含煤酚47%～53%的肥皂水溶液,一般家庭消毒、畜舍消毒时,可稀释至3%～5%使用。

3. 维生素 E

维生素 E 又名生育酚,是天然存在的酚,广泛存在于植物中。维生素 E 有多种异构体(α、β、γ、δ),其中 α-生育酚活性高,其结构为:

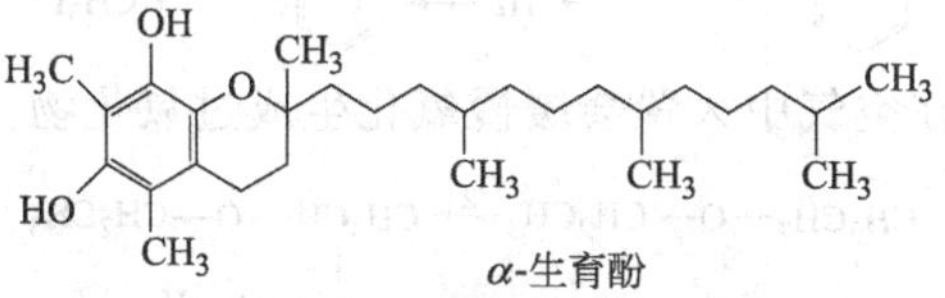

α-生育酚

4. 邻苯二酚

邻苯二酚又名儿茶酚,熔点为 105℃,有毒,对中枢神经、呼吸系统有一定的刺激作用。它的衍生物有肾上腺素和去甲肾上腺素两种,其结构式如下:

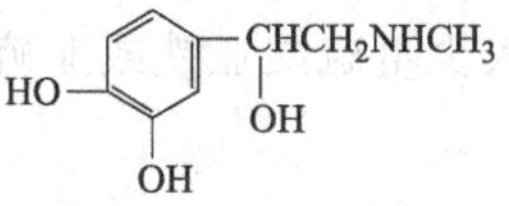

肾上腺素 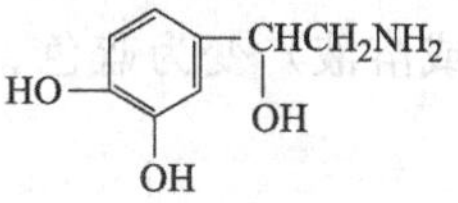   去甲肾上腺素

肾上腺素的主要作用是加强心肌收缩、增加心输出量、收缩血管、升高血压、加强代谢等,是临床上常用的升压药物。去甲肾上腺素用于神经源性休克和中毒性休克等的早期治疗,也可用于治疗胃出血。

八、醚的结构、分类和命名

醚是两个烃基通过一个氧原子连接起来的化合物,醚的官能团为醚键(C—O—C)。其通式可表示为:R—O—R′。R、R′相同的称为单醚,不同的称为混合醚。由芳香烃基形成的醚称为芳香醚。

结构简单的醚常用习惯命名法命名,即将烃基名称写在"醚"之前,中间省略"基",相同的取代基合并(脂肪单醚,一般省略"二")。不同的取代基,一般是优先基团后列出。芳醚则是芳基在前,脂肪烃基在后。例如:

CH₃—O—CH₃   C₂H₅—O—C₂H₅   CH₃—O—CH₂CH₃
(二)甲醚   (二)乙醚   甲乙醚

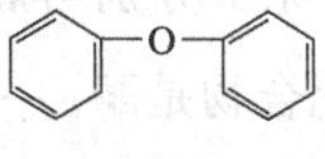

二苯醚 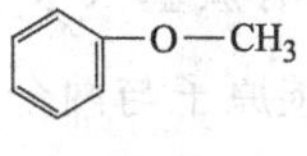   苯甲醚

对于结构复杂的醚,按系统命名法,将烃氧基(—OR)作为取代基来命名。例如:

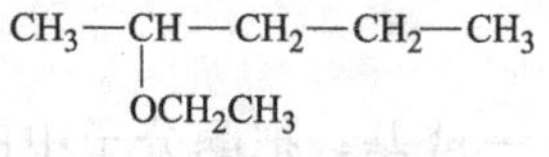

2-乙氧基戊烷 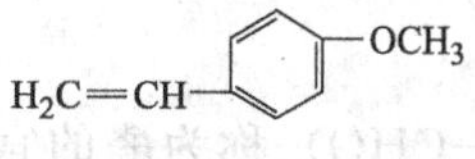   对甲氧基苯乙烯

九、醚的性质

常温下,除甲醚和甲乙醚是气体外,大多数醚都是无色、有特殊气味、易燃的液体。醚

分子与水分子间能形成氢键，故其在水中的溶解度与同数碳原子的醇接近。

醚键比较稳定，一般不与活泼金属、碱等物质发生反应。但在一定条件下也可发生一些特有的反应。例如，醚与浓的氢卤酸（常用 HI）共热时，醚键断裂，生成醇和相应的碘代烷，生成的醇在高温和过量 HI 存在时可继续反应生成碘代烷和水，但酚则不能继续与之作用。例如：

$$CH_3—O—CH_2CH_3 + HI\ (过量) \xrightarrow{\triangle} CH_3CH_2—OH + CH_3I$$
$$\xrightarrow{HI} CH_3CH_2—I + H_2O$$

$$\text{⟨⟩}—O—OCH_3 + HI \xrightarrow{\triangle} \text{⟨⟩}—OH + CH_3I$$

此外，含有 $\alpha\text{-H}$ 的醚在空气中久置会缓慢氧化生成过氧化物。例如：

$$CH_3CH_2—O—CH_2CH_3 \xrightarrow{O_2} CH_3CH—O—CH_2CH_3$$
$$\underset{\text{过氧化乙醚}}{\overset{|}{O—O—H}}$$

生成的过氧化物不稳定，在受热或受到摩擦时易分解发生爆炸。所以，对于久置的醚，在使用前必须检查是否含有过氧化物。常用的检验方法是用碘化钾-淀粉试纸（或溶液），如有过氧化物，则试纸（或溶液）变为蓝色。加入少量硫酸亚铁或亚硫酸钠等还原剂可去除过氧化物。

十、乙醚

乙醚是最常见的醚。室温下为无色液体，沸点为 34.5℃，极易挥发，遇火会引起猛烈的爆炸，故使用时要特别小心，远离明火。

乙醚能溶于乙醇、氯仿等有机溶剂中，微溶于水。乙醚的化学性质稳定，又能溶解许多有机物，因而是常用的溶剂和萃取剂。乙醚有麻醉作用，常在大牲畜的外科手术中用作全身麻醉剂。

第二节　醛、酮

一、醛、酮的结构、分类和命名

1. 醛和酮的分子结构和分类

醛、酮分子中都含有羰基（$\overset{}{\underset{}{}}$C=O）。羰基碳原子分别与烃基和氢原子相连的化合物是醛（甲醛除外），羰基碳原子与两个烃基相连的化合物是酮。一元醛和酮的通式如下：

$$\underset{\text{醛}}{(Ar、H)R—\overset{\overset{O}{\|}}{C}—H} \qquad \underset{\text{酮}}{(Ar)R—\overset{\overset{O}{\|}}{C}—R'(Ar')}$$

通常把 $\overset{\overset{O}{\|}}{-C-H}$（—CHO）称为醛的官能团——醛基；把酮分子中的羰基称为酮的官能团——酮基。

根据醛、酮分子中所含羰基的数目，可将醛、酮分为一元醛、一元酮和多元醛、多元酮；根据分子中烃基的不同，醛、酮又可分为脂肪醛、脂肪酮和芳香醛、芳香酮；根据烃基是否饱和，又可将醛、酮分为饱和醛、饱和酮和不饱和醛、不饱和酮。

2. 醛和酮的命名

醛、酮的命名，通常采用系统命名法。其命名原则是：选择含有羰基的最长碳链作为主链；从靠近官能团醛基或酮基的一端给主链碳原子编号；据主链碳原子的数目称为"某醛"或"某酮"。若为酮，还需同时注明官能团羰基的位号（醛基始终在 1 号位，省略）；若同时含不饱和键，还需注明双键或叁键的位置。此外，取代基的位次也可根据距官能团的远近用希腊字母编号，与羰基直接相连的碳原子为 α，其他依次为 β、γ 等。例如：

HCHO

甲醛

CH₃CHO

乙醛

$$CH_3-\overset{\overset{O}{\|}}{C}-CH_3$$

丙酮

$$CH_3-\overset{\overset{CH_3}{|}}{CH}-CHO$$

2-甲基丙醛(α-甲基丙醛)

$$CH_3-\overset{\overset{|}{CH}}{\underset{\underset{CH_3}{|}}{}}-CH_2-\overset{\overset{O}{\|}}{C}-CH_3$$

4-甲基-2-戊酮(β-甲基-2-戊酮)

$$CH_3-\overset{\overset{CH_3}{|}}{CH}-CH=CH-CHO$$

4-甲基-2-戊烯醛

芳香族醛、芳香族酮的命名与芳香醇类似，将芳基作为取代基，以侧链脂肪醛、脂肪酮作母体。例如：

苯甲醛

苯乙酮

4-苯基-2-丁酮

二、醛和酮的性质

常温下，除甲醛是气体外，其他醛、酮都是液体或固体。醛、酮分子间不能形成氢键，故醛、酮的沸点较分子量相当的醇低，但由于分子中羰基的极性，沸点又较相应的烷烃和醚高。低级醛、酮能与水分子间形成氢键，故易溶于水，但随着分子量的增加，醛、酮的水溶性逐渐减小。

醛、酮分子中均含有羰基，决定了它们具有相似的化学性质，同时醛和酮分子结构上的差异也决定了两者化学性质的差异。

1. 加成反应

（1）加氢还原 醛、酮在催化剂 Ni、Pt、Pd 等作用下，可与氢加成生成醇。

$$R-CHO \xrightarrow{H_2/Ni} R-CH_2OH$$

$$R-\overset{\overset{O}{\|}}{C}-R' \xrightarrow{H_2/Ni} R-\overset{\overset{OH}{|}}{CH}-R'$$

（2）与亚硫酸氢钠反应 醛和脂肪族甲基酮能与饱和 $NaHSO_3$ 溶液作用，产物 α-羟基磺酸钠能溶于水，但不溶于饱和 $NaHSO_3$ 溶液中，而以无色晶体析出。该晶体遇稀酸或稀碱又重新分解为原来的醛、酮。利用这一反应可以分离和提纯醛和甲基酮。

$$R-\overset{\overset{H(CH_3)}{|}}{C}=O \xrightarrow{饱和NaHSO_3} R-\overset{\overset{H(CH_3)}{|}}{\underset{\underset{SO_3Na}{|}}{C}}-OH \downarrow$$

α-羟基黄酸钠

（3）与醇反应 在无水氯化氢的催化下，醛与醇加成生成半缩醛。半缩醛分子中的羟基称为半缩醛羟基，它不同于普通的羟基，在同样条件下可与反应体系中的醇继续作用，脱去一分子水，生成稳定的缩醛。

$$\underset{H}{\overset{R}{>}}C=O + HO-R' \underset{无水HCl}{\rightleftharpoons} \underset{H}{\overset{R}{>}}C\overset{OH}{\underset{OR'}{<}} \underset{无水HCl}{\overset{HO-R'}{\rightleftharpoons}} \underset{H}{\overset{R}{>}}C\overset{OR'}{\underset{OR'}{<}} + H_2O$$

半缩醛　　　　　缩醛

缩醛对碱、氧化剂很稳定，但在稀酸中能水解，生成原来的醛。在有机合成中，可利用这一反应来保护醛基。

相同条件下，酮与醇的加成较缓慢。在既含有羰基又含有羟基的分子中，可发生分子内的加成反应，生成稳定的环状半缩醛（酮），比如糖类化合物在水溶液中由链状结构转变为环状结构。

2. 与氨的衍生物缩合

醛、酮可和伯胺、羟胺、肼、氨基脲等氨的衍生物作用，脱去一分子水，分别生成席夫碱、肟、腙、缩氨脲等。反应的通式为：

$$\overset{}{>}C{+}O + H_2N-Y \underset{H^+}{\overset{-H_2O}{\rightleftharpoons}} \overset{}{>}C=N-Y$$

表 10-1　氨的衍生物及其与醛、酮缩合的产物

氨的衍生物		与醛、酮缩合的产物	
名　称	结　构	名　称	结　构
伯胺	H_2N-R	席夫碱	$\overset{(H)}{>}C=N-R$
羟胺	H_2N-OH	肟	$>C=N-OH$
肼	H_2N-NH_2	腙	$>C=N-NH_2$
苯肼	$H_2N-NH-\bigcirc$	苯腙	$>C=N-NH-\bigcirc$
2,4-二硝基苯肼	$H_2N-NH-\bigcirc\overset{O_2N}{\underset{NO_2}{}}$	2,4-二硝基苯腙	$>C=N-NH-\bigcirc\overset{O_2N}{\underset{NO_2}{}}$
氨基脲	$H_2N-NH-\overset{O}{\overset{\|}{C}}-NH_2$	缩氨脲	$>C=N-NH-\overset{O}{\overset{\|}{C}}-NH_2$

表 10-1 中列出了氨的衍生物及其与醛、酮缩合的产物。产物一般为白色或黄色晶体，有一定的熔点。其中 2,4-二硝基苯肼几乎能与所有醛、酮迅速反应，生成橙黄色或橙红色的 2,4-二硝基苯腙晶体，药物分析中常利用该反应来鉴定具有羰基结构的药物试剂。

3. α-氢原子的反应

（1）羟醛缩合反应　在稀碱作用下，两分子含有 α-H 的醛可以相互结合，生成 β-羟基醛的反应，称为羟醛缩合反应。生成的 β-羟基醛在加热条件下易失水形成 α,β-不饱和醛。

$$CH_3CHO + CH_3CHO \xrightarrow{OH^-} CH_3-\underset{\underset{OH}{\|}}{CH}-CH_2-CHO \xrightarrow[\triangle]{OH^-} CH_3-CH=CH-CHO$$

β-羟基丁醛　　　　　　　　　2-丁烯醛

不含 α-H 的醛，可以与另一个含有 α-H 的醛发生不同分子间的羟醛缩合反应。例如：

$$\text{—CHO} + CH_3CH_2CHO \xrightarrow[10℃]{OH^-} \text{—CH}=\overset{\overset{\displaystyle CH_3}{|}}{C}\text{—CHO}$$

酮在同样的条件下发生反应，只能得到少量的 α,β-不饱和酮。

（2）碘仿反应　乙醛和甲基酮能与碘的碱溶液作用，三个 α-H 均被碘取代，生成三碘代物，该三碘代物在碱性条件下不稳定，最终分解生成碘仿，该反应称为碘仿反应。由于产物碘仿是不溶于水的亮黄色结晶，故常用此反应鉴别乙醛和甲基酮。如：

$$CH_3\overset{\overset{\displaystyle O}{||}}{C}CH_3 \xrightarrow{I_2,\ NaOH} CH_3\overset{\overset{\displaystyle O}{||}}{C}CI_3 \xrightarrow{OH^-} CHI_3(碘仿)\downarrow + CH_3\overset{\overset{\displaystyle O}{||}}{C}O^-$$

乙醇和含有 $CH_3\overset{\overset{\displaystyle OH}{|}}{-}CH-$ 结构的醇也可以被碘的碱溶液氧化，生成乙醛和甲基酮，故也能发生碘仿反应。

4. 氧化反应

醛、酮都能发生氧化反应，但难易程度不同。醛非常容易被氧化，即使是遇到弱氧化剂也可以被氧化为相应的羧酸，而酮却不能。因此，可用这一性质来鉴别醛和酮。常用的弱氧化剂有托伦试剂、斐林试剂和班氏试剂。

（1）与托伦试剂的反应（银镜反应）　托伦试剂即硝酸银的氨溶液，当它与醛共热后，其中的一价银被还原为金属银，附着在器壁上，形成银镜，故又称为银镜反应。

$$R\text{—}CHO + Ag(NH_3)_2OH \xrightarrow{\triangle} RCOONH_4 + Ag\downarrow + NH_3\uparrow + H_2O$$

（2）与斐林试剂反应　斐林试剂分为 A、B 两部分，斐林试剂 A 为硫酸铜溶液，斐林试剂 B 为氢氧化钠的酒石酸钾钠溶液。使用时将 A、B 两部分等体积混合即得斐林试剂。反应时试剂中的二价铜被还原成砖红色的氧化亚铜沉淀。

$$R\text{—}CHO + 2Cu(OH)_2 \xrightarrow{\triangle} R\text{—}COOH + Cu_2O\downarrow + 2H_2O$$

必须注意，斐林试剂的氧化能力较托伦试剂稍弱，它只能氧化脂肪醛，而不能氧化芳香醛。因此，可用斐林试剂来区分脂肪醛与芳香醛。

（3）班氏试剂　班氏试剂是硫酸铜、碳酸钠和柠檬酸钠的混合液。其与醛作用的反应现象、原理均与斐林试剂同。但班氏试剂更稳定，临床上常用来检验尿糖和血糖。

5. 与席夫试剂的显色反应

席夫试剂即品红亚硫酸试剂，与醛作用立即由无色变成紫红色。这一反应非常灵敏，常用来鉴别醛的存在。酮无此反应。

三、重要的醛和酮

1. 甲醛

甲醛又名蚁醛，是无色、有强烈刺激性气味的气体，有致癌作用。甲醛易溶于水，37%～40% 的甲醛水溶液俗称"福尔马林"，是常用的消毒剂和防腐剂。常用于标本、尸体防腐和畜舍熏蒸消毒，亦可作胃肠道制酵药。长期放置的福尔马林会产生浑浊或白色沉淀，这是由于甲醛发生聚合，生成了多聚甲醛，使用时需加热使其解聚。

2. 乙醛

乙醛是无色、有强烈刺激性气味的液体，能与水、乙醇、氯仿等溶剂混溶。乙醛易挥发，乙醛蒸气对眼和皮肤有刺激作用。乙醛分子中三个 α-H 被氢取代得三氯乙醛，再与水加成得水合氯醛。水合氯醛是临床上常用的催眠药，可用于治疗失眠、烦躁不安及惊厥症，它对胃有一定的刺激性，但使用安全，不易引起蓄积中毒。

3. 丙酮

丙酮是无色、易挥发的液体，能与水、甲醇、乙醚、氯仿等溶剂混溶，并能溶解许多有机物，是常用的有机溶剂。

正常情况下，动物体内血液中丙酮的浓度很低。糖尿病患者由于体内代谢紊乱，常有过量的丙酮产生，随尿排出或随呼吸呼出。临床上检查丙酮含量，可用亚硝酰铁氰化钠的碱性溶液，如有丙酮存在，尿液呈红色。此外，也可用碘仿反应来检验丙酮。

第三节　羧酸、羧酸衍生物、取代酸

一、羧酸的分类和命名

1. 羧酸的分类

烃分子中的氢原子被羧基（—COOH）取代生成的化合物称为羧酸。羧基是羧酸的官能团。根据分子中烃基的不同，羧酸可分为饱和脂肪酸、不饱和脂肪酸和芳香酸；根据分子中所含羧基的数目，羧酸又可分为一元羧酸和多元羧酸。

2. 羧酸的命名

羧酸的系统命名与醛相似，即选择含有羧基的最长碳链为主链，从含有羧基的一端开始编号，根据主链碳原子的数目称为"某酸"。芳香族羧酸，通常把侧链脂肪羧酸作母体，芳环作为取代基。例如：

$$CH_3COOH \qquad CH_3\text{—}CH\text{—}CH_2COOH \qquad CH_3\text{—}CH\text{=}C\text{—}COOH$$
$$\qquad\qquad\qquad\quad | \qquad\qquad\qquad\qquad\qquad |$$
$$\qquad\qquad\qquad\quad CH_3 \qquad\qquad\qquad\qquad\qquad CH_3$$

乙酸　　　　3-甲基丁酸(β-甲基丁酸)　　　2-甲基-2-丁烯酸

$$HOOC\text{—}COOH \qquad\qquad CH_2\text{—}COOH \qquad\qquad \bigcirc\text{—}COOH$$
$$\qquad\qquad\qquad\qquad\qquad\quad |$$
$$\qquad\qquad\qquad\qquad\qquad CH_2\text{—}COOH$$

乙二酸(草酸)　　　　丁二酸(玻珀酸)　　　　　苯甲酸

二、羧酸的性质

常温下，低级脂肪酸多为液体，具有刺激性气味；高级脂肪酸是蜡状固体，无味；多元脂肪酸和芳香酸为结晶状固体。

羧酸的沸点比分子量相近的醇高，其水溶性也比相应的醇大，这主要是因为羧酸分子间通过氢键彼此缔合以及与水分子形成氢键的能力都比相应的醇强。

由于官能团羧基的特殊结构，羧酸具有以下几方面化学性质。

1. 酸性

羧酸在水中可部分解离出氢离子而显弱酸性，其酸性较 H_2CO_3 和苯酚强，具有酸的通性，能使石蕊试液变红，能与强碱及某些盐类作用生成羧酸盐和水。例如：

$$CH_3COOH + NaOH \longrightarrow CH_3COONa + H_2O$$
$$2CH_3COOH + MgO \longrightarrow (CH_3COO)_2Mg + H_2O$$

$$2CH_3COOH + Na_2CO_3 \longrightarrow 2CH_3COONa + H_2O + CO_2\uparrow$$

2. 羧酸中羟基的取代反应

在一定条件下，羧酸分子中的羟基可被某些原子或基团所取代，生成羧酸的四种衍生物。例如：

$$3CH_3-\overset{O}{\underset{}{C}}-OH + PCl_3 \longrightarrow 3CH_3-\overset{O}{\underset{}{C}}-Cl + H_3PO_3$$

乙酰氯

$$CH_3-\overset{O}{\underset{}{C}}-OH + CH_3CH_2OH \underset{\triangle}{\overset{H^+}{\rightleftharpoons}} CH_3-\overset{O}{\underset{}{C}}-OCH_2CH_3 + H_2O$$

乙酸乙酯

$$CH_3-\overset{O}{\underset{}{C}}-OH \overset{NH_3}{\longrightarrow} CH_3-\overset{O}{\underset{}{C}}-ONH_4 \overset{\triangle}{\underset{-H_2O}{\longrightarrow}} CH_3-\overset{O}{\underset{}{C}}-NH_2 + H_2O$$

乙酰胺

$$2CH_3-\overset{O}{\underset{}{C}}-OH \overset{P_2O_5}{\underset{\triangle}{\longrightarrow}} CH_3-\overset{O}{\underset{}{C}}-O-\overset{O}{\underset{}{C}}-CH_3 + H_2O$$

乙酸酐

3. 脱羧反应

在特定的条件下羧酸分子中脱去羧基生成二氧化碳的反应称为脱羧反应。例如，低级一元羧酸盐与碱石灰（NaOH＋CaO）共热，可脱羧生成比原来羧酸少一个碳原子的烃。

$$CH_3\boxed{COONa + NaO}H(CaO) \longrightarrow Na_2CO_3 + CH_4\uparrow$$

二元羧酸对热相对敏感，并随分子中两个羧基相对位置的不同，分别发生脱羧、脱水等反应，生成不同的产物。例如：

$$\underset{|}{\overset{COOH}{\underset{COOH}{|}}} \overset{\triangle}{\longrightarrow} HCOOH + CO_2\uparrow$$

$$\overset{CH_2-COOH}{\underset{CH_2-COOH}{|}} \overset{\triangle}{\longrightarrow} \overset{CH_2-\overset{O}{\underset{}{C}}}{\underset{CH_2-\underset{}{\overset{}{C}}}{|}}\overset{}{\underset{O}{\diagdown}}O + H_2O$$

脱羧反应也可在酶的催化下进行，这是生物体内物质代谢的重要反应之一。

4. α-H 的卤代

羧酸 α-H 的卤代不如醛、酮活泼，不能发生碘仿反应，但在碘、硫或红磷的催化下羧酸分子中的 α-H 也可被卤素原子取代生成卤代酸。例如：

$$CH_3COOH \overset{Cl_2}{\underset{P}{\longrightarrow}} CH_2ClCOOH \overset{Cl_2}{\underset{P}{\longrightarrow}} CHCl_2COOH \overset{Cl_2}{\underset{P}{\longrightarrow}} CCl_3COOH$$

一氯乙酸（氯乙酸）　　　二氯乙酸　　　三氯乙酸

三、重要的羧酸

1. 甲酸

甲酸俗名蚁酸，为无色有刺激性气味的液体，易溶于水，可溶于乙醇、乙醚等有机溶剂。甲酸有很强的腐蚀性，使用时应避免与皮肤接触。

甲酸分子中既有羧基又有醛基，因此，除具有羧酸的通性外，甲酸还具有较强的还原性，可被弱氧化剂氧化。医药上，常作消毒剂和防腐剂。

2. 乙酸

乙酸俗称醋酸，是食用醋的主要成分。乙酸是具有刺激性气味的无色液体，能与水、乙醇、乙醚等混溶。纯乙酸在温度稍低于 16.6℃时便凝结为冰状固体，故又称冰醋酸。

医药上常用 0.5%～2%的醋酸溶液作为消毒防腐药，应用"食醋消毒法"可有效地预防流感。

3. 苯甲酸

苯甲酸俗称安息香酸，为白色针状或鳞片状晶体，熔点 122℃，易升华，其蒸气有强烈的刺激性，难溶于冷水，易溶于热水、乙醇和乙醚中。苯甲酸及其钠盐常用作食品和某些药物制剂的防腐剂。

4. 乙二酸

乙二酸俗称草酸，易溶于水，不溶于有机溶剂。乙二酸除具有一般羧酸的性质外，还具有还原性，可使高锰酸钾溶液褪色。

$$5HOOC—COOH + 2KMnO_4 + 3H_2SO_4 \longrightarrow K_2SO_4 + 2MnSO_4 + 10CO_2 \uparrow + 8H_2O$$

该反应是定量进行的，分析化学中常用草酸钠来标定高锰酸钾溶液的浓度。

四、羧酸衍生物的命名

羧酸衍生物是指羧酸分子中的羟基被其他基团取代的产物。例如酰氯、酸酐、酯和酰胺。

酰氯是以其相应的酰基命名，称为"某酰氯"。酸酐是根据相应的酸命名，称为"某酸酐"。例如：

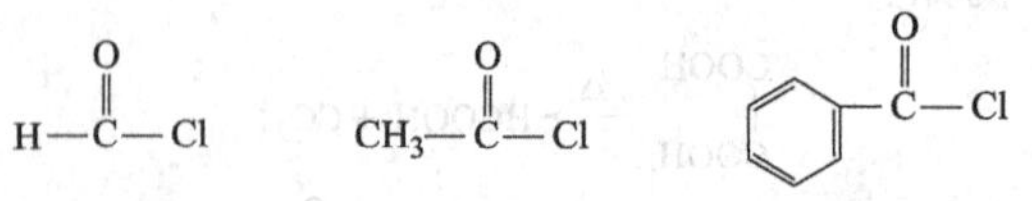

甲酰氯　　　　　乙酰氯　　　　　苯甲酰氯

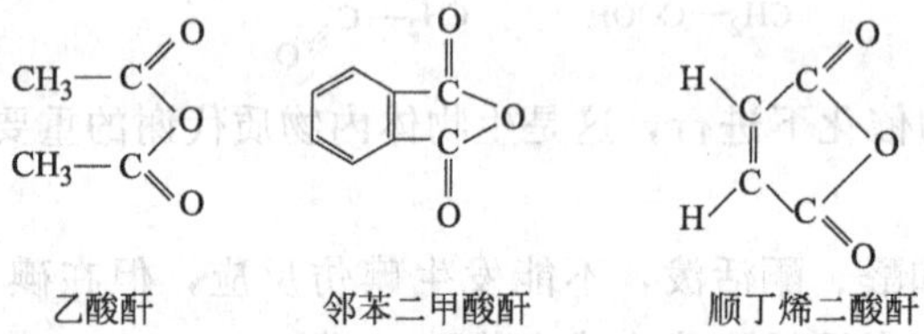

乙酸酐　　　　邻苯二甲酸酐　　　顺丁烯二酸酐

酯的命名是根据相应酸和醇的名称称为"某酸某酯"；酰胺的命名是根据酰基和氨基的名称称为"某酰（某）胺"。若酰胺分子中氮上氢原子被烃基取代，命名时还可以在烃基前冠以"N"，称"N-某基某酰胺"。

$$CH_3COOCH_2CH_3 \qquad HCOOCH_2CH_3$$

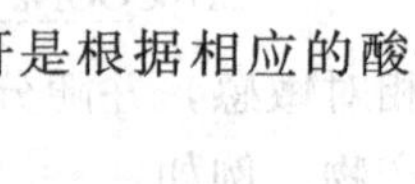

乙酸乙酯　　　　　甲酸乙酯　　　　　苯甲酸苯酯

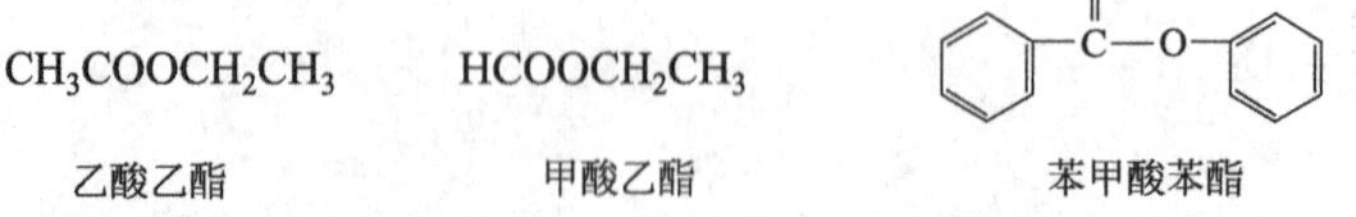

乙酰胺　　　N-甲基乙酰胺(乙酰甲胺)　　乙酰苯胺(N-苯基乙酰胺)

五、羧酸衍生物的性质

羧酸衍生物分子中都含有酰基，因而具有相似的化学性质，如它们均可发生水解、醇解和氨解反应。反应的活性顺序为：酰氯＞酸酐＞酯＞酰胺。

1. 水解反应

四种羧酸衍生物均能发生水解反应，生成羧酸。酰氯和酸酐能较快地被空气中的水分水解，尤其是酰氯；酯和酰胺的水解均需酸或碱的催化。

$$
\begin{array}{c}
R-\overset{\overset{\displaystyle O}{\|}}{C}-Cl \\
R-\overset{\overset{\displaystyle O}{\|}}{C}-O-\overset{\overset{\displaystyle O}{\|}}{C}-R' \\
R-\overset{\overset{\displaystyle O}{\|}}{C}-OR' \\
R-\overset{\overset{\displaystyle O}{\|}}{C}-NH_2
\end{array}
+ H-OH \longrightarrow R-\overset{\overset{\displaystyle O}{\|}}{C}-OH +
\begin{array}{c}
HCl \\
R'-\overset{\overset{\displaystyle O}{\|}}{C}-OH \\
R'OH \\
NH_3
\end{array}
$$

其中，酯在酸催化下的水解反应是酯化反应的逆反应，水解不完全；在碱作用下反应较完全，生成羧酸盐和相应的醇。通常把酯在碱性条件下的水解反应又称为皂化反应。

2. 醇解和氨解反应

酰氯、酸酐、酯还可发生醇解和氨解反应，生成酯和酰胺。

$$
\begin{array}{c}
R-\overset{\overset{\displaystyle O}{\|}}{C}-Cl \\
R-\overset{\overset{\displaystyle O}{\|}}{C}-O-\overset{\overset{\displaystyle O}{\|}}{C}-R' \\
R-\overset{\overset{\displaystyle O}{\|}}{C}-OR'
\end{array}
+ H-OR'' \longrightarrow R-\overset{\overset{\displaystyle O}{\|}}{C}-OR'' +
\begin{array}{c}
HCl \\
R'-\overset{\overset{\displaystyle O}{\|}}{C}-OH \\
R'OH
\end{array}
$$

$$
\begin{array}{c}
R-\overset{\overset{\displaystyle O}{\|}}{C}-Cl \\
R-\overset{\overset{\displaystyle O}{\|}}{C}-O-\overset{\overset{\displaystyle O}{\|}}{C}-R' \\
R-\overset{\overset{\displaystyle O}{\|}}{C}-OR'
\end{array}
+ H-NH_2 \longrightarrow R-\overset{\overset{\displaystyle O}{\|}}{C}-NH_2 +
\begin{array}{c}
HCl \\
R'-\overset{\overset{\displaystyle O}{\|}}{C}-OH \\
R'OH
\end{array}
$$

水解、醇解、氨解反应对于水、醇、氨来说，可以看作是其中的活泼氢原子被酰基所取代的反应，故又称为酰化反应，所用试剂称为酰化剂。酰氯和酸酐是常用的酰化剂。

3. 酰胺的特性

酰胺除能发生水解反应外，还能和次卤酸钠在碱性溶液中反应，脱去羰基，生成伯胺。该反应称为霍夫曼降解反应，可用来制备减少一个碳原子的伯胺。

$$
R-\overset{\overset{\displaystyle O}{\|}}{C}-NH_2 + NaOBr \xrightarrow{NaOH} R-NH_2 + NaBr + CO_2\uparrow
$$

六、重要的羧酸衍生物

1. 乙酸酐

乙酸酐又称醋酐，无色液体，沸点为 139.6℃，有刺激性气味，微溶于水，易溶于乙醚和苯等有机溶剂。可用作合成医药和香料等的原料。

2. 邻苯二甲酸酐

邻苯二甲酸酐为无色鳞片状晶体，熔点为131℃，易升华，难溶于冷水，可溶于热水、乙醇、乙醚、氯仿等。

一分子邻苯二甲酸酐可与两分子苯酚缩合，产物即酚酞，是常用的酸碱指示剂，医药上用作缓泻剂。

3. 磺胺类药物

磺胺类药物是临床上常用的一类化学抗菌药物，因其具有抗菌广谱、经口、吸收迅速且稳定不易变质等优点，长久以来得到广泛应用。其基本结构是对氨基苯磺酰胺（简称磺胺），其结构式如下：

$$H_2N-\text{〇}-SO_2NHR$$

磺胺类药物种类很多，各有特点。重要的磺胺类药物主要有：

$$H_2N-\text{〇}-SO_2NH-\text{〇}$$
磺胺嘧啶(SD)

$$H_2N-\text{〇}-SO_2NH-\text{〇}-CH_3$$
磺胺甲基异噁唑 (新诺明, SMZZ)

4. 脲

脲也叫尿素，是哺乳动物体内蛋白质代谢的最终产物。尿素是白色结晶，熔点为132℃，易溶于水和乙醇。除用作肥料外，还可用于合成药物、农药、塑料等。

尿素显微弱的碱性，可与硝酸或草酸作用生成不溶性的盐。利用此性质，可从尿液中分离尿素。如：

$$H_2N-\overset{O}{\underset{||}{C}}-NH_2 + HNO_3 \longrightarrow H_2N-\overset{O}{\underset{||}{C}}-NH_2 \cdot HNO_3 \downarrow$$

在酸、碱或脲酶的作用下，尿素可水解生成氨和二氧化碳。尿素与亚硝酸作用可定量放出氮气，根据氮气的体积可计算尿素的含量。

$$H_2N-\overset{O}{\underset{||}{C}}-NH_2 + 2HNO_2 \longrightarrow CO_2\uparrow + 2N_2\uparrow + 3H_2O$$

将尿素缓慢加热至熔点以上，会发生缩合反应，生成二缩脲。产物中含两个肽键（酰胺键—CO—NH—），在碱性条件下与硫酸铜稀溶液作用显紫红色。

$$H_2N-\overset{O}{\underset{||}{C}}-NH_2 + H_2N-\overset{O}{\underset{||}{C}}-NH_2 \xrightarrow{150\sim160℃} H_2N-\overset{O}{\underset{||}{C}}-NH-\overset{O}{\underset{||}{C}}-NH_2 + NH_3\uparrow$$

5. 维生素 C

维生素 C 又名抗坏血酸，为六碳的不饱和多羟基内酯化合物。广泛存在于新鲜水果、蔬菜中，具有较强的还原性和酸性。维生素 C 的基本结构如下：

$$\begin{array}{c} CH_2OH \\ | \\ HO-CH \\ | \\ \end{array}$$

维生素 C 参与体内的羟化反应，促进胶原蛋白的形成及胆固醇的转化；参与体内物质的氧化还原反应，增强机体解毒及抗病能力。当日粮营养成分不平衡时，可导致维生素 C 缺乏，引起“坏血病”。

七、取代酸

羧酸分子中烃基上的氢原子被其他原子或原子团取代所形成的化合物称为取代羧酸，简称取代酸。根据取代基的不同，可将取代酸分为羟基酸和羰基酸等。

1. 羟基酸

羟基酸是羧酸分子中烃基上的氢原子被羟基取代后的生成物。根据官能团的结合状态不同，可分为醇酸和酚酸。其中很多羟基酸是生物体内糖代谢的重要产物。重要的羟基酸有：

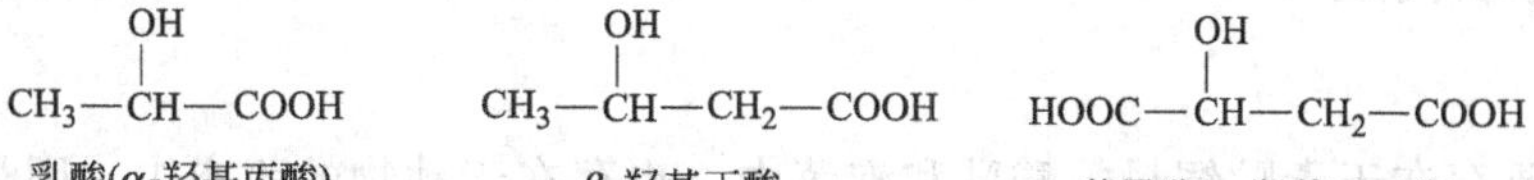

乳酸(α-羟基丙酸)　　β-羟基丁酸　　苹果酸(α-羟基丁二酸)

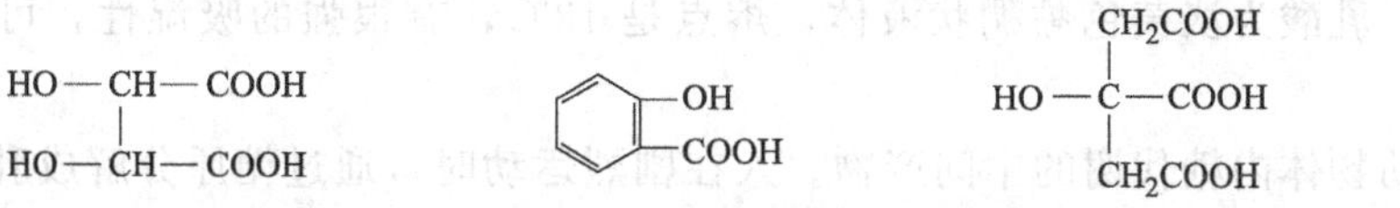

酒石酸(2,3-二羟基丁二酸)　　水杨酸(邻羟基苯甲酸)　　柠檬酸(3-羧基-3-羟基戊二酸)

因分子中羟基和羧基的相互影响，酸性较羧酸强，同时羟基更易发生脱水和氧化反应。如：

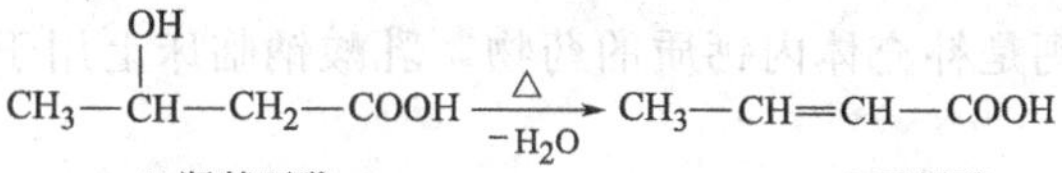

β-羟基丁酸　　2-丁烯酸

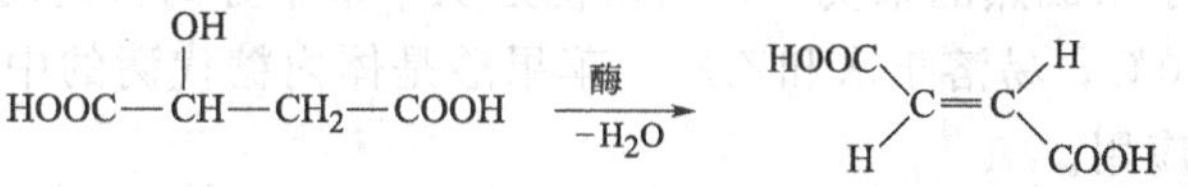

苹果酸(α-羟基丁二酸)　　延胡索酸(反丁烯二酸)

2. 羰基酸

羰基酸是分子中含有羰基的羧酸，可分为醛酸和酮酸。酮酸是其中较为重要的一种，其中 α-酮酸和 β-酮酸具有重要的生理意义，是动物体内糖、脂肪和蛋白质代谢的重要中间产物。重要的羰基酸有：

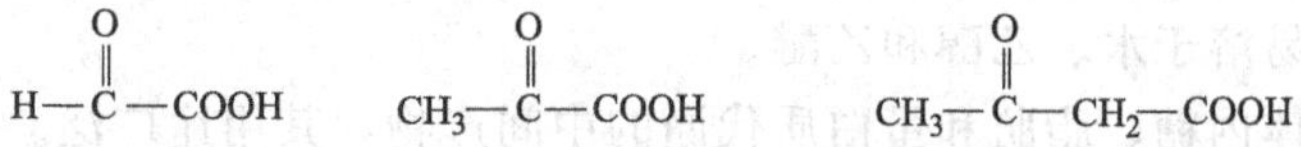

乙醛酸　　丙酮酸　　乙酰乙酸

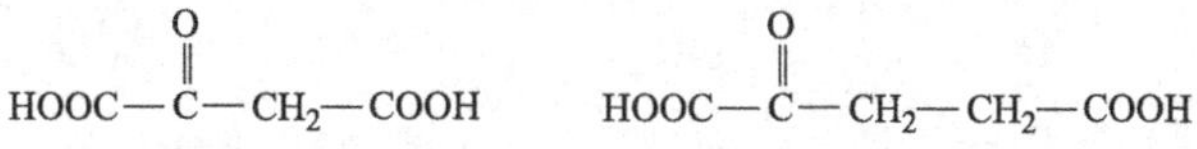

丁酮二酸(草酰乙酸)　　α-酮戊二酸

在生物体内，α-酮酸和 β-酮酸在酶的作用下可发生脱羧反应，产生二氧化碳。

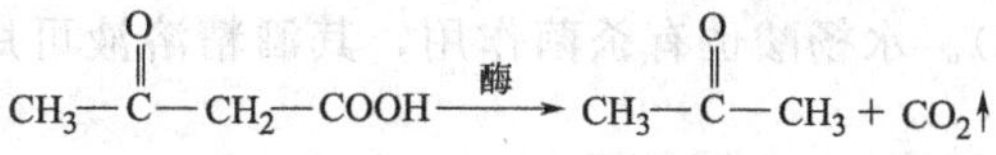

乙酰乙酸(β-丁酮酸)　　丙酮

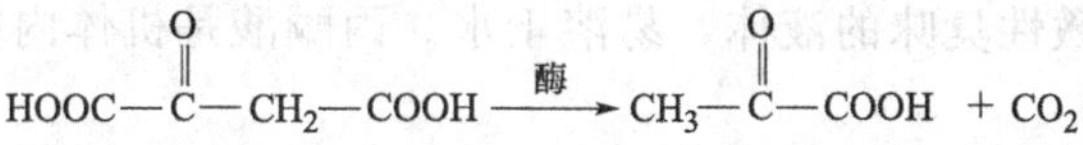

丁酮二酸(草酰乙酸)　　丙酮酸

生物体中的醇酸和酮酸在酶的作用下可相互转化。如醇酸可脱氢氧化为酮酸，酮酸又可加氢还原为醇酸，这也是生物体内普遍存在的氧化还原（生物氧化）反应。反应如下：

$$CH_3-CH-COOH \underset{+2H}{\overset{-2H}{\rightleftharpoons}} CH_3-\overset{O}{\overset{\|}{C}}-COOH$$

乳酸(α-羟基丙酸)　　　　丙酮酸

$$CH_3-\overset{O}{\overset{\|}{C}}-CH_2-COOH \underset{-2H}{\overset{+2H}{\rightleftharpoons}} CH_3-\overset{OH}{\overset{|}{CH}}-CH_2-COOH$$

乙酰乙酸　　　　　　　　苹果酸

八、重要的取代酸

1. 乳酸

乳酸主要存在于青贮饲料、酸乳和泡菜中，也存在于动物的肌肉中，因最初从酸牛奶中得到而得名。乳酸为淡黄色黏稠状液体，熔点是18℃，有很强的吸湿性，可溶于水、乙醇和乙醚。

乳酸是动物体内糖代谢的中间产物。人在剧烈运动时，通过糖原分解成乳酸，同时释放能量以供急需，导致肌肉中乳酸含量增加，感觉酸胀，一段时间后，肌肉中的乳酸一部分转化为糖，一部分转化为水和二氧化碳而排出体外，酸胀感消失。

乳酸的用途很广，医药上用作消毒防腐剂和内服制酵剂，可用于马属动物急性胃扩张和牛、羊前胃弛缓。乳酸钙是补充体内钙质的药物，乳酸钠临床上用于纠正酸中毒。

2. 苹果酸

苹果酸广泛存在于未成熟的果实中，因最初是从苹果中分离得到而得名。苹果酸为无色针状结晶，熔点是100℃，易溶于水和乙醇。苹果酸是体内糖代谢的中间产物，在制药和食品工业中也有广泛的应用。

3. 酒石酸

酒石酸为无色透明晶体，熔点是170℃，易溶于水。酒石酸钾钠用于配制斐林试剂。酒石酸锑钾又称吐酒石，医药上用作催吐剂。

4. 柠檬酸

存在于柑橘、葡萄等果实中，尤以柠檬中含量最多，因而得名。柠檬酸为无色透明晶体，有强烈酸味，易溶于水、乙醇和乙醚。

柠檬酸是动物体内糖、脂肪和蛋白质代谢的中间产物，其用途广泛。在食品工业中用作糖果和清凉饮料的调味剂。临床上，柠檬酸铁铵用作补血剂，柠檬酸钠有利尿作用和防止血液凝固的作用。

5. 水杨酸

水杨酸是无色针状结晶，熔点是159℃，微溶于冷水，易溶于乙醇、乙醚和沸水。水杨酸具有解热镇痛作用，但因其对肠胃有刺激作用，不宜内服，临床上常用的是水杨酸的衍生物乙酰水杨酸（阿司匹林）。水杨酸也有杀菌作用，其酒精溶液可用于治疗因霉菌感染而引起的皮肤病。

6. 丙酮酸

丙酮酸为无色有刺激性臭味的液体，易溶于水。丙酮酸是机体内糖代谢的中间产物。

7. β-丁酮酸

β-丁酮酸又名乙酰乙酸，为无色黏稠液体，是生物体内脂肪代谢的中间产物。β-丁酮酸

可加氢还原生成 β-羟基丁酸，β-羟基丁酸又可氧化生成 β-丁酮酸。β-丁酮酸脱羧生成丙酮。

β-丁酮酸、β-羟基丁酸和丙酮三者总称酮体。酮体是脂肪酸代谢的中间产物，正常情况下进一步分解为二氧化碳和水，在血液中含量甚微。当代谢发生障碍时，血中酮体含量就会增加。对糖尿病患者，不但要检查尿液中的葡萄糖，还要检查尿液中是否存在酮体。由于血液中酮体含量增加，导致血液酸性增强，易发生酸中毒和昏迷等症状。

第四节　胺

一、胺的分类和命名

胺是烃的氨基衍生物，也可以看作是氨的烃基衍生物。

1. 胺的分类

按照氮原子上连接烃基的多少，将胺分为伯胺、仲胺、叔胺三种：

H—N—H　　　(Ar)R—N—H　　　(Ar)R—N—H　　　(Ar)R—N—R″(Ar″)

氨　　　伯胺　　　仲胺　　　叔胺

（氮原子连一个烃基）　（氮原子连两个烃基）　（氮原子连三个烃基）

胺分子中的氮原子与脂肪族烃基相连的称为脂肪胺，与芳香烃基相连的称为芳香胺。

胺还可以按照胺类分子中氨基数目分为一元胺、多元胺。

2. 胺的命名

对比较简单的胺，可以根据烃基来命名，以胺字为词尾，称为某胺。如果氮原子上连有两个或三个相同的烃基时，需表示烃基的数目。若所连的烃基不同，则把简单的写在前面。对于芳香仲胺或叔胺，则在取代基前冠以"N"，以表示这个基团是连在氮原子上，而不是连在芳环上。多元胺根据氨基数目，称为某二胺、某三胺等。对于比较复杂的，或者对多官能团的化合物，则常将氨基作为取代基来命名。氨基（—NH_2）是伯胺的官能团，而 =NH 叫亚氨基。命名举例如下：

$CH_3—NH_2$　　　$(CH_3)_2NH$　　　$(CH_3)_3N$　　　$CH_3—NH—C_2H_5$

甲胺　　　二甲胺　　　三甲胺　　　甲乙胺

苯胺　　　N-甲基苯胺　　　N,N-二甲苯胺

1,4-丁二胺(腐肉胺)　　　1,5-戊二胺(腐尸胺)

3-氨基-1-丙醇　　　2-(N-甲氨基)己烷

铵根离子的一个或几个氢原子被烃基代替，称铵离子。四个氢原子都被烃基取代，属季铵离子。季铵离子与酸根组成的盐称为季铵盐，与 OH^- 组成的化合物称为季铵碱。季铵碱的碱性很强，与无机碱（NaOH）相当。

$(CH_3)_4N^+$　　　$(CH_3)_4N^+Cl^-$　　　$(CH_3)_4N^+OH^-$

四甲铵离子(季铵离子)　　　氯化四甲铵(季铵盐)　　　氢氧化四甲铵(季铵碱)

二、胺的性质

1. 胺的物理性质

脂肪族的低级胺，甲胺、二甲胺、三甲胺都为气体，其他低级胺为液体，高级胺为固体。低级胺的气味与氨相似，三甲胺具有鱼腥味，高级胺一般没有气味。芳香胺的气味较淡，但芳香胺有毒，还能被皮肤吸收，β-萘胺还是一种致癌物质。伯胺和仲胺的沸点比分子量相近的烷烃高，这是因为它们分子间可以通过氢键缔合的缘故。由于氮的电负性小于氧，氮氢之间的氢键比氧氢之间的氢键要弱，所以胺的沸点比相应的醇低。叔胺的沸点与相应的烷烃相近，这是由于叔胺的氮原子上没有氢，不能形成分子间氢键，故沸点低。三种胺都能与水形成氢键，所以，六个碳以下的脂肪胺在水中的溶解度都很大。芳香胺一般微溶于水。

2. 胺的化学性质

(1) 碱性　胺与氨相似，它们都具有碱性，这是由于氮原子上的未共用电子对能与质子结合，形成带正电荷铵离子的缘故。

$$: NH_3 + HOH \rightleftharpoons NH_4^+ + OH^-$$

$$R—NH_2 + HOH \rightleftharpoons RNH_3^+ + OH^-$$

胺能和强酸反应生成盐，这一反应与氨和酸的作用是相同的。胺的成盐反应可以在水溶液中进行，也可以在无水的条件下进行。胺的盐和无机盐一样，都是无臭结晶固体，易溶于水，不溶于非极性溶剂。胺是弱碱性化合物，所以，在胺的盐类水溶液中加入强碱时，胺即游离出来。例如，在甲胺的乙醚溶液中通入氯化氢气体，即生成难溶于水的白色盐酸盐。胺的盐类通常称为胺的无机酸盐。$CH_3NH_2 \cdot HCl$ 叫做甲胺盐酸盐，而一般不叫做氯化甲(基)铵。加入强碱，又游离出甲胺。

$$CH_3NH_2 + HCl \longrightarrow CH_3NH_3^+ Cl^-$$

$$CH_3NH_3^+ Cl^- + NaOH \longrightarrow CH_3NH_2 \uparrow + NaCl + H_2O$$

利用上述性质，可以将胺和其他有机物鉴别、分离和提纯。对不溶于水的胺，可以形成盐而溶于稀酸中，然后再用强碱由有机铵盐中置换出胺。在药物制备过程中，也常将含有氨基、亚氨基等难溶于水的药物发生此反应，变成胺的盐，使之能溶于水，以供药用。

胺的碱性通常以电离常数表示，K_b 愈大或 pK_b 愈小，则碱性愈强。胺类碱性的强弱与其结构有关。当氨分子中的氢原子被烷基取代后，由于烷基的供电子诱导效应，使氮原子上电子云密度增加，接受质子能力增强，因而碱性比氨强。芳胺的碱性比氨弱，是因为芳胺氮原子的未共用电子对能与苯环形成 p-π 共轭体系，而使氮原子上电子云密度降低，其碱性比氨弱。因此，胺与氨的碱性强弱顺序为：脂肪胺＞氨＞芳胺。例如：

$$CH_3NH_2 > NH_3 > ArNH_2$$

$$pK_b \qquad 3.34 \qquad 4.75 \qquad 9.28$$

氨基氮原子上电子云密度的大小是决定胺类碱性强弱的重要因素。此外，还要考虑其空间效应的影响，例如二甲胺的碱性比甲胺强，但三甲胺的碱性却比甲胺弱，就是由于空间阻碍减弱了与质子结合能力的缘故。

$$(CH_3)_2NH > CH_3NH_2 > (CH_3)_3N$$

对于芳胺，其碱性强弱顺序一般是：伯胺＞仲胺＞叔胺。例如：

$$ArNH_2 > Ar_2NH > Ar_3N$$

$$pK_b \qquad 9.28 \qquad 13.0 \qquad 中性$$

（2）烷基化反应　胺与卤代烷作用，氮原子上的氢被烷基取代的反应，称为胺的烷基化反应。卤代烷是供给烷基的试剂，叫做烷基化试剂。伯胺、仲胺与卤代烷作用，分别得到仲胺和叔胺。例如：

$$NH_3+CH_3I \longrightarrow CH_3NH_2+HI$$

$$CH_3NH_2+CH_3I \longrightarrow (CH_3)_2NH+HI$$

$$(CH_3)_2NH+CH_3I \longrightarrow (CH_3)_3N+HI$$

叔胺与卤代烷进一步作用，生成季铵盐。

$$(CH_3)_3N+CH_3I \longrightarrow (CH_3)_4N^+I^-$$

季铵盐具有和无机盐相同的性质：它们溶于水，其水溶液能够导电。用 AgOH 处理时，季铵盐转变为季铵碱。

$$(CH_3)_4N^+I^-+AgOH \longrightarrow (CH_3)_4N^+OH^-+AgI\downarrow$$

季铵碱（$R_4N^+OH^-$）是强碱性化合物，是与氢氧化钠类似的强碱。季铵碱是离子型化合物，在水溶液中完全电离而呈强碱性。有的季铵化合物具有重要的生理活性，在生物的生化过程中起重要作用。如胆碱，从化学结构上来看，是一个季铵碱。化学名称叫做三甲基-β-羟乙基氢氧化铵或氢氧化三甲基-β-羟乙基铵，通常也将阳离子部分叫做胆碱。

胆碱普遍存在于生物体内，动物的卵和脑髓中含量较多。因为最初从动物的胆汁中发现，所以称为胆碱。它是动物生长不可缺少的物质，并且必须从食物或饲料中供给。胆碱影响动物体内脂肪的输送，有调节肝中脂肪代谢的作用。

胆碱是一种强碱，可以与酸作用生成盐。例如，与盐酸作用生成盐酸盐，通常叫氯化胆碱 $[(CH_3)_3N^+CH_2CH_2OH]Cl^-$。它是一种治疗脂肪肝和肝硬化的药物。

在生物体内，胆碱在胆碱乙酰酶的作用下，可与乙酸发生酯化反应，生成乙酰胆碱，乙酰胆碱在胆碱酯酶的作用下又可以水解，生成胆碱和乙酸。

$$[(CH_3)_3N^+CH_2CH_2OH]OH^- +CH_3COOH \underset{\text{胆碱酯酶}}{\overset{\text{胆碱乙酰酶}}{\rightleftharpoons}} [(CH_3)_3N^+CH_2CH_2OCOCH_3]OH^- +H_2O$$

乙酰胆碱是生物体内传导神经冲动的重要物质，它在体内的正常合成与分解能保证生理代谢的正常进行。有些有机磷农药对昆虫的毒杀作用正是由于这些农药对有机体内的胆碱酯酶有强烈的抑制作用，使其失去活性，结果只有乙酰胆碱的合成而无乙酰胆碱的水解，乙酰胆碱过多地堆积，造成神经过度兴奋，直到神经错乱，无休止地抽搐窒息而亡。人畜有机磷中毒的机理和上述相似。如果人畜中毒时，应先以肥皂洗净身上的毒物，并注射阿托品进行急救，如消化道中毒，还应及时催吐、洗胃和导泻。

（3）与亚硝酸的反应　各类胺与亚硝酸反应时可生成不同产物。由于亚硝酸不稳定，一般用亚硝酸钠与盐酸（$NaNO_2+HCl$）代替亚硝酸。

① 伯胺　脂肪族伯胺与亚硝酸作用，先生成极不稳定的脂肪族重氮盐，它立即分解成氮气和醇、烯烃或卤代烃等化合物。这个反应很复杂，得到的是混合物，所以没有合成价值。但由于放出的氮气是定量的，因此可用作氨基（—NH_2）的定量测定与鉴别。

$$RNH_2+HNO_2 \longrightarrow ROH+N_2\uparrow+H_2O$$

芳香族伯胺与亚硝酸钠在低温（一般在 5℃ 以下）及强酸水溶液中反应，生成芳香重氮盐，这个反应称为重氮化反应。例如：

$$ArNH_2+HNO_2 \xrightarrow{<5℃} ArN_2Cl+2H_2O$$

芳香伯胺在过量的强酸溶液中，与亚硝酸钠在温度高于 5℃ 时反应，得到酚，并放出氮气。

$$ArNH_2 + HNO_2 \xrightarrow{>5℃} ArOH + N_2 \uparrow + H_2O$$

② 仲胺　脂肪或芳香仲胺与亚硝酸作用，都得到 N-亚硝基胺，是黄色油状液体或黄色固体。例如：

$$(CH_3CH_2)_2NH + HNO_2 \longrightarrow (CH_3CH_2)_2N—NO + H_2O$$
$$N\text{-亚硝基二乙胺（黄色）}$$

$$(C_6H_5)_2NH + HNO_2 \longrightarrow (C_6H_5)_2N—NO \downarrow + H_2O$$
$$N\text{-亚硝基二苯胺（黄色）}$$

与盐酸共热时则水解而生成原来的仲胺，因此，可以用来分离或提纯仲胺。

N-亚硝基胺是可以引起癌变的物质。近年认为，食品中所加的防腐剂、增色剂硝酸钠和腌肉或腌菜中所产生的亚硝酸钠在胃酸的作用下可以产生亚硝酸，然后再与肌体内具有仲胺结构的化合物作用产生亚硝基胺，具有致癌作用，故亚硝酸盐是致癌物质。实验证明，维生素 C 能对亚硝酸钠起还原作用，阻断亚硝基胺在人体内的合成。

③ 叔胺　脂肪叔胺与亚硝酸只能形成不稳定的盐。

$$(CH_3CH_2)_3N + HNO_2 \longrightarrow (CH_3CH_2)_3NH^+ NO_2^-$$
$$\text{三乙胺亚硝酸盐（溶解）}$$

芳香叔胺与亚硝酸作用，在芳环上起取代反应，产生有色的对亚硝基化合物。

$$\text{⟨}\text{⟩}-N(CH_3)_2 + HNO_2 \longrightarrow ON-\text{⟨}\text{⟩}-N(CH_3)_2 + H_2O$$
$$\text{对亚硝基-}N,N\text{-二甲基苯胺（绿色片状晶体）}$$

由于伯、仲、叔胺与亚硝酸反应的现象与产物各不相同，所以可通过与亚硝酸的反应来区别三种胺。

（4）芳环上的取代反应　芳香胺能发生取代反应，可以进行卤代反应、硝化反应以及磺化反应，且将其他基团引入到其邻、对位。用溴水处理苯胺时，定量地生成 2,4,6-三溴苯胺沉淀，可用于苯胺的鉴别。

$$\text{⟨}\text{⟩} + 3Br_2 \longrightarrow \text{Br}\text{⟨}\text{⟩}\text{Br} \downarrow + 3HBr$$

三、重要的胺

1. 苯胺

苯胺（$C_6H_5NH_2$），俗称阿尼林油，是芳香胺的典型代表物，也是最重要的胺类之一。苯胺是无色油状液体，沸点为 184℃，相对密度为 1.022，微溶于水。在空气中，苯胺受光的作用而逐渐被氧化，生成许多复杂的氧化产物而使颜色加深。因此，存放时间较长的苯胺常呈红褐色，但可以经过蒸馏而纯制。从化学性质上看，苯胺是一个弱碱性化合物，它和无机酸结合成盐。苯胺的盐酸盐是白色晶体，熔点为 198℃。

苯胺和其他的胺一样，容易被酰化。用乙酸酐处理时，苯胺转变为乙酰苯胺。

$$\text{⟨}\text{⟩} + (CH_3CO)_2O \longrightarrow \text{⟨}\text{⟩} + CH_3COOH$$

乙酰苯胺及其衍生物在医药上用作解热药物。苯胺有毒，使用时应注意个人防护。

2. 乙二胺

含两个氨基的化合物叫二胺。乙二胺（$H_2NCH_2CH_2NH_2$）是重要的二胺类化合物，沸点为 118℃。它是无色液体，易溶于水，其水溶液呈碱性。

乙二胺是一种重要的试剂和化工原料，广泛用于制造药物、乳化剂、离子交换树脂等。乙二胺四乙酸是乙二胺的衍生物，简称 EDTA。乙二胺与甲醛及氰化钠的碱性溶液反应，生成乙二胺四乙酸的钠盐，常用于许多金属离子的配位滴定，在医药上可作为重金属的解毒剂。

3. 腐肉胺与腐尸胺

1,4-丁二胺（$H_2NCH_2CH_2CH_2CH_2NH_2$，腐肉胺），沸点为 158℃；1,5-戊二胺（$H_2NCH_2CH_2CH_2CH_2CH_2NH_2$，腐尸胺），沸点为178℃。它们是动物蛋白质腐烂时产生的二元胺类物质。这两种二胺有腐肉般的臭味，毒性很大，常将它们称为尸毒碱。为了防止食物中毒，一般不应以腐败食物当作牲畜的饲料。

4. 胆胺和胆碱

胆胺（$H_2NCH_2CH_2OH$）和胆碱 [$HOCH_2CH_2N^+(CH_3)_3OH^-$]，属于羟基胺类化合物。它们以结合状态存在于动植物体内，组成一类叫做磷脂的化合物。

胆胺的化学名称是乙醇胺（或氨基乙醇），它是一种无色黏稠状液体，是脑磷脂水解产物之一。乙醇胺与脂肪酸形成的盐既溶于水又溶于烃类溶剂，是良好的乳化剂。

胆碱见前文胺的化学性质。

【思考与习题】

1. 选择题：

(1) 下列有机物中，不属于烃的衍生物的是（　　　）。

A. 乙醇　　　　　　　B. 苯　　　　　　　　C. 苯酚　　　　　　　D. 甘油

(2) 下列化合物遇三氯化铁显紫色的是（　　　）。

A. 苯酚　　　　　　　B. 苯　　　　　　　　C. 甲苯　　　　　　　D. 苯甲醇

(3) 下列物质不能发生银镜反应的是（　　　）。

A. 甲酸　　　　　　　B. 乙醛　　　　　　　C. 乙醇　　　　　　　D. 苯甲醛

(4) 下列化合物不属于羧酸的是（　　　）。

A. 蚁酸　　　　　　　B. 醋酸　　　　　　　C. 苯甲酸　　　　　　D. 石炭酸

(5) 禁止用工业酒精来配制饮用酒，是因为工业酒精中含有可使人中毒的（　　　）。

A. 乙酸　　　　　　　B. 甲醇　　　　　　　C. 乙醇　　　　　　　D. 重金属离子

2. 命名下列化合物或写出下列化合物的结构简式：

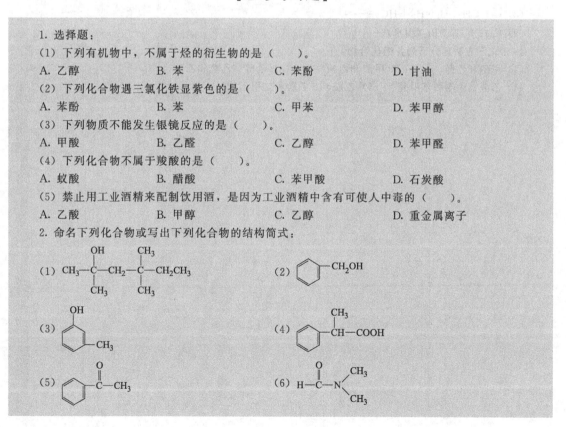

(7) $CH_3-\underset{\underset{CH=CH-CHO}{|}}{\overset{\overset{C_2H_5}{|}}{C}}$ (8) CH_3COOCH_3

(9) $CH_3CH_2CH_2N(CH_3)_2$ (10) $H_2NCH_2(CH_2)_2CH_2NH_2$

(11) $(C_2H_5)_4N^+Cl^-$ (12) $CH_3CH_2CH_2CONHCH_3$

(13) 丙酮酸 (14) 乳酸 (15) 3-氨基-1-戊醇 (16) 对硝基苯胺

3. 写出下列反应的主要产物：

(1) $CH_3-CH_2-\underset{\underset{OH}{|}}{CH}-CH_3 \xrightarrow{[O]}$

(2) $+Br_2 \longrightarrow$

(3) $CH_3-\underset{\underset{CH_3}{|}}{CH}-CHO+Ag(NH_3)_2OH \longrightarrow$

(4) $CH_3-CH_2-\overset{\overset{O}{\|}}{C}-CH_3+I_2 \xrightarrow{OH^-}$

(5) $CH_3COOH \xrightarrow{(NH_4)_2CO_3} ? \xrightarrow{\triangle} ?$

(6) $+CH_3OH \xrightarrow[{[O]\triangle}]{H_2SO_4}$

(7) $CH_3-\underset{\underset{CH_3}{|}}{CH}-\underset{\underset{OH}{|}}{CH}-COOH \longrightarrow$

(8) $CH_3CH_2CH_2NH_2+HCl \longrightarrow$

(9) $C_6H_5NH_2+Br_2(溴水) \longrightarrow$

4. 用化学方法区分下列各组化合物：

(1) 甲醇和乙醇 (2) 甲酸和乙酸 (3) 乙醇、乙醛和乙酸

(4) 乙醛、丙酮和苯甲醛 (5) 乙胺、二乙胺和二甲乙胺

第十一章　杂环化合物

【知识目标】

1. 掌握常见杂环化合物的结构。
2. 理解杂环化合物的性质。

【能力目标】

1. 会杂环化合物的命名及结构简式的写法。
2. 熟悉几种与畜牧兽医专业有关的重要杂环化合物。

在环状有机物中，除碳环化合物以外，还有一类含其他杂原子（如氧、硫、氮等）的环状化合物，称为杂环化合物。杂环化合物广泛存在于自然界中，如动物中的血红素含有杂环结构，许多药物如用于止痛的吗啡、抗菌消炎的黄连素、抗结核的异烟肼以及不少维生素、抗菌素都是杂环化合物。

一、杂环化合物的分类和命名

1. 杂环化合物的分类

杂环化合物，按照环大小分类，最重要的有五元杂环和六元杂环；按杂环中杂原子数目多少，分为含有一个杂原子的杂环及含有两个或两个以上杂原子的杂环；按照环的形式，分为单杂环和稠杂环，稠杂环是由苯环与单杂环或由两个以上单杂环并合或稠合而成。

2. 杂环化合物的命名

母环通常采用音译法和系统命名法。音译法由外文名词译音而来，用带"口"字旁的同音汉字命名。例如，呋喃（Furan）、吡咯（Pyrrole）等。系统命名法是以碳环为母体，把杂环看作是相应的碳环化合物中碳原子被杂原子代替而成的产物。命名时，在碳环母体前加"某（杂原子名）杂"两字即可。例如，呋喃、吡咯分别命名为氧杂茂、氮杂茂。通常使用音译法。

在杂环上有取代基时，为了标明取代基的位置，需将杂原子编号。编号原则如下：取代基的位次应从杂原子算起，依次用 1、2、3、…（或 α、β、γ、…）编号。如杂环上有两个相同杂原子，应使杂原子位次之和最小。如果其中一个杂原子上连有氢原子，则从连有氢原子的杂原子开始编号。如有几个不同杂原子时，则按 O、S、N 顺序依次编号，同时也应使杂原子的位次之和最小。有些稠杂环有特定的编号，如嘌呤。杂环母体的结构和命名如下所示。

以环戊二烯（茂）为碳环母体的五元杂环化合物：

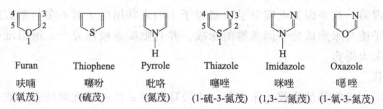

Furan	Thiophene	Pyrrole	Thiazole	Imidazole	Oxazole
呋喃	噻吩	吡咯	噻唑	咪唑	噁唑
（氧茂）	（硫茂）	（氮茂）	（1-硫-3-氮茂）	（1,3-二氮茂）	（1-氧-3-氮茂）

以苯和环己二烯（芑）为碳环母体的六元杂环化合物：

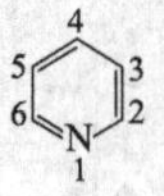

Pyridine	Pyrazine	Pyrimidne	Pyran
吡啶	吡嗪	嘧啶	吡喃
（氮苯）	（1,4-二氮苯）	（1,3-二氮苯）	（氧芑）

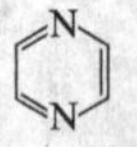

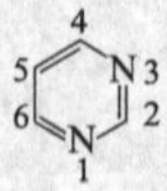

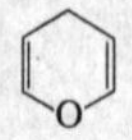

稠环（芳环并杂环或杂环并杂环）：

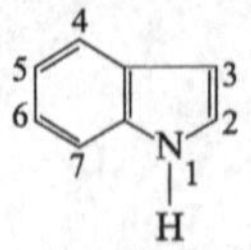

Indole	Quinline	Purine	Isoquinline
吲哚	喹啉	嘌呤	异喹啉
（1-氮茚）	（1-氮萘）	（1,3,7,9-四氮茚）	（2-氮萘）

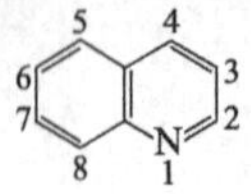

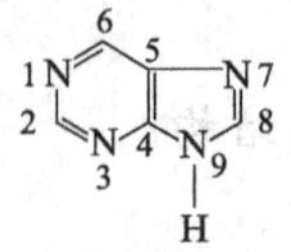

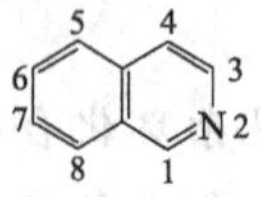

取代杂环化合物命名时，可以选杂环为母体，将取代基的位次、数目及名称放在杂环母环名称前。如：

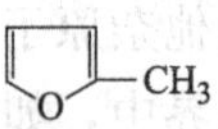

2-甲基呋喃　　　2-羟基吡啶　　　7-氨基喹啉
（α-甲基呋喃）　（β-羟基吡啶）

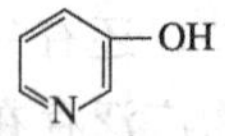

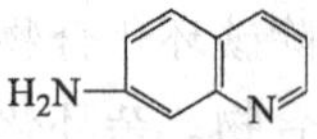

有时也将杂环作取代基，以侧链的官能团为母体来命名。例如：

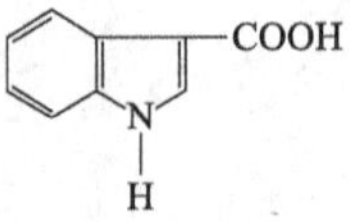

3-吲哚甲酸 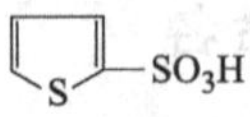　　　2-噻吩磺酸
（α-噻吩磺酸）

为了区别杂环化合物的几种互变异构体，应标明环上一个或多个氢原子所在的位置，可在名称前面加上标位的阿拉伯数字和 H。例如：

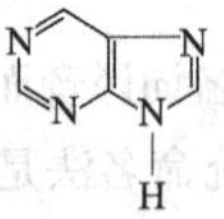

9H-腺嘌呤　　　7H-腺嘌呤

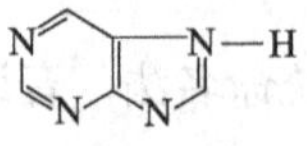

二、杂环化合物的性质

1. 溶解性

在五元杂环中，吡咯、呋喃、噻吩在水中溶解度都不大，而易溶于有机溶剂。溶解1份吡咯、呋喃和噻吩，分别需要17份、35份和700份的水。吡咯之所以比呋喃易溶于水，是因为吡咯氮原子上连接的氢原子能与水形成氢键；呋喃环上的氧虽然也能与水形成氢键，但相对较弱；而噻吩环上的硫不能与水形成氢键，所以水溶性最差。

吡啶与水混溶，这是因为吡啶分子中氮原子上的未共用电子对不参与形成闭合的共轭体系，而使氮原子能与水形成分子间氢键的缘故。并且吡啶是极性分子，所以吡啶在水中的溶解度比吡咯和苯大得多。

2. 亲电取代

呋喃、噻吩、吡咯等的取代比苯容易，主要取代在α-位；而吡啶的亲电取代比苯难，且

主要取代在 β-位。

（1）卤代反应　呋喃、噻吩、吡咯中以呋喃活性最大，吡咯居中，噻吩最小。在碱性介质中吡咯与碘作用生成四碘吡咯，常用来代替碘仿作伤口消毒剂。

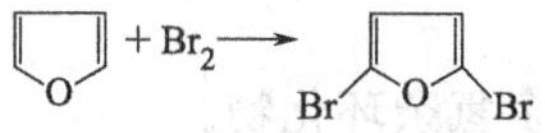

2,5-二溴呋喃

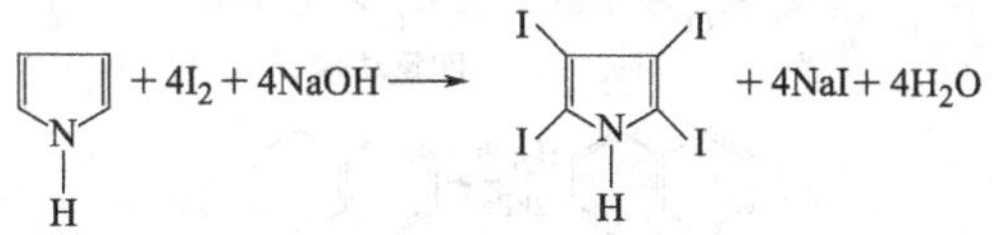

2,3,4,5-四碘吡咯

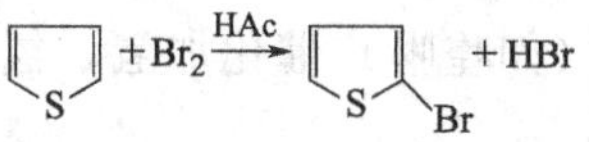

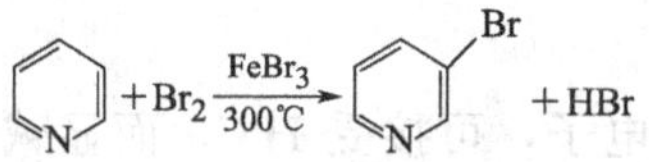

（2）硝化反应　强酸作用下，呋喃与吡咯易开环形成聚合物，因此，不能像苯一样用一般的方法进行硝化，必须用特殊硝化剂。

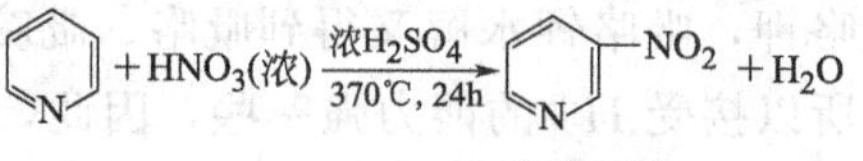

3-硝基吡啶

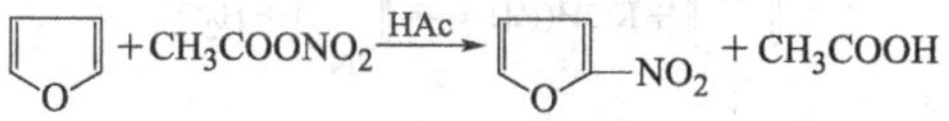

乙酰基硝酸酯

（3）磺化反应　杂环化合物磺化反应也必须用特殊的磺化剂。

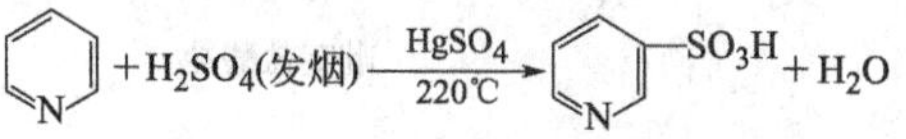

3-吡啶磺酸

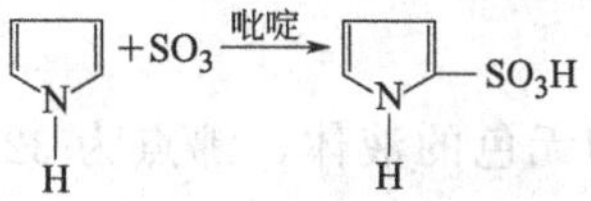

2-吡咯磺酸

（4）酰化反应　吡咯、噻吩、呋喃可被乙酸酐酰化，而吡啶则不起酰化反应。

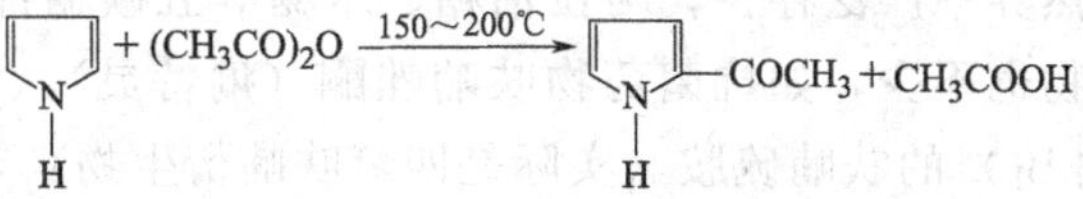

2-乙酰吡咯

3. 氧化反应

吡咯、噻吩、呋喃易被氧化而开环。吡啶对氧化剂相当稳定，但是可以氧化杂环上的取代烃基生成羧酸类化合物。

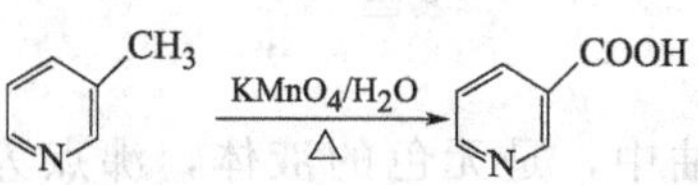

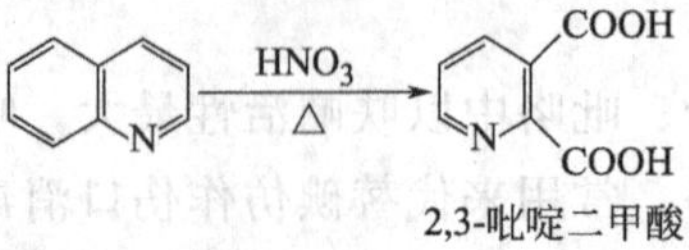

2,3-吡啶二甲酸

4. 还原反应

杂环化合物比苯容易还原，生成多氢杂环化物。

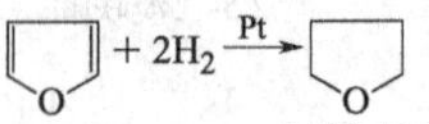

四氢呋喃

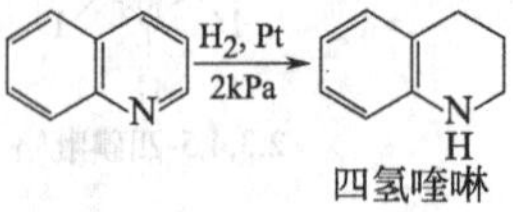

四氢喹啉

通过上式的反应，苯并芳杂环（如喹啉）催化加氢，氢加在杂环上。可见杂环比苯容易加氢。

5. 酸碱性

吡咯分子中的氮原子上有孤对电子，可接受 H^+，而显碱性。但是由于氮原子参与环上 p-π 共轭，使得氮原子电子云密度降低，所以，吡咯的碱性比苯胺还弱。甚至在一定程度连接在氮原子上的氢可以电离出 H^+，而显微弱酸性，其强度介于乙醇和苯酚之间。例如，吡咯与固体氢氧化钾反应生成吡咯钾，吡咯钾水解又得到吡咯。吡啶分子中的氮原子上的未共用电子对没有参与 p-π 共轭，所以接受 H^+ 的能力强一些，因此，显弱碱性，能与各种酸生成盐。吡啶的碱性比苯胺强，但比脂肪胺的碱性弱得多。例如：

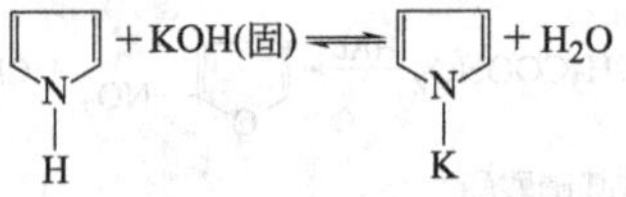

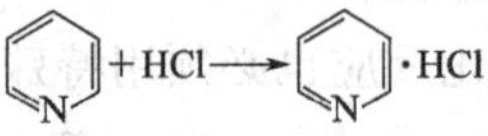

吡啶盐酸盐

三、重要的杂环化合物及其衍生物

1. 呋喃及其衍生物

呋喃存在于松木焦油中，为无色的液体，沸点为 32℃，具有类似氯仿的气味。难溶于水，易溶于有机溶剂。其蒸气遇有被盐酸浸湿过的松木片时呈现绿色，叫做松木反应，可用来鉴定呋喃的存在。

呋喃的衍生物在自然界中广泛存在，阿拉伯糖、木糖等五碳糖都是四氢呋喃的衍生物。合成药物中呋喃类化合物也不少，如抗菌药物呋喃唑酮（痢特灵）、呋喃坦丁等，维生素类药物中称为新 B_1（长效 B_1）的呋喃硫胺（实际是四氢呋喃衍生物）等。

呋喃的重要衍生物是 α-呋喃甲醛，俗名叫糠醛。纯净的糠醛是无色液体，沸点为 162℃，在光、热及空气中很快变成黄色、褐色甚至黑色，并产生树脂状聚合物。

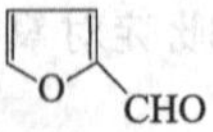

糠醛

2. 吡咯及其衍生物

吡咯存在于煤焦油和骨焦油中，是无色的液体，沸点为 131℃。难溶于水，易溶于乙醇、乙醚和苯等有机溶剂。在空气中因氧化而迅速变黑，并逐渐变为树脂状物质。

吡咯的最重要的衍生物是卟啉化合物。这类化合物有一个基本结构，即卟吩环。卟吩的衍生物叫卟啉化合物。

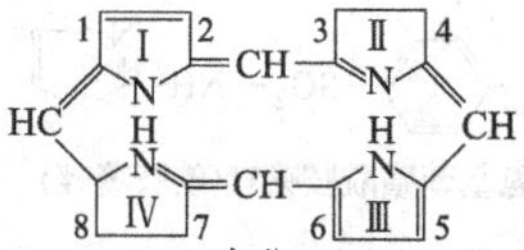

卟吩

血红素常与蛋白质结合成血红蛋白存在于红血球中，在高等动物体内起着输送氧气的作用。

血红素的分子以卟吩环为基本结构，在 1、3、5、8 位上各有一个甲基，2、4 位上各有一个乙烯基，6、7 位上各有一个丙酸基。在卟吩环的中心配合着一个二价铁离子。血红蛋白是输送氧的载体，在动物的肺部氧的分压较高，氧与血红蛋白结合形成不稳定的氧合血红蛋白。当血液运送到全身各部分组织后，因组织内氧的分压低，不稳定的氧合血红蛋白释放出氧，为组织吸收进行新陈代谢。血红蛋白也可以与一氧化碳结合形成碳氧血红蛋白，其结合力比与氧结合力大 210 倍。煤气中毒就是一氧化碳吸入体内形成碳氧血红蛋白，阻止了氧与血红蛋白结合的结果。

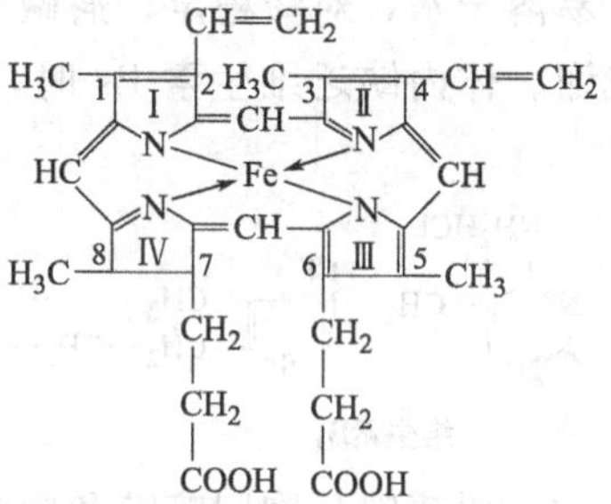

血血红素

3. 吡啶及其衍生物

吡啶是无色有特殊气味的液体，极易吸收空气中的水分，能溶于大部分有机溶剂和水。其主要衍生物有维生素 PP、维生素 B_6 等。

维生素 PP 包括 β-吡啶甲酸及 β-吡啶甲酰胺。二者都是白色结晶，对酸、碱、热等都比较稳定，存在于肉类、肝、肾、花生、米糠及酵母中，能治疗人的癞皮病等。二者的生理作用也是一致的。

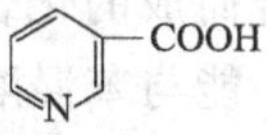

β-吡啶甲酸(烟酸,尼克酸) 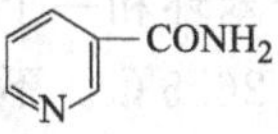 β-吡啶甲酰胺(烟酰胺,尼克酰胺)

维生素 B_6 包括吡哆醇、吡哆醛及吡哆胺。维生素 B_6 是无色晶体，易溶于水及酒精中，耐热，对酸碱稳定，但易为光所破坏。它们在自然界分布很广，存在于蔬菜、鱼、肉、谷物、蛋类等中，是维持蛋白质正常代谢所必需的维生素。维生素 B_6 缺乏时，蛋白质代谢受到障碍。

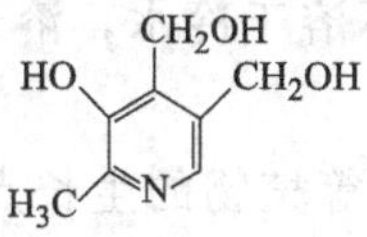

吡哆醇 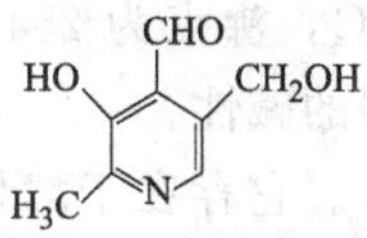   吡哆醛 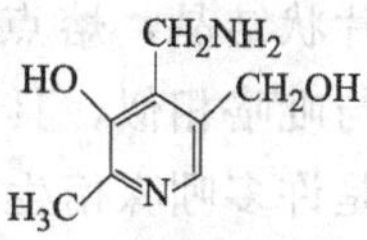   吡哆胺

4. 吡唑和噻唑的衍生物

常用的安乃近是吡唑的衍生物；重要的抗菌消炎药磺胺噻唑和青霉素是噻唑的衍生物。在青霉素中，根据 R 不同，分别叫做青霉素 F、青霉素 K、青霉素 G、青霉素 X 等。

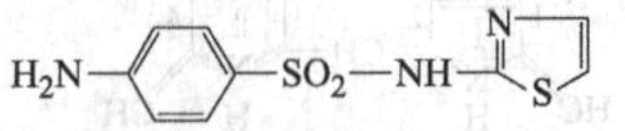

对氨基苯磺酰胺噻唑(碘胺噻唑)

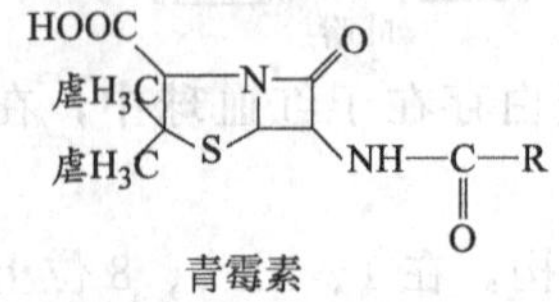

青霉素

F：R＝—CH₂CH—CHCH₂CH₃　　　K：R＝—CH₂(CH₂)₅CH₃
G：R＝—CH₂C₆H₅　　　X：R＝—CH₂C₆H₄OH

5. 嘧啶及其衍生物

嘧啶是无色结晶，易溶于水。嘧啶衍生物存在于自然界，如维生素 B₁ 和核酸中都有嘧啶衍生物。

维生素 B₁ 是由嘧啶环和噻唑环通过亚甲基连接成的化合物，医药上叫做硫胺素。常用的是它的盐酸盐，为白色粉末，易溶于水，对酸稳定，遇碱分解。它存在于谷类、豆类及青饲料中，在动物体内参与糖的代谢。体内缺乏维生素 B₁ 时，可引起多发性神经炎、脚气及食欲不振等。

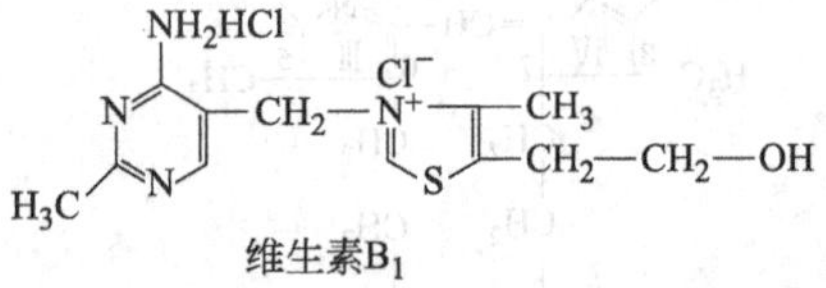

维生素B₁

核酸中存在三种嘧啶的衍生物：尿嘧啶、胸腺嘧啶和胞嘧啶。

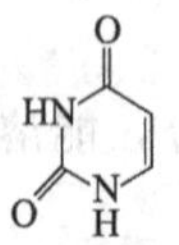

尿嘧啶　　　胸腺嘧啶　　　胞嘧啶
(2,4-二氧嘧啶)　(2,4-二氧-5-甲基嘧啶)　(2-氧-4-氨基嘧啶)

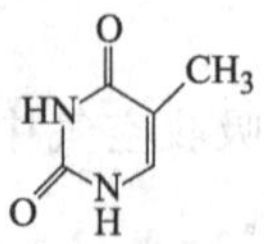

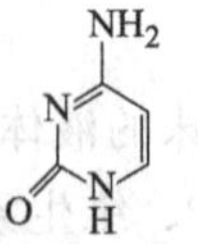

6. 喹啉和异喹啉

喹啉和异喹啉都是由一个苯环和一个吡啶环稠合而成的化合物。二者沸点分别为 238℃ 与 243℃，熔点为 −15.6℃ 及 26.5℃。不溶于冷水，能与苯混溶。喹啉和异喹啉都存在于煤焦油中，1834 年首次从煤焦油中分离出喹啉，不久，用碱干馏抗疟药奎宁也得到喹啉，并因此而得名。

喹啉衍生物在医药中起着重要的作用，许多天然或合成药物都具有喹啉的环系结构，如奎宁、喜树碱等。而天然存在的一些生物碱，如吗啡碱、罂粟碱、小蘗碱等，均含异喹啉的结构。

7. 吲哚及其衍生物

吲哚是无色片状结晶，熔点为 52℃，沸点为 254℃。不溶于冷水，溶于有机溶剂和热水。其化学性质与吡咯相似，具有极弱的碱性。

β-吲哚乙酸是许多吲哚衍生物之一。它存在于酵母、高等植物的生长点及人、畜尿内，能刺激植物生长，是一种常用的植物生长刺激素。

β-吲哚乙酸

β-吲哚乙酸是无色晶体，熔点为 164～165℃。微溶于水，易溶于醇、醚有机溶剂。在中性或酸性溶液中不稳定，但其钾、钠盐水溶液则较为稳定，所以一般都使用它的钠盐。农林业上常用它来刺激植物的插条生长，以及促进无子果实的形成。

8. 嘌呤及其衍生物

嘌呤为无色晶体，熔点为 216℃，易溶于水。

嘌呤本身不是天然物质，但其羟基、氨基衍生物都存在于动植物体内。嘌呤的重要衍生物有腺嘌呤和鸟嘌呤，又名分别为 6-氨基嘌呤、2-氨基-6-氧嘌呤。它们也都是核酸的组成成分。

腺嘌呤(6-氨基嘌呤)　　鸟嘌呤(2-氨基-6-氧嘌呤)

此外，有些细胞分裂素也是嘌呤衍生物，如激动素、玉米素等。

【思考与习题】

1. 试说明血红素的结构。
2. 维生素 PP 和吡哆素各包括哪些物质？两者各有什么主要的生理功能？
3. 写出胞嘧啶、尿嘧啶、胸腺嘧啶的酮式结构。
4. 吡咯和呋喃为什么不能用混酸进行硝化？吡咯和呋喃是否比苯更具有芳香性？
5. 写出下列化合物的结构式：
   (1) 糠醛　　(2) 碘化 *N,N*-二甲基四氢吡咯　　(3) 腺嘌呤　　(4) β-吲哚乙酸
   (5) 四氢呋喃　　(6) α-噻吩磺酸　　(7) 8-羟基喹啉　　(8) β-吡啶甲酰胺
6. 命名下列化合物：

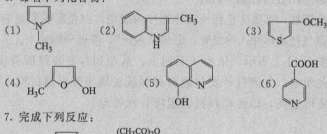

7. 完成下列反应：

(1)　H₃C——⟨S⟩ + HNO₃ ——(CH₃CO)₂O——→

(2)　N⟨⟩——⟨⟩ ——KMnO₄——→

实训十三　分馏技术——50%乙醇水溶液的分馏

【实训目的】

1. 掌握分馏的原理，学会分馏仪器的使用方法。
2. 学会分馏操作技术。

【实训仪器】 铁架台；圆底烧瓶；蒸馏头；温度计；真空接收管；橡皮管；维氏分馏柱；直形冷凝管。

【实训药品】 50％乙醇。

【实训原理】

利用分馏柱使几种沸点相近而又互溶的液体混合物进行分离的方法称为分馏。普通蒸馏分离沸点相差较大的液体混合物效果较好，但沸点相差不大的液体混合物气相中各组分的含量相差不大，用普通蒸馏难以分离。可采用多次反复蒸馏的方法，但太烦琐，损失又大，实际上很少使用。在实验室中常利用分馏，即将多次汽化、冷凝过程在一次操作中进行的方法。这种方法既克服了多次蒸馏的烦琐，又可有效地分离沸点相近的混合物。

混合物受热汽化后，在分馏柱中受柱外空气的冷却，低沸点的组分上升，高沸点的组分被冷凝下来。高沸点组分在下降时，与上升的蒸气进行热交换，高沸点组分又被冷凝下来，低沸点组分继续上升。在热交换中，上升蒸气中低沸点组分含量增多，而下降冷凝液中高沸点组分增多。如此多次反复进行气、液两相的热交换，就达到了多次蒸馏的效果，使低沸点组分不断上升，进入冷凝管被蒸馏出来，高沸点组分不断流回蒸馏瓶，达到分离的目的。

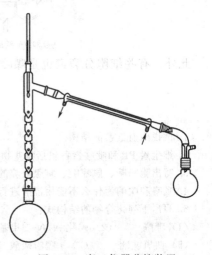

图 11-1 磨口仪器分馏装置

【实训内容及操作步骤】

1. 分馏仪器与安装

简单分馏仪器主要包括圆底烧瓶、蒸馏头、温度计、真空接收管、维氏分馏柱、直形冷凝管等。

(1) 分馏柱 分馏柱的种类很多，实验室使用的分馏柱有赫姆帕（填充式）分馏柱和维氏（刺形）分馏柱。赫姆帕分馏柱是在柱内填充玻璃管、玻璃珠、陶瓷或螺旋形、马鞍形、网状等各种形状的金属片或金属丝，其分离效率高。维氏分馏柱结构简单，较赫姆帕分馏柱黏附液体少，分离效率低。无论使用哪一种分馏柱，都要防止回流液体在柱内聚集，以免影响回流液体与上升蒸气的接触机会，甚至使上升蒸气把液体冲入冷凝管，形成"液泛"，降低分馏效率。

(2) 简单分馏装置的安装 按图 11-1 所示，依次从下到上、从左到右安装好所有仪器，并将烧瓶、分馏柱、冷凝管用铁夹固定。分馏柱外要包缠石棉绳或玻璃布等保温材料；对于非磨口分馏柱，柱内填充物不要装得过高，以免填料戳破温度计水银球。

2. 分馏

(1) 第一次分馏 量取 100mL 50％乙醇加到 150mL 短颈烧瓶中，放进几粒沸石，打开冷凝水，用油浴加热。沸腾后，及时调节火力大小，使蒸气缓慢而均匀地沿分馏柱壁上升（10～15min），当温度计水银球上出现液滴，记录下第一滴馏出液滴入接收瓶时的温度。调小火力，让蒸气全回流到蒸馏烧瓶中，维持 5min 左右，调大火力进行分馏，使馏出液下滴速率控制在每 2～3s 馏出 1 滴。分别收集柱顶温度为 76℃以下、76～83℃、83～94℃以及 94℃以上的馏分。当柱顶温度达到 94℃时停止分馏，让分馏柱内的液体回流入烧瓶中。待烧瓶冷却至 40℃左右时，将瓶中残液与 94℃以上的馏分合并，量出并记录各段馏分的体积。

(2) 第二次分馏 为了得到更纯的组分，常需进行第二次分馏。按上面的操作，将 76℃以下的馏分加热分馏，收集 73～76℃之间的馏分。当温度计升至 76℃时暂停分馏。待烧瓶冷却后，将 76～83℃ 馏分倒入烧瓶残液中，补加沸石，继续加热分馏，分别收集 76℃ 以下和 76～83℃ 的馏分。当温度升至 83℃ 时又暂停止加热，如上法，将 83～94℃ 的馏分继续分馏，分别收集 76℃ 以下、76～83℃ 和 83～94℃ 馏分，将同温度段的馏分合并，最后将残液与第一次分馏的残液合并。量出和记录第二次分馏所得各级馏分的体积。

（3）结果分析　定性估计分馏效果，测量各馏分密度，可估计出乙醇的含量。

【思　考　题】

1. 分馏和蒸馏原理、装置及操作有何不同？
2. 为什么分馏速率不能太快，也不宜太慢？
3. 分馏柱顶温度计的水银球位置偏高或偏低，对分馏段温度读数精度有何影响？

实训十四　自行设计烃的衍生物性质检验
——醇、酚、醛、酮、羧酸、胺及酰胺未知溶液的分析

【实训目的】
1. 通过本实验全面复习与专业课有关的醇、酚、醛、酮、羧酸、胺及酰胺的化学性质。
2. 应用所学的知识和操作技术，独立设计未知液的分析实验方案。
3. 独立设计，独立操作，以提高学生独立工作和解决实际问题的能力。

【设计提示】
1. 拟定实验方案

首先复习教材中关于醇、酚、醛、酮、羧酸、胺及酰胺的主要化学性质的有关章节，然后根据实验室提供的实验条件，拟定未知液的分析实验方案。

2. 实验室给定的化学试剂

2,4-二硝基苯肼；饱和溴水；斐林试剂 A；斐林试剂 B；蓝色石蕊试纸；浓 H_2SO_4；浓 $NH_3 \cdot H_3O$；酚酞；碘液；1% $FeCl_3$；1%、5% $CuSO_4$；5% $K_2Cr_2O_7$；5% $AgNO_3$；10% $NaOH$；5% $NaHCO_3$；浓 HCl；10% $NaNO_2$；红色石蕊试纸。

3. 教师提供的未知液

将以下样品放在编有号码的试剂瓶中：正丁醇、乙酸、丙酮、异丙醇、甘油（丙三醇）、乙醛、苯甲醛、苯酚、甲胺盐酸盐（用于鉴别甲胺）、N-甲基苯胺及二乙胺、N,N-二甲苯胺及三乙胺、尿素。学生根据上述化合物的类型和所给的化学试剂，预先拟定好分析实验方案。

【设计要求】
1. 设计实验方案

用给定的化学试剂独立设计鉴定方案（包括目的要求、实验原理、实验用品、操作步骤和预期结果以及有关的化学方程式）。

2. 实验操作

实验方案经指导教师审查允许后，独立完成实验。实验操作过程中，应认真观察和记录实验现象，正确进行未知液分析。

3. 完成实验报告

完成实验后，应当立即写出实验报告，将实验方案、实验报告一并交给指导教师。

第十二章　生物化学基础知识

【知识目标】

1. 理解酶的定义、组成、作用机理以及酶促反应速率的影响因素。
2. 掌握维生素的概念、维生素与辅酶的关系及维生素的生理功能。
3. 掌握糖类、油脂、氨基酸、蛋白质的结构特征及它们的主要化学性质。
4. 理解糖类、脂肪、氨基酸的分解代谢过程及它们之间分解代谢的相互关系。

【能力目标】

1. 能说出酶的性质、分类和动物体内重要的氧化呼吸链。
2. 能鉴别醛糖与酮糖、还原糖与非还原糖、氨基酸和蛋白质。

第一节　酶与维生素

一、酶的特性

动物体内的新陈代谢是由众多各式各样的化学反应所组成的，这些反应的一个基本特点是它们在极温和的条件下进行，而这些反应在实验室中进行的时候则需要高温高压的条件，这是因为生物体内存在一种特殊的催化剂——酶。酶是一种由生物细胞产生的具有催化功能的生物大分子，通常称为生物催化剂。这种生物催化剂不同于化学催化剂，有下列特性。

（1）酶具有很高的催化效率　酶的催化效率比一般的化学催化剂高 $1 \times 10^6 \sim 1 \times 10^{13}$ 倍。比没有催化剂时的反应速率高 $1 \times 10^8 \sim 1 \times 10^{20}$ 倍。例如，过氧化氢酶催化过氧化氢分解的反应速率比 Fe^{2+} 催化过氧化氢分解的反应速率约高 10^{10} 倍。

（2）高度专一性　一种酶只作用于一类化合物或一定的化学键，以促进一定的化学变化，并生成一定的产物，这种现象称为酶的特异性或专一性。受酶催化的化合物称为该酶的底物或作用物。

（3）容易变性失活　酶是蛋白质，酶促反应要求一定的 pH 值、温度等温和的条件，强酸、强碱、有机溶剂、重金属盐、高温、紫外线、剧烈振荡等任何使蛋白质变性的理化因素都可能使酶变性而失去其催化活性。

（4）酶的活力受调节控制　酶是生物体的组成成分，和体内其他物质一样，不断在体内新陈代谢。酶的催化活性也受多方面的调控，例如酶的生物合成的诱导和阻遏、酶的化学修饰、抑制物的调节作用、代谢物对酶的反馈调节、酶的别构调节以及神经体液因素的调节等，这些调控保证酶在体内新陈代谢中发挥其恰如其分的催化作用，使生命活动中的种种化学反应都能够有条不紊、协调一致地进行。

（5）反应条件温和　化学催化剂催化的化学反应一般需要剧烈的反应条件（如高温、高压、强酸、强碱等），但是，酶催化反应一般是在常温、常压、中性酸碱度等温和的反应条件下进行的。

二、酶的分类

国际酶学委员会根据酶催化反应的类型，把酶分为以下六大类。

(1) 氧化还原酶类　指催化底物进行氧化还原反应的酶类。例如乳酸脱氢酶、琥珀酸脱氢酶、细胞色素氧化酶、过氧化氢酶等。

(2) 转移酶类　指催化底物之间进行某些基团的转移或交换的酶类。如转甲基酶、转氨酶、己糖激酶、磷酸化酶等。

(3) 水解酶类　指催化底物（在酶促反应中，被酶催化的物质称为底物）发生水解反应的酶类。例如淀粉酶、蛋白酶、脂肪酶、磷酸酶等。

(4) 裂解酶类　指催化一个底物分解为两个化合物或两个化合物合成为一个化合物的酶类。例如柠檬酸合成酶、醛缩酶等。

(5) 异构酶类　指催化各种同分异构体之间相互转化的酶类。例如磷酸丙糖异构酶、消旋酶等。

(6) 合成酶类（连接酶类）　指催化两分子底物合成为一分子化合物，同时还必须偶联有 ATP 的磷酸键断裂的酶类。例如谷氨酰胺合成酶、氨基酸、tRNA 连接酶等。

三、酶的组成

根据酶的组成成分，可分单纯酶和结合酶两类。

(1) 单纯酶　是基本组成单位仅为氨基酸的一类酶。它的催化活性仅仅决定于它的蛋白质结构，如消化道蛋白酶、淀粉酶、酯酶、核糖核酸酶等。

(2) 结合酶　酶的催化活性，除蛋白质部分（酶蛋白）外，还需要非蛋白质的物质，即所谓酶的辅助因子，两者结合成的复合物称为全酶。

对于结合酶而言，只有全酶才具有催化活性。酶的辅助因子可以是金属离子，也可以是小分子有机化合物。小分子有机化合物是一些化学性质稳定的小分子物质，其主要作用是在反应中传递电子、质子或一些基团，常可按其与酶蛋白结合的紧密程度不同分成辅酶和辅基两大类。辅酶与酶蛋白结合疏松，可以用透析或超滤方法除去；辅基与酶蛋白结合紧密，不易用透析或超滤方法除去。辅酶和辅基的差别仅仅是它们与酶蛋白结合的牢固程度不同，而无严格的界限。

四、酶作用的基本原理

1. 酶作用与分子活化能的关系

(1) 酶的活性中心　酶分子很大，结构也很复杂，存在很多氨基酸侧链基团。其中，酶分子中与酶活性密切相关的基团称为酶的必需基团。必需基团在酶分子的一级结构上可能相距甚远，但在空间结构上却彼此靠近，集中在一起，形成具有一定空间构象的区域，并能与底物特异性结合，将底物转变为产物，该区域称为酶的活性中心。图 12-1 为酶活性中心与必需基团示意图。构成酶活性中心的必需基团可分为两种：与底物结合的必需基团称为结合基团，促使底物发生化学变化的基团称为催化基团。活性中心中有的必需基团可同时具有这两方面的功能。还有些必需基团虽然不参加酶的活性中心的组成，但为维持酶活性中心应有的空间构象所必需，这些基团是酶的活性中心以外的必需基团。在酶的活性中心除必需基团外，其他部位也是活性中心形成的必要结构基础。不同的酶，其活性中心空间结构不同，催化作用亦各不相同。

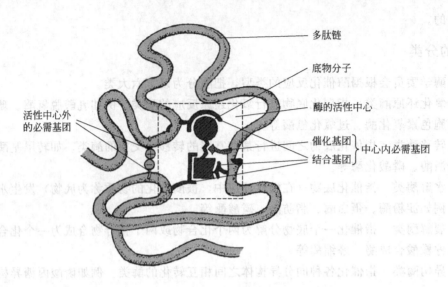

图 12-1 酶活性中心与必需基团示意图

（2）酶原与酶原的激活 有些酶在细胞内合成或初分泌时没有催化活性，这种没有活性的酶的前身物质称为酶原，使无活性的酶原转变成活性酶的过程称为酶原激活。胃蛋白酶、胰蛋白酶、羧基肽酶在它们初分泌时都是以无活性的酶原形式存在，在一定条件下才转化成相应的酶。

酶原激活的生理意义在于避免细胞内产生的蛋白酶对细胞进行自身消化，并可使酶在特定的部位和环境中发挥作用，保证体内代谢的正常进行。

（3）酶催化作用与反应活化能 在化学反应中，不是所有的反应物分子之间都能反应生成产物。只有能量较高的分子间才能发生反应，这样的分子称为"活化分子"。活化分子所具有的最低能量与分子的平均能量的差值称为活化能，即底物分子从常态转变到活化态所需的能量。显然，活化能越低，反应物中的活化分子越多，反应速率就越快。酶催化作用的实质在于它能降低化学反应的活化能，使反应在较低能量水平上进行，从而加速化学反应。

2. 酶的作用机理

（1）中间产物学说 现在中间产物学说已被实验所证实。该学说认为，在酶促反应中，酶（E）总是与底物（S）形成不稳定的中间产物（ES）。中间产物使底物分子内的化学键减弱，呈不稳状态，不稳定的中间产物迅速转变成产物（P）。

$$S+E \Longleftrightarrow ES \longrightarrow P+E$$

酶与底物形成中间产物，使反应经历了完全不同的途径。由于酶的影响，降低了反应的活化能。底物同酶结合成中间产物（ES）是一种非共价结合，依靠氢键、盐键、范德华力等次级键相结合。

（2）诱导契合学说 该学说是 1958 年科什兰德提出的。他认为，酶和底物在接触以前，二者并不是完全契合的，只有当底物与酶接近时，酶的构象发生了微妙的变化，活性中心的催化基团和结合基团与底物的空间才完全契合。

在酶和底物的相互影响中，主要是底物对酶的"诱导"，但也有酶对底物的"诱导"。在相互的诱导下，酶与底物的结构都会发生变化。酶与底物诱导契合示意于图 12-2。

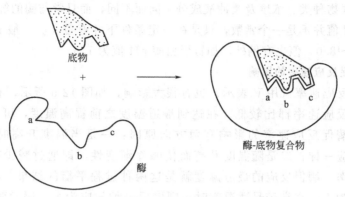

图 12-2　酶与底物诱导契合示意图

五、影响酶促反应的因素

酶促反应动力学是研究酶促反应速率及其影响因素的科学。这些因素主要包括酶的浓度、底物的浓度、pH 值、温度、抑制剂和激活剂等。

1. 底物浓度对酶作用的影响

所有的酶促反应，如果其他条件恒定，则反应速率决定于酶浓度和底物浓度。如果酶浓度保持不变，底物浓度增加，反应速率随之增加，并以双曲线形式达到最大速率。酶促反应速率并不是随着底物浓度的增加而直线增加，而是在高浓度时达到一个极限速率。这时所有的酶分子已被底物所饱和，即酶分子与底物结合的部位已被占据，速率不再增加，如图 12-3 所示。

中间产物学说可解释酶促反应中的底物浓度与反应速率之间的关系。在其他条件一定时，酶促反应的速率主要由中间产物（ES）的浓度决定，中间产物浓度大，反应速率就快。在酶浓度一定的情况下，当底物浓度很低时，随着底物浓度增加，中间产物的浓度逐渐增加，反应速率随底物浓度的继续增加，中间产物浓度的增加逐渐减少，底物浓度对反应速率的影响减小。当底物浓度增大到一定程度时，所有反应达到最大反应速率，增加底物浓度对反应速率无影响。

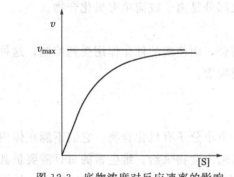

图 12-3　底物浓度对反应速率的影响

v_{max}—最大反应速率；[S]—底物浓度

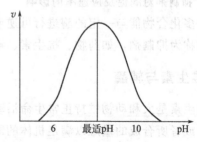

图 12-4　pH 值对反应速率的影响

2. pH 值对酶促反应速率的影响

大部分酶的活力受其环境 pH 值的影响。如图 12-4 所示，在一定 pH 值下，酶促反应具有最大速率，高于或低于此值反应速率下降，通常称此 pH 值为酶促反应的最适 pH 值。最适 pH 值有时因底物种类、浓度及缓冲液成分不同而不同，而且常与酶的等电点不一致，因此，酶的最适 pH 值并不是一个常数，只是在一定条件下才有意义。一般 pH＝6～8。动物酶多在 pH＝6.5～8.0，但也有例外，如胃蛋白酶 pH 值为 1.5。

3. 温度对酶促反应速率的影响

温度对酶促反应速率（用 V 表示）也有很大影响，如图 12-5 所示，有一个最适温度。最适温度两侧，反应速率都比较低。在达到最适温度之前提高温度，可以提高酶促反应的速率。温度对酶促反应速率的影响有两方面原因：一是当温度升高时反应速率加快，这与一般化学反应一样；二是随温度升高而使酶逐渐变性，即通过减少有活性的酶而降低酶促反应的速率。酶促反应的最适温度就是这两种过程平衡的结果。在低于最适温度时以前一种效应为主；在高于最适温度时，则以后一种效应为主，因而酶活性迅速丧失，反应速率很快下降。

4. 酶浓度对酶促反应速率的影响

在一定条件下酶促反应的速率与酶的浓度成正比。因为酶催化反应时，首先要与底物形成一种中间产物，即酶-底物复合物。当底物浓度大大超过酶浓度时，反应达到最大速率。如果此时增加酶的浓度可增加反应速率，酶促反应速率与酶浓度成正比关系。图 12-6 表示出了酶反应速率与酶浓度成直线关系。

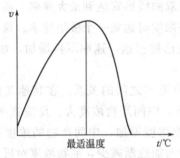

图 12-5　温度对反应速率的影响

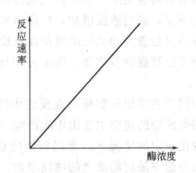

图 12-6　酶浓度对反应速率的影响

5. 激活剂对酶促反应速率的影响

凡是能提高酶活性的物质都称为激活剂，其中大部分是离子或简单有机化合物。

6. 抑制剂对酶促反应速率的影响

许多化合物能与一定的酶进行可逆或不可逆的结合，而使酶的催化作用受到抑制，这种化合物称为抑制剂，如药物、抗生素、毒物、抗代谢物等。

六、维生素与辅酶

维生素是人和动物维持正常生命活动所必需的一类小分子有机化合物。它们不能在体内合成，或者所合成的量难以满足机体的需要，所以必须由食物供给。维生素的每日需要量甚少（常以毫克或微克计），它们既不是构成机体组织的原料，也不是体内供能的物质，然而在调节物质代谢、促进生长发育和维持生理功能等方面却发挥着重要作用，如果长期缺乏某种维生素，就会导致疾病。维生素对新陈代谢过程非常重要。这是因为，大多数维生素可以作为辅酶或辅基的组成成分，参与体内的代谢过程。特别是维生素 B 族，如维生素 B_1、维生素 B_2、维生素 PP、泛酸等，几乎全部参与辅酶的组成。甚至有些维生素，如硫辛酸、维生素 C 等，本身就是辅酶。

维生素的种类很多，通常按其溶解性分为水溶性维生素和脂溶性维生素两大类。

1. 水溶性维生素

（1）硫胺素　硫胺素或称为维生素 B_1，在动植物组织和酵母中它主要以辅酶即焦磷酸硫胺素（TPP）的形式存在。

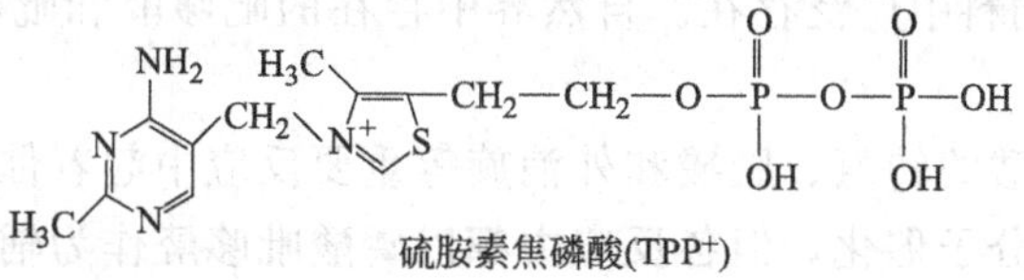

硫胺素焦磷酸(TPP+)

维生素 B_1 尚有抑制胆碱酯酶的作用，胆碱酯酶能催化神经递质——乙酰胆碱水解，而乙酰胆碱与神经传导有关。因此，缺乏维生素 B_1 时，由于胆碱酯酶活性增强，乙酰胆碱水解加速，使神经传导受到影响，可造成胃肠蠕动缓慢、消化液分泌减少、食欲不振和消化不良等症状。如果给以维生素 B_1，则可增加食欲、促进消化。

（2）核黄素　核黄素又称为维生素 B_2，自然界中存在的维生素 B_2 大多数为黄素单核苷酸（FMN）和黄素腺嘌呤二核苷酸（FAD）。FMN 和 FAD 在酶的活性中心中起着辅基的作用，两者是生物体内黄素蛋白等氧化还原酶的辅酶，广泛参与体内多种氧化还原反应。

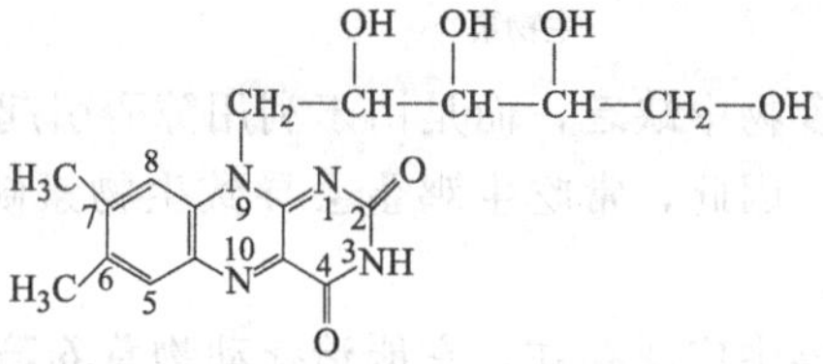

核黄素(维生素B₂)

维生素 B_2 缺乏时组织呼吸减弱，代谢强度降低，主要症状为口腔发炎、舌炎、唇炎、眼睑炎等各种黏膜、皮肤炎症及神经系统的变化，各种动物的表现不同。

（3）泛酸　泛酸又称为维生素 B_3，它是 β-丙氨酸与 α,γ-二羟-β,β-二甲基丁酸结合而成的化合物。

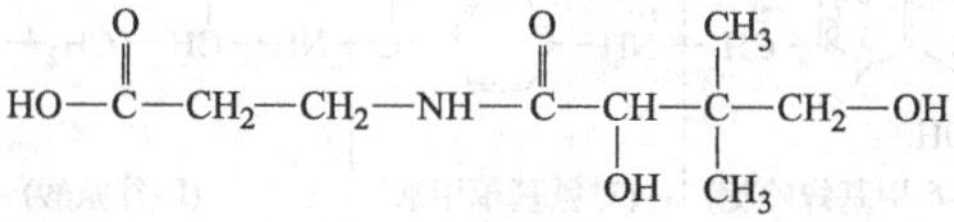

维生素B₃

动物和微生物都需要泛酸。在自然界这种维生素是作为辅酶 A 和酰基载体蛋白的组成成分存在的，它是乙酰化作用的辅酶，由辅酶 A 和羧酸形成的硫酯具有特殊功能，使它在生化反应中起着一定的作用。泛酸还可以通过促进氨基酸与血液中白蛋白的结合来刺激动物体内抗体的形成，实现动物对病原体抵抗力的提高。

（4）烟酰胺、烟酸　又称为维生素 B_5 或维生素 PP，它包括烟酸（尼克酸）和烟酰胺（尼克酰胺）两种化合物。

烟酸和烟酰胺的分布很广，动植物组织中都有，在体内有两种活性形式，即烟酰胺腺嘌呤二核苷酸（辅酶Ⅰ表示为 NAD$^+$）和烟酰胺腺嘌呤二核苷酸磷酸（辅酶Ⅱ表示为 NADP$^+$）。辅酶 I、辅酶 II 是催化氧化还原反应的脱氢酶的辅酶。其底物是专一的，而且对其辅酶也是专一的。例如，在磷酸戊糖途径中，催化 6-磷酸葡萄糖氧化的 6-磷酸葡萄糖脱氢酶要求 NADP$^+$ 作为辅酶，当 6-磷酸葡萄糖氧化时，NADP$^+$ 立即被还原。

（5）维生素 B_6 属于维生素 B_6 的化合物有三种，即吡哆醛、吡哆胺和吡哆醇。这三种维生素 B_6 在动植物性饲料中广泛存在。自然界中存在的吡哆醛和吡哆胺作为辅酶以其磷酸衍生物状态存在。

磷酸吡哆醛在氨基酸的转氨、脱羧和外消旋等重要反应中起着催化作用，其中每个反应都是由不同的专一性酶分子催化，但各反应中都以磷酸吡哆醛作为辅酶。

（6）生物素 生物素又称为维生素 B_7 或维生素 H。生物素在自然界广泛存在，肝和酵母中含量较丰富。这种维生素主要是通过 ε-N-赖氨酸残基而与蛋白质结合的。生物胞素即 ε-N-生物素酰-L-赖氨酸，是从含生物素的蛋白质中分离出来的一种水解产物。生物素是多种羧化酶如乙酰 CoA 羧化酶、丙酮酸羧化酶的成分，起羧基传递体的作用，催化底物发生羧化反应。

生物素

人缺乏生物素不是由于食物中缺乏，而是由于利用障碍引起。鸡蛋中有不耐热的抗生物素蛋白，影响生物素的吸收。因此，常吃生鸡蛋会导致生物素缺乏。其症状有抑郁、幻觉、肌肉疼痛、毛发脱落和皮炎。

（7）叶酸 叶酸在自然界中广泛存在，它能治疗动物营养障碍性贫血病。叶酸以其还原性产物起辅酶的作用。叶酸先经 L-叶酸还原酶还原成二氢叶酸（DHF），再被二氢叶酸还原酶还原成四氢叶酸（THF），这两个反应中的还原剂都是 NADPH。四氢叶酸是一碳单位转移酶的辅酶，是一碳单位的载体。缺乏叶酸，将影响 DNA 的合成，会产生巨幼红细胞性贫血。

（2-氨基-4-羟基-6-甲基蝶呤啶）　（对氨基苯甲酸）　（L-谷氨酸）

叶酸结构式

（8）维生素 B_{12} 维生素 B_{12} 是一种氰钴胺素，分离出的维生素 B_{12} 除含—CN 外，也可以含羟基、亚硝基、氯离子、硫酸根离子及其他阴离子，而且还有其他维生素 B_{12} 的类似物存在，如在细菌中，其 5,6-二甲基苯并咪唑残基可被其他的含氮碱基所取代。维生素 B_{12} 只在动物及微生物中发现，而不存在于植物中，它以辅酶 B_{12} 状态存在。在此辅酶中，维生素 B_{12} 分子中的—CN 被 5′-脱氧腺苷取代，与腺苷中核糖的 5′-碳原子连接，所以是 5′-脱氧腺苷钴胺素。此有机金属中的亚甲基团是此辅酶中的一个活性中心。此辅酶相当不稳定，当遇光或氰化物时便裂解成相应的羟基钴胺素或氰钴胺素。因而，自然界存在的维生素 B_{12} 很可能是以辅酶 B_{12} 的形式存在。

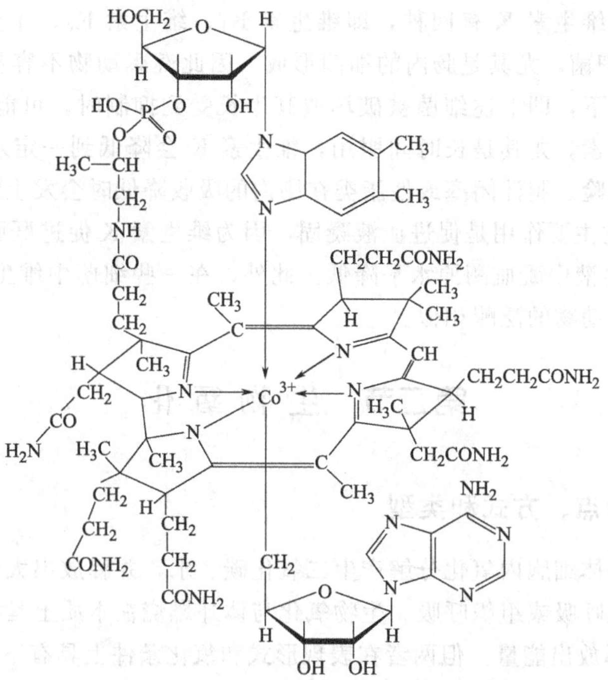

维生素B$_{12}$辅酶

(9) **抗坏血酸**　抗坏血酸又称为维生素 C。维生素 C 与辅酶的关系至今尚未被弄清。在动植物中，除去豚鼠和灵长类动物（包括人类）外，都能以 D-葡萄糖合成抗坏血酸。人类膳食中缺乏抗坏血酸时，便会得坏血病，这是一种引起水肿、皮下出血、贫血、牙齿和牙龈发生病理变化的疾病。

2. 脂溶性维生素

(1) **维生素 A**　维生素 A 包括维生素 A$_1$（视黄醇）和维生素 A$_2$（视黄醛）两种形式。这些化合物是由其母体物质 β-胡萝卜素形成的，所以 β-胡萝卜素又称为维生素 A 原。肠液中含有一种加氧酶，能将 1 分子 β-胡萝卜素裂解产生 2 分子维生素 A$_1$ 醛，它又可被醇脱氢酶还原成视黄醇。

α-胡萝卜素、β-胡萝卜素和 γ-胡萝卜素及玉米黄素都是由植物合成的，动物不能合成，因而维生素 A 的最好来源是绿色蔬菜。胡萝卜素具有疏水性质，它也存在于牛奶和动物脂肪中，动物肝脏中储藏较多。缺乏视黄醇的典型症状是上皮细胞中发生角化作用，对眼睛则会引起干眼病。人类和动物缺乏视黄醇的早期症状是夜盲症。

(2) **维生素 D**　维生素 D 是类固醇的衍生物，种类很多，其中以维生素 D$_2$ 和维生素 D$_3$ 的生理活性较高。已知许多化合物对防止佝偻病有效，它们都是由不同类型的维生素 D 原经紫外线辐射而衍生的。动物组织中的 7-脱氢胆固醇存在于皮肤表层中，可由于紫外线辐射而转化成维生素 D$_3$，鱼肝油中也存在。

(3) **维生素 E**　维生素 E 又称为生育酚，天然存在的维生素 E 有八种，它们都是苯并二氢吡喃的衍生物，根据甲基的数目和位置不同，又分为 α、β、γ、δ、ζ 几种。在自然界中分布甚广，在麦胚油、玉米油、花生油中大量存在，也存在于动物的脂肪中。

生育酚在体外最重要的效应即它是一种强抗氧化剂。有人认为生育酚的生物化学作用是能保护敏感的线粒体系统免受脂质过氧化物的不可逆抑制作用的影响。

（4）维生素 K　维生素 K 有四种，即维生素 K_1、维生素 K_2、维生素 K_3 以及维生素 K_4。维生素 K 可由细菌，尤其是肠内的细菌形成，因此健康动物不容易缺乏维生素 K。人类和动物在某种情况下，即上述细菌被破坏或其生长受到抑制时，可能会发生维生素 K 缺乏。所以，服用抗菌素，尤其是长时间服用，维生素 K 会降低到一定水平，致使血液凝集的时间延长而发生危险。胆汁闭塞或使脂类在肠内的吸收降低时会发生维生素 K 缺乏症。

已知维生素 K 的主要作用是促进血液凝固，因为维生素 K 促进肝脏合成凝血酶原。缺乏维生素 K 会引起血液中凝血酶原水平降低。此外，在一些细菌中维生素 K 也起着电子传递的作用，其作用和动物的泛醌相似。

第二节　生 物 氧 化

一、生物氧化的特点、方式和类型

有机物质在生物体细胞内氧化分解产生二氧化碳、水，并释放出大量能量的过程，称为生物氧化，又称细胞呼吸或组织呼吸。生物氧化与体外燃烧在本质上是相同的，它们都能生成 CO_2、H_2O，并释放出能量。但两者在表现形式和氧化条件上具有不同的特点。

① 在细胞内，温和的环境中经酶催化逐步进行。

② 能量逐步释放。一部分以热能形式散发，以维持体温。一部分以化学能形式储存，供生命活动能量之需。

③ 生物氧化的速率由细胞自动调控。

生物体内的氧化反应方式和类型与体外（一般化学）氧化反应相同，即脱电子、脱氢和加氧。生物氧化反应中脱下的电子或氢原子不能游离存在，必须由另一物质接受，接受氢或电子的反应为还原反应。所以体内的氧化反应总是和还原反应偶联进行的，称为氧化还原反应。其中，失去电子或氢原子的物质称为供电子体或供氢体，接受电子或氢原子的物质称为受电子体或受氢体。

二、线粒体生物氧化体系

1. 呼吸链的主要组成成分

线粒体内的生物氧化依赖于线粒体内膜上一系列酶或辅酶的作用。它们作为递氢体或递电子体，按一定的顺序排列在内膜上，组成递氢或递电子体系，称为电子传递链。该传递链进行的一系列连锁反应与细胞摄取氧的呼吸过程相关，故又称为呼吸链。

氧化呼吸链是由四种具有电子传递活性的复合体和两个独立成分构成。四种复合体分别是复合体I：NADH-CoQ 还原酶（又称 NADH 脱氢酶），此酶包括 FMN 和铁-硫蛋白；复合体II：琥珀酸-CoQ 还原酶，此酶包括 FAD 和铁-硫蛋白；复合体III：CoQ-细胞色素 c（Cytc）还原酶，包括 Cytb、$Cytc_1$ 和铁-硫蛋白；复合体IV：Cytc 氧化酶，含有 Cyta、$Cyta_3$ 和 Cu，因 Cyta 和 $Cyta_3$ 结合紧密，也称 $Cytaa_3$。两个独立成分是 CoQ 和 Cytc。各复合体在呼吸链上的排列顺序为：

$$FADH_2$$
$$\downarrow$$
$$琥珀酸\text{-}CoQ\ 还原酶$$
$$\downarrow$$

$$NADH \rightarrow NADH\text{-}CoQ\ 还原酶 \rightarrow CoQ \rightarrow Cytc\ 还原酶 \rightarrow Cytc \rightarrow Cytc\ 氧化酶 \rightarrow O_2$$

（1）NAD$^+$（尼克酰胺腺嘌呤二核苷酸，又称辅酶Ⅰ）　它是体内许多不需氧脱氢酶的辅酶，将作用物的脱氢与呼吸链的传递氢过程联系起来，是递氢体。NAD$^+$中的尼克酰胺（维生素PP）能进行可逆的加氢和脱氢反应，每次只能接受一个氢原子和一个电子，另一质子则留在介质中，所以还原型辅酶Ⅰ写成NADH＋H$^+$。

（2）黄素蛋白或黄素酶（FP）　黄素蛋白的种类很多，如琥珀酸脱氢酶、脂酰CoA脱氢酶等，其辅基只有FAD和FMN两种，两者均含核黄素（维生素B$_2$）。FAD和FMN中的异咯嗪部分可进行可逆的加氢和脱氢反应，故也是递氢体，每次可接受两个氢原子，即得FADH$_2$。

（3）铁-硫蛋白（Fe-S）　又称铁硫中心，其特点是含有铁原子和硫原子，铁与无机硫原子或是蛋白质分子上的半胱氨酸残基的硫相结合。常见的铁硫蛋白有三种组合方式。铁硫蛋白是电子传递体，其中的铁能可逆地进行氧化还原反应，每次只能传递一个电子。在呼吸链中，铁硫蛋白多与黄素蛋白或细胞色素b结合成复合物存在。

（4）泛醌（UQ）　又称辅酶Q，为一脂溶性醌类化合物，广泛存在于生物界。它能可逆地进行加氢和脱氢反应，所以是递氢体。

（5）细胞色素体系（Cyt）　细胞色素是一类以铁卟啉为辅基的结合蛋白质，此类蛋白质的颜色来自铁卟啉。根据其吸收光谱的不同可分为三大类：Cyta、Cytb、Cytc。每类又可分为若干种，其中主要细胞色素有a、a$_3$、b、c、c$_1$、b$_5$、P$_{450}$等。除b$_5$和P$_{450}$主要存在于线粒体中外，大部分细胞色素存在于线粒体内膜中，并与内膜紧密结合，只有Cytc结合较松。细胞色素作为递电子体，其中铁卟啉中的Fe离子能进行可逆的氧化还原反应。

2. 动物体内重要的呼吸链

在动物细胞的线粒体内存在两条呼吸链，即NADH氧化呼吸链和FADH$_2$氧化呼吸链。

（1）NADH氧化呼吸链　由辅酶Ⅰ、黄素蛋白、铁硫蛋白、辅酶Q和细胞色素组成。体内多种代谢物如苹果酸、乳酸、丙酮酸、异柠檬酸等在相应脱氢酶的催化下脱下的氢都通过此条呼吸链传递给氧生成水，所以此条呼吸链为体内最重要的呼吸链。代谢物脱下的2H交给NAD$^+$生成NADH＋H$^+$，后者又在NADH脱氢酶复合体作用下脱氢，经FMN传递给辅酶Q，生成CoQH$_2$。以后CoQH$_2$脱下2H（2H══2H$^+$＋2e），其中2H$^+$游离于介质中，2e$^-$则首先由2Cytb的Fe^{3+}接受还原成Fe^{2+}，并沿着Cytb→Cytc1→Cytc→Cytaa$_3$→O$_2$的顺序逐步传递给氧生成O^{2-}，O^{2-}比较活泼，可与游离于介质中的2H$^+$结合生成水。

（2）FADH$_2$氧化呼吸链　由黄素蛋白（以FAD为辅酶）、辅酶Q和细胞色素组成。其与NADH氧化呼吸链的区别在于代谢物脱下的2H不经过NAD$^+$这一环节，除此之外，其氢与电子的传递过程均与NADH氧化呼吸链相同。琥珀酸脱氢酶、脂酰CoA脱氢酶、a磷酸甘油脱氢酶催化代谢物脱下的氢均通过此呼吸链被氧化。这条呼吸链不如NADH氧化呼吸链的作用普遍。

三、生物氧化过程中氧化能量的生成与转化

1. 高能化合物

不同的化学键所贮存的能量并不一样。所以有的键水解时释放的能量较少；而有的则释放的能量较多，称为高能键。体内最主要的高能键是高能磷酸键。含有高能键的化合物称为高能化合物，体内最重要的高能化合物是ATP。机体能量的释放、贮存、利用都以ATP为中心，ATP是生物界普遍的供能物质，有"通用的能量货币"之称。ATP含有三个磷酸、两个高能磷酸键。

2. ATP 的生成和转化

(1) 底物水平磷酸化　在高能化合物放能过程的同时，伴有 ADP 磷酸化生成 ATP 的作用，称为底物水平磷酸化，与呼吸链的电子传递无关，也无水生成。也就是说，高能化合物直接将其高能键中贮存的能量传递给 ADP，使 ADP 磷酸化生成 ATP，此类反应需在酶的催化下完成。通过底物水平磷酸化生成的 ATP 在体内所占比例很小，如 1mol 葡萄糖彻底氧化产生的 36mol 或 38mol ATP 中，只有 4mol 或 6mol 由底物水平磷酸化生成，其余 ATP 均通过氧化磷酸化产生。

(2) 氧化磷酸化　代谢物脱下的氢经呼吸链传递给氧生成水，同时逐步释放能量，使 ADP 磷酸化生成 ATP，这种氧化与磷酸化相偶联的过程称为氧化磷酸化。

(3) 偶联部位和 P/O 比　氧化磷酸化的偶联部位由实验得知有 3 个部位释放的能量足可以使 ADP 磷酸化生成 ATP。普遍认为下述 3 个部位就是电子传递链中产生 ATP 的部位：

NADH→NADH 脱氢酶→‖Q→细胞色素 bc_1 复合体→‖Cytc→aa_3→‖O_2

P/O 比值是指代谢物氧化时每消耗 1mol 氧原子所消耗的无机磷原子的物质的量，即合成 ATP 的物质的量。实验表明，NADH 在呼吸链被氧化为水时的 P/O 值约等于 3，即生成 3 分子 ATP；$FADH_2$ 氧化的 P/O 值约等于 2，即生成 2 分子 ATP。

第三节　糖类与糖的分解代谢

常见的糖类化合物有葡萄糖、果糖、蔗糖、淀粉、纤维素等。从化学结构上看，糖类是多羟基醛或多羟基酮和它们的脱水缩合产物。糖类根据它能否水解和水解后生成的物质分三类：单糖、低聚糖和多糖。

一、糖类

1. 单糖的结构

单糖是多羟基醛或多羟基酮，按其官能团可分为醛糖和酮糖，按照分子中含有的碳原子的数目又可分为丙糖、丁糖、戊糖、己糖等。单糖的这两种分类法常常结合使用。自然界中分布最普遍又最重要的单糖有葡萄糖、果糖、半乳糖等，它们的链状结构如下：

葡萄糖(己醛糖)　　半乳糖(己醛糖)　　果糖(己酮糖)

单糖的链状结构不稳定，在溶液、结晶状态和生物体内主要以环状结构存在。单糖的环状结构是其羰基与羟基发生半缩醛反应而形成的五元和六元含氧碳环，有 α-型和 β-型两种结构，形成的半缩醛羟基与原链状 C_4 或 C_5 上的羟基处于同侧的为 α-型，处于异侧的为 β-型。单糖的 α-型和 β-型环状结构之间可以通过链状结构相互转化。

环状结构常写成哈武斯透视式。戊糖和己糖的哈武斯透视式的简单写法：将环架按碳原子的顺时针方向画成横的六角形（六元环）或五角形（五元环）。氧原子在六角形中一般放在右上角，在五角形中一般放在正上角。末位羟甲基（—CH₂OH）写在环的上方。链式结构中在右侧的羟基写在环的下方，左侧的羟基写在环的上方。半缩醛羟基在环下方的为α-型，在上方的为β-型。

以核糖为例：

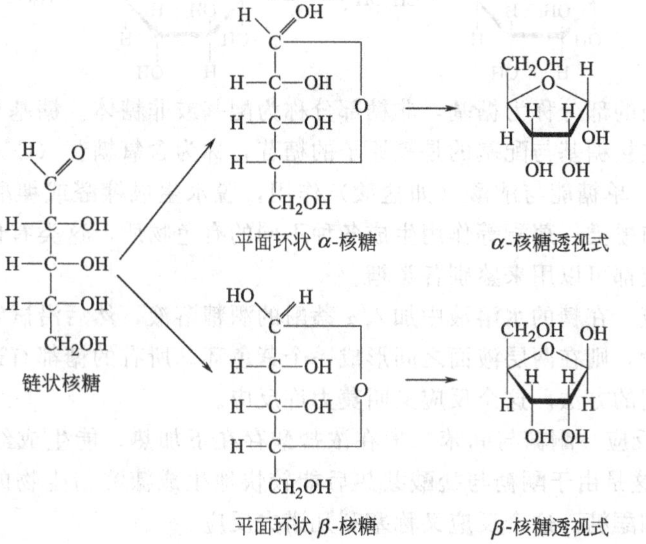

平面环状 α-核糖   α-核糖透视式

链状核糖

平面环状 β-核糖   β-核糖透视式

又如：

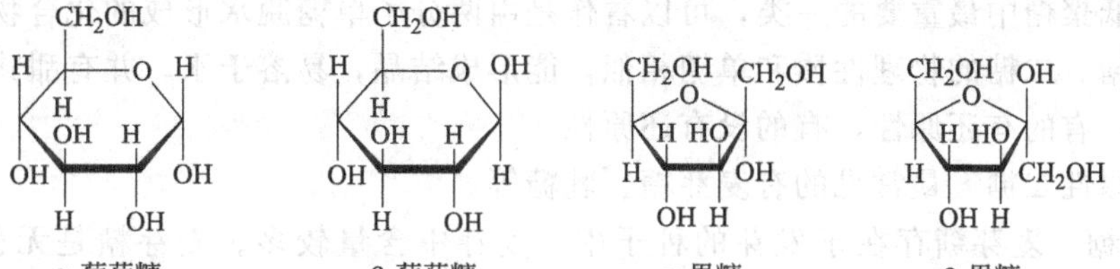

α-葡萄糖   β-葡萄糖   α-果糖   β-果糖

2. 单糖的性质

（1）单糖的物理性质　单糖是无色晶体，有吸湿性，易溶于水，难溶于乙醇、乙醚。单糖都有甜味，不同的单糖甜度也不相同，如以蔗糖甜度为100，则葡萄糖的甜度为74，果糖的甜度为173，半乳糖甜度为32。

（2）单糖的化学性质

① 氧化反应　醛糖可被斐林试剂（或托伦试剂）等弱氧化剂氧化。酮糖分子内虽没有醛基，但在碱性溶液中能转变成醛糖。所以醛糖、酮糖都可以被弱氧化剂吐伦试剂、斐林试剂和本尼迪特试剂氧化，生成糖酸或复杂的小分子羧酸混合物。这种能还原弱氧化剂的糖称为还原糖。所有的单糖均为还原糖。

② 成酯反应　单糖分子中所有的羟基都可以成酯，这个反应叫成酯反应。在生物体内最常见的糖酯为糖的磷酸酯，其中最重要的是1-磷酸葡萄糖、6-磷酸葡萄糖。结构式如下：

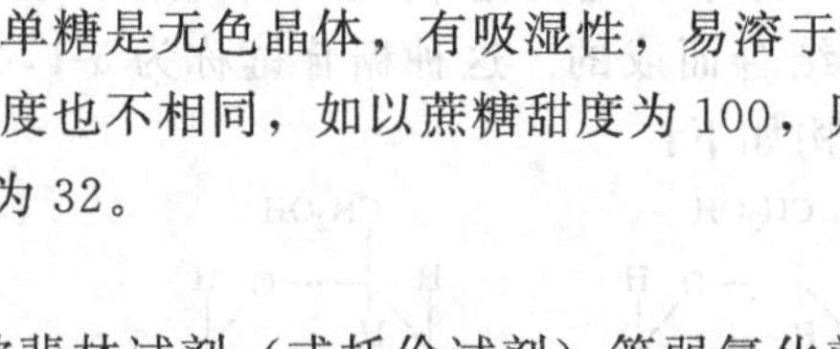

1-磷酸葡萄糖   6-磷酸葡萄糖

③ 成苷反应　单糖分子的环状结构中所含半缩醛羟基比其他羟基活泼，单糖的半缩醛

羟基可与其他含有羟基的化合物脱水形成缩醛型化合物，这类化合物叫做糖苷。例如：

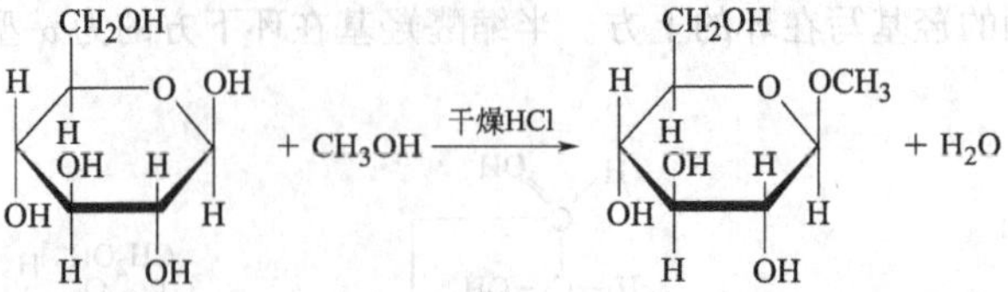

糖苷分子中糖的部分称为糖基，非糖部分称为配基或非糖体。糖基与配基的连接键称为糖苷键或苷键。连接糖基与配基的是氧原子的糖苷，称为含氧糖苷（C—O—C）。

④ 呈色反应 单糖能与浓酸（如盐酸）作用，脱水生成糠醛或糠醛的衍生物。糠醛和糠醛的衍生物能与酚类、蒽酮等作用生成各种不同的有色物质，这类有色物质的结构尚不清楚，但其呈色反应都可以用来鉴别各类糖。

a. α-萘酚反应 在糖的水溶液中加入 α-萘酚的酒精溶液，然后沿试管壁小心地加入浓硫酸，不要振动试管，则在两层液面之间形成一个紫色环。所有的糖都有这种颜色反应，这是检验糖类物质常用的方法。这个反应又叫莫力许反应。

b. 间苯二酚反应 酮糖与间苯二酚在浓盐酸存在下加热，能生成红色物质，而醛糖在 2min 内不变色。这是由于酮糖与盐酸共热后能较快地生成糠醛衍生物的缘故。利用这个反应可以鉴别醛糖和酮糖。这个反应又称塞利凡诺夫反应。

3. 二糖

二糖是低聚糖中最重要的一类，可以看作是由两分子单糖脱水形成的化合物，能被水解为两分子单糖。二糖的物理性质和单糖相似，能形成结晶，易溶于水，并有甜味。自然界里存在的二糖，有的有还原性，有的没有还原性。

（1）还原性二糖 最常见的有麦芽糖、乳糖等。

① 麦芽糖 麦芽糖存在于发芽的种子中，麦芽中含量较多。麦芽糖是无色片状结晶，易溶于水。其分子结构中还保留一个半缩醛羟基，所以它在水溶液中仍可以 α-、β-和开链式三种形式存在。麦芽糖是由一分子 α-葡萄糖 C_1 上的半缩醛羟基与另一分子 α-葡萄糖 C_4 上的醇羟基脱水，通过糖苷键结合而成的。这种糖苷键称为 α-1,4-糖苷键。麦芽糖具有还原性，是一种还原二糖。其结构如下：

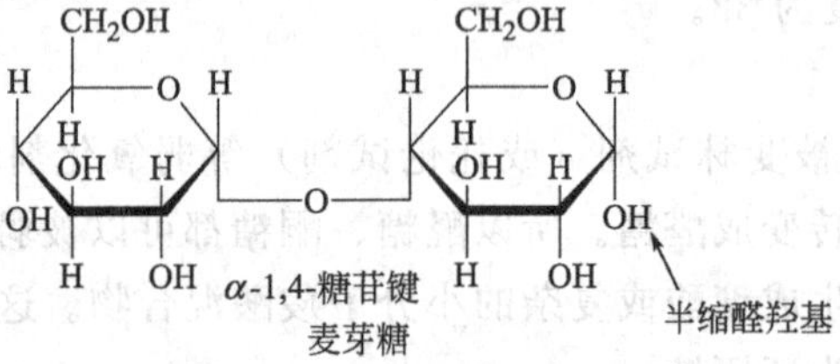

α-1,4-糖苷键
麦芽糖

② 乳糖 乳糖是一分子 β-半乳糖与一分子 α-葡萄糖以 β-1,4-糖苷键连接而成的二糖。乳糖分子中仍保留一个半缩醛羟基，因此，它具有 α-型和 β-型两种异构体，是一个还原性二糖。乳糖为白色粉末，没有吸湿性，可用于食品及医药工业上。

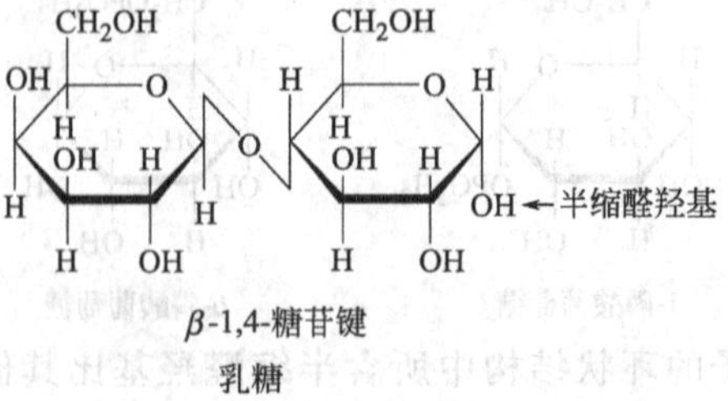

β-1,4-糖苷键
乳糖

（2）非还原性二糖　非还原性二糖是由两分子单糖的半缩醛羟基脱水而成的，分子中不再存在半缩醛羟基，因此不具有还原性。最常见的非还原性二糖是蔗糖。

蔗糖是自然界中分布最广且最重要的二糖，广泛存在于植物的根、茎、叶、花、种子和果实中。蔗糖是白色晶体，易溶于水，甜度仅次于果糖。

1,2-糖苷键

蔗糖

蔗糖分子是由一分子 α-葡萄糖 C_1 上的半缩醛羟基与 β-果糖 C_2 上的半缩醛羟基脱去一分子水，通过 1,2-糖苷键连接而成的二糖。蔗糖分子中不存在半缩醛羟基，所以无还原性。蔗糖在酸或酶的催化下水解，生成葡萄糖和果糖的混合物。

4. 多糖

多糖在自然界的分布很广。按其生物学功能大致分为两类：一类是作为贮藏物质，如淀粉、动物中的糖原；另一类是构成植物的结构物质，如纤维素等。

（1）淀粉　淀粉是人类粮食及动物饲料的重要来源。淀粉在酸和体内淀粉酶的作用下被降解，其最终水解产物为葡萄糖。这种降解过程是逐步进行的：

淀粉 ——→ 红色糊精 ——→ 无色糊精 ——→ 麦芽糖 ——→ 葡萄糖

遇碘显（紫蓝色）（红色）　　　（不显色）　（不显色）

淀粉一般由两种成分组成：一种为直链淀粉；另一种为支链淀粉。

① 直链淀粉　直链淀粉溶于热水，遇碘液呈紫蓝色。相对分子质量约在 $10000\sim50000$ 之间。每个直链淀粉分子只含有一个还原性端基和一个非还原性端基，所以它是一条长而不分枝的链。直链淀粉是由 α-1,4-糖苷键连接 α-葡萄糖残基组成的，当它被淀粉酶水解时，便产生大量的麦芽糖，所以直链淀粉是由许多重复的麦芽糖单位组成的。

直链淀粉

② 支链淀粉　支链淀粉的相对分子质量非常大，在 $50000\sim1000000$ 之间。端基分析表明，每 $24\sim30$ 个葡萄糖单位含有一个端基，因而它必定具有支链的结构。每条直链都是 α-1,4-糖苷键连接的链，支链之间由 α-1,6-糖苷键连接，可见支链淀粉分支点的葡萄糖残基不仅连接在 C_4 上，而且连接在 C_6 上，α-1,6-糖苷键占 $5\%\sim6\%$。支链淀粉的分支长度平均为 $24\sim30$ 个葡萄糖残基。遇碘显紫色或紫红色。

（2）糖原　糖原是动物细胞中的主要多糖，是葡萄糖极容易利用的贮藏形式。其作用与淀粉在植物中的作用一样，故有"动物淀粉"之称。糖原中的大部分葡萄糖残基是以 α-1,4-糖苷键连接的，分支是以 α-1,6-糖苷键连接的，大约每 10 个残基中有一个键。糖原端基含量占 9%，而支链淀粉为 4%，故糖原的分支程度比支链淀粉约高 1 倍多。糖原的相对分子质量很高，约为 5000000，它与碘作用显棕红色。

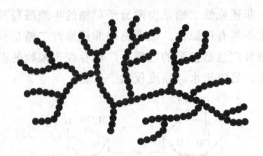

糖原的分子结构

（3）纤维素　纤维素不溶于水，相对分子质量为 50000～400000，每分子纤维素含有 300～2500 个葡萄糖残基。葡萄糖分子以 β-1,4-糖苷键连接而成。在酸的作用下完全水解纤维素的产物是 β-葡萄糖，部分水解时产生纤维二糖。

纤维素

除反刍动物外，其他动物的口腔、胃、肠都不含纤维素酶，不能把纤维素水解，所以纤维素对人及动物都无营养价值，但有利于刺激肠胃蠕动，帮助消化食物。反刍动物胃中的细菌含有纤维素酶，能消化纤维素。

二、糖的分解代谢

在正常情况下，糖是动物体主要的供能物质，体内能量的 70% 来自于糖的分解。有些器官如大脑必须直接利用葡萄糖供能。动物体内糖的来源一方面由消化道吸收，主要是饲料中的淀粉及少量蔗糖、乳糖和麦芽糖等，在消化道中转化为葡萄糖等单糖被吸收。另一方面由非糖物质转化而来，动物体可以由非糖物质合成糖，称为糖的异生作用。

1. 糖的无氧分解代谢

糖的无氧代谢是指在氧供应不足或不需氧的条件下体内组织细胞中的葡萄糖或糖原分解成为乳酸的过程，又称糖酵解。

（1）糖酵解过程　无氧分解过程在胞液中进行，其全过程可分为以下四个阶段。

① 第一阶段——己糖磷酸化生成 1,6-二磷酸果糖　这个阶段的主要变化是磷酸化及异构化，经磷酸化的糖不能透过细胞膜，可防止糖渗出细胞膜，是糖的活化过程。

a. 6-磷酸葡萄糖的生成　葡萄糖由葡萄糖激酶或己糖激酶催化生成 6-磷酸葡萄糖。反应不可逆，消耗 1 分子 ATP。糖无氧分解由糖原开始时，糖原分子中的葡萄糖单位在糖原磷酸化酶催化下磷酸化成 1-磷酸葡萄糖，此过程不消耗 ATP。1-磷酸葡萄糖再经磷酸葡萄糖变位酶的催化生成 6-磷酸葡萄糖。

$$\text{糖原} + H_3PO_4 \xrightarrow{\text{磷酸化酶}} \text{1-磷酸葡萄糖}$$

$$\Big\downarrow \text{变位酶}$$

$$\text{葡萄糖} \xrightarrow[\underset{ATP \quad Mg^{2+} \quad ADP}{}]{\text{葡萄糖激酶}} \text{6-磷酸葡萄糖}$$

b. 6-磷酸果糖的生成　6-磷酸葡萄糖在磷酸葡萄糖异构酶催化下，生成 6-磷酸果糖。

c. 1,6-二磷酸果糖的生成　6-磷酸果糖在 ATP 和 Mg^{2+} 存在下，由磷酸果糖激酶催化生成 1,6-二磷酸果糖，此反应消耗 1 分子 ATP（下面的图中 Ⓟ 代表 PO_3H_2）。

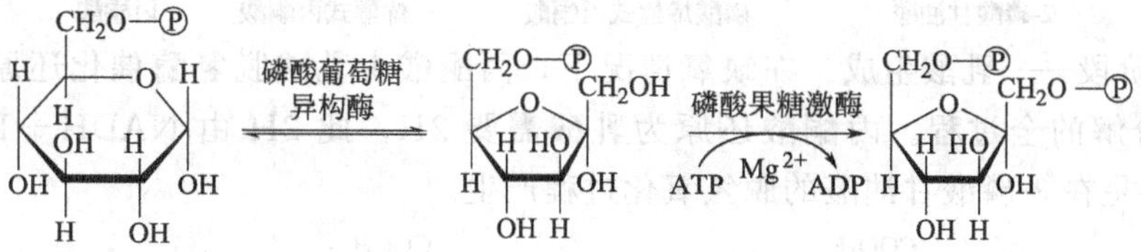

6-磷酸葡萄糖　　　　6-磷酸果糖　　　　1,6-二磷酸果糖

② 第二阶段——磷酸丙糖的生成　1,6-二磷酸果糖经醛缩酶催化，裂解为 2 分子磷酸丙糖，即 3-磷酸甘油醛和磷酸二羟丙酮，两者是异构体，在磷酸丙糖异构酶的催化下可以互相转变。但由于 3-磷酸甘油醛不断进入下一步反应，所以磷酸二羟丙酮很容易经异构反应变为 3-磷酸甘油醛。

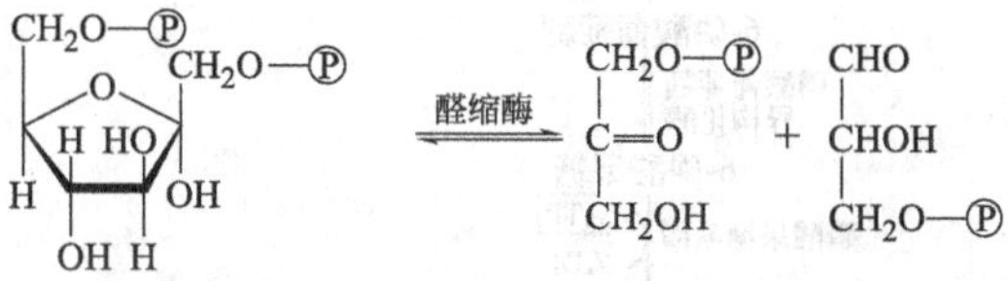

1,6-二磷酸果糖(FBP)　　　磷酸二羟丙酮　3-磷酸甘油醛

③ 第三阶段——丙酮酸生成　此阶段是糖酵解过程中释放能量的过程，3-磷酸甘油醛在 3-磷酸甘油醛脱氢酶催化下以辅酶Ⅰ（NAD^+）为受氢体进行脱氢氧化，同时被磷酸化生成含有高能磷酸键的 1,3-二磷酸甘油酸。这是糖酵解过程中唯一的脱氢氧化反应。1,3-二磷酸甘油酸再经磷酸甘油酸激酶催化，将高能磷酸键转移给 ADP 形成 ATP，而本身则转变为 3-磷酸甘油酸。这是糖无氧分解过程中第一次通过底物水平磷酸化生成 ATP。3-磷酸甘油酸在变位酶的催化下形成 2-磷酸甘油酸。

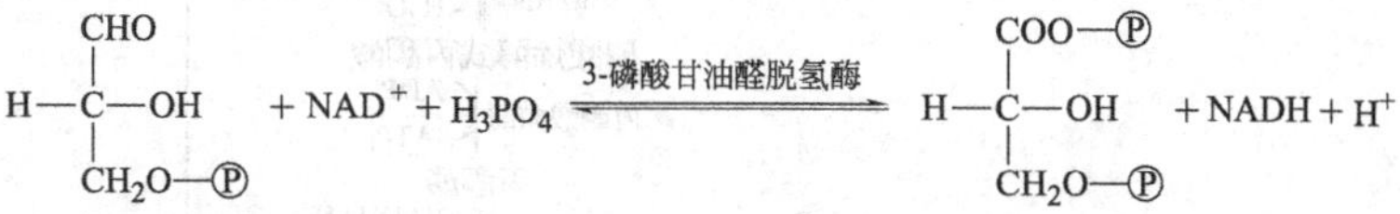

3-磷酸甘油醛　　　　　　　　　　　　1,3-二磷酸甘油酸

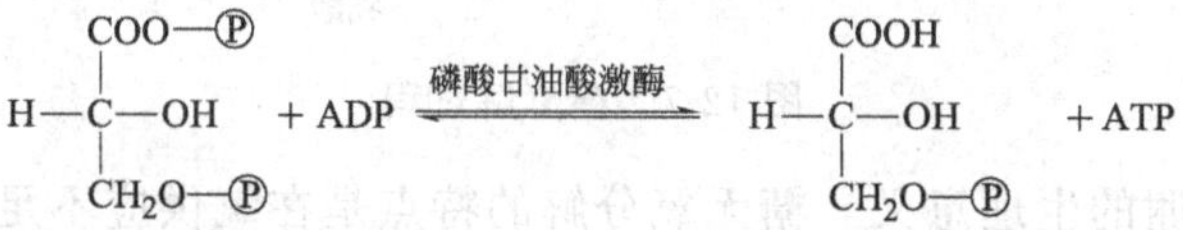

1,3-二磷酸甘油酸　　　　　　　　　　3-二磷酸甘油酸

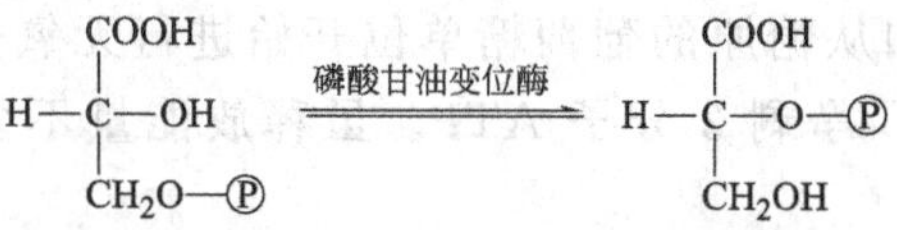

3-磷酸甘油酸　　　　　　　　　　　　2-磷酸甘油酸

2-磷酸甘油酸又在烯醇化酶作用下进行脱水反应，同时引起分子内能量重新分配，生成含有高能磷酸键的磷酸烯醇式丙酮酸。后者在丙酮酸激酶催化下，将高能磷酸键转移给 ADP，生成 ATP 和烯醇式丙酮酸。烯醇式丙酮酸可经分子重排转变为丙酮酸。这是糖无氧分解过程中第二次底物水平磷酸化生成 ATP。

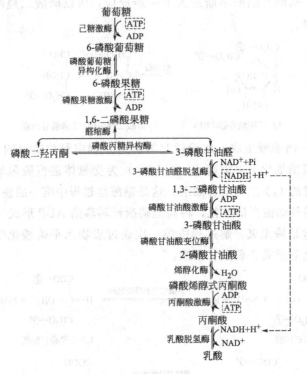

（图顶部结构式）

2-磷酸甘油酸　磷酸烯醇式丙酮酸　烯醇式丙酮酸　丙酮酸

④ 第四阶段——乳酸生成　在缺氧情况下，丙酮酸由乳酸脱氢酶催化还原为乳酸，完成糖不需氧分解的全过程。丙酮酸还原为乳酸需要 2H，此 2H 由 NADH＋H$^+$ 提供，而 NADH＋H$^+$ 是在 3-磷酸甘油醛的脱氢氧化过程产生。

$$
\begin{array}{ccc}
COOH & & COOH\\
| & & |\\
C{=}O & + NADH + H^+ \xrightarrow{\ \text{乳酸脱氢酶}\ } & CHOH + NAD^+\\
| & & |\\
CH_3 & & CH_3
\end{array}
$$

糖无氧分解可归纳为图 12-7。

葡萄糖
己糖激酶 〔ATP〕／ADP
6-磷酸葡萄糖
磷酸葡萄糖异构化酶
6-磷酸果糖
磷酸果糖激酶 〔ATP〕／ADP
1,6-二磷酸果糖
醛缩酶
磷酸二羟丙酮 ——磷酸丙糖异构酶—— 3-磷酸甘油醛
3-磷酸甘油醛脱氢酶 NAD$^+$+Pi／〔NADH〕+H$^+$
1,3-二磷酸甘油酸
磷酸甘油酸激酶 ADP／〔ATP〕
3-磷酸甘油酸
磷酸甘油酸变位酶
2-磷酸甘油酸
烯醇化酶 H$_2$O
磷酸烯醇式丙酮酸
丙酮酸激酶 ADP／〔ATP〕
丙酮酸
乳酸脱氢酶 NADH+H$^+$／NAD$^+$
乳酸

图 12-7　糖酵解过程

（2）糖的无氧代谢的生理意义　糖无氧分解的特点是在氧供应不足情况下分解糖，生成少量能量，供机体需要。1 分子葡萄糖经无氧分解可生成 4 分子 ATP，反应过程消耗 2 分子 ATP，可净剩 2 分子 ATP。如从糖原的葡萄糖单位开始进行无氧分解，也可产生 4 分子 ATP，但仅消耗 1 分子 ATP，净剩 3 分子 ATP。虽释放能量不多，但仍有重要的生理意义。

① 糖酵解是机体在缺氧情况下迅速获得能量以供急需的有效方式。例如，在剧烈运动时，骨骼肌处于相对缺氧状态，则酵解过程加强，补充运动所需的能量。

② 氧供应充足的条件下，有少数组织细胞，如红细胞、睾丸、视网膜、皮肤、肾髓质、白细胞等，其所需能量仍由糖无氧分解过程中底物水平磷酸化产生的 ATP 提供。红细胞缺少线粒体，不能进行有氧分解，维持红细胞结构和功能所需的能量全部依赖糖无氧分解

获得。

③ 某些病理情况下，如严重贫血、失血、休克、呼吸障碍、循环障碍等，因氧供应不足，组织细胞也可增强糖无氧分解，以获得少量能量。

糖无氧分解的终产物是乳酸。正常情况下，机体可继续利用乳酸。当氧供应充分时，乳酸则转变为丙酮酸，依循糖有氧分解途径分解为 CO_2 和 H_2O，释放能量。肌肉中糖无氧分解产生大量乳酸，还可以通过血液运到肝脏和肾脏，通过糖异生途径转变为糖。但乳酸是酸性化合物，若细胞内或血液中过量堆积可导致乳酸中毒，对机体产生有害影响。

2. 糖的有氧分解代谢

葡萄糖或糖原的葡萄糖单位在有氧情况下氧化成二氧化碳和水的过程称为糖的有氧代谢。糖的有氧代谢是体内糖分解产能的主要途径。

(1) 糖有氧代谢过程 糖有氧代谢过程可分为三个阶段：第一阶段是由葡萄糖或糖原的葡萄糖单位分解生成丙酮酸，反应在胞液中进行；第二阶段是丙酮酸氧化脱羧生成乙酰辅酶 A（乙酰 CoA），反应在线粒体中进行；第三阶段是乙酰 CoA 经三羧酸循环（TCA）氧化分解生成 CO_2 和 H_2O，反应在线粒体中进行。

① 糖氧化分解生成丙酮酸 葡萄糖或糖原的葡萄糖单位在胞液中经一系列的化学反应生成丙酮酸，此过程与糖酵解途径相同。

② 丙酮酸氧化脱羧生成乙酰 CoA 丙酮酸进入线粒体后氧化脱羧，并与辅酶 A 结合生成乙酰 CoA。该反应由丙酮酸脱氢酶复合体催化，是一个不可逆反应。

$$\begin{array}{c} \text{COOH} \\ | \\ \text{C=O} \\ | \\ \text{CH}_3 \end{array} + \text{CoASH-NAD}' \xrightarrow{\text{丙酮酸脱氢酶}} \text{CH}_3\text{COSCoA} + \text{CO}_2 + \text{NADH} + \text{H}^+$$

丙酮酸   乙酰CoA

③ 三羧酸循环——乙酰 CoA 氧化分解生成 CO_2 和 H_2O 所谓三羧酸循环是指乙酰 CoA 和草酰乙酸缩合生成柠檬酸，柠檬酸经一系列化学反应又生成草酰乙酸的循环过程，在此过程中乙酰 CoA 彻底分解为 CO_2 和 H_2O。由于循环反应是由柠檬酸开始，柠檬酸是含有三个羧基的酸，故此循环称三羧酸循环或柠檬酸循环。此循环反应的步骤如下所示。

a. 柠檬酸生成 在柠檬酸合成酶催化下，乙酰 CoA 与草酰乙酸缩合，生成柠檬酸。此过程不可逆。

$$\begin{array}{c} \text{O} \\ || \\ \text{CH}_3-\text{C}-\text{SCoA} \end{array} + \begin{array}{c} \text{COOH} \\ | \\ \text{C=O} \\ | \\ \text{CH}_2\text{COOH} \end{array} + \text{H}_2\text{O} \xrightarrow{\text{柠檬酸合成酶}} \begin{array}{c} \text{CH}_2\text{COOH} \\ | \\ \text{HO}-\text{C}-\text{COOH} \\ | \\ \text{CH}_2\text{COOH} \end{array} + \text{HSCoA}$$

乙酰辅酶A   草酰乙酸   柠檬酸

b. 柠檬酸转变为异柠檬酸 柠檬酸在顺乌头酸酶催化下，先脱水再水化反应生成异柠檬酸，为氧化脱羧作准备。

$$\begin{array}{c} \text{CH}_2\text{COOH} \\ | \\ \text{HO}-\text{C}-\text{COOH} \\ | \\ \text{CH}_2\text{COOH} \end{array} \underset{\text{顺乌头酸酶}}{\rightleftharpoons} \begin{array}{c} \text{CHCOOH} \\ || \\ \text{C}-\text{COOH} \\ | \\ \text{CH}_2\text{COOH} \end{array} + \text{H}_2\text{O} \underset{\text{顺乌头酸酶}}{\rightleftharpoons} \begin{array}{c} \text{HO}-\text{CHCOOH} \\ | \\ \text{CHCOOH} \\ | \\ \text{CH}_2\text{COOH} \end{array}$$

柠檬酸   顺乌头酸   异柠檬酸

c. 异柠檬酸氧化脱羧生成 α-酮戊二酸 在异柠檬酸脱氢酶催化下，异柠檬酸脱氢后迅速脱羧，生成 α-酮戊二酸。这是三羧酸循环第一次脱羧生成 CO_2 的反应，使六碳化合物转变为五碳化合物，脱下的 2H 由 NAD^+ 传递。

$$\begin{array}{l} HO-CHCOOH \\ | \\ CHCOOH \\ | \\ CH_2COOH \end{array} \xrightarrow[\substack{NAD \quad NADH^+}]{异柠檬酸脱氢酶} \begin{array}{l} COCOOH \\ | \\ CHCOOH \\ | \\ CH_2COOH \end{array} \xrightarrow{异柠檬酸脱氢酶} \begin{array}{l} COCOOH \\ | \\ CH_2 \\ | \\ CH_2COOH \end{array} + CO_2$$

异柠檬酸 　　　　　　　　　草酰琥珀酸 　　　　　　　α-酮戊二酸

d. **α-酮戊二酸氧化脱羧生成琥珀酰 CoA**　α-酮戊二酸受 α-酮戊二酸脱氢酶系催化，生成琥珀酰 CoA。这是三羧酸循环的第二次脱羧，使五碳化合物转变为四碳化合物。

$$\begin{array}{l} COCOOH \\ | \\ CH_2 \\ | \\ CH_2COOH \end{array} + NAD^+ + HSCoA \xrightarrow{α-酮戊二酸脱氢酶系} \begin{array}{l} CH_2COSCoA \\ | \\ CH_2COOH \end{array} + CO_2$$

α-酮戊二酸 　　　　　　　　　　　　　　　　　　　　琥珀酰辅酶A

e. **琥珀酰 CoA 转变成琥珀酸**　此反应由琥珀酰 CoA 合成酶（也称琥珀酸硫激酶）催化，在 H_3PO_4 和 GDP 存在下，琥珀酰 CoA 生成琥珀酸。琥珀酰 CoA 高能硫酯基团的能量转移，使 GDP 生成 GTP。这是三羧酸循环中唯一进行底物水平磷酸化的反应。生成的 GTP 可直接利用，也可将其高能磷酸基团转给 ADP，生成 ATP。

$$\begin{array}{l} CH_2COSCoA \\ | \\ CH_2COOH \end{array} + GDP + H_3PO_4 \xrightleftharpoons{琥珀酸硫激酶} \begin{array}{l} CH_2COOH \\ | \\ CH_2COOH \end{array} + CoASH + GTP$$

琥珀酰CoA 　　　　　　　　　　　　　　琥珀酸

f. **琥珀酸脱氢生成延胡索酸**　琥珀酸在琥珀酸脱氢酶的催化下脱氢，生成延胡索酸。琥珀酸脱氢酶的辅酶为 FAD，反应脱下的 2H 由 FAD 传递。

$$\begin{array}{l} CH_2COOH \\ | \\ CH_2COOH \end{array} + FAD \xrightleftharpoons{琥珀酸脱氢酶} \begin{array}{l} CHCOOH \\ \| \\ CHCOOH \end{array} + FADH_2$$

琥珀酸 　　　　　　　　　　　延胡索酸

g. **延胡索酸水化生成苹果酸**　由延胡索酸酶催化加水，生成苹果酸。

$$\begin{array}{l} CHCOOH \\ \| \\ CHCOOH \end{array} + H_2O \xrightleftharpoons{延胡索酸酶} \begin{array}{l} CH_2COOH \\ | \\ CHOH \\ | \\ COOH \end{array}$$

延胡索酸 　　　　　　　　　　苹果酸

h. **苹果酸脱氢生成草酰乙酸**　苹果酸在苹果酸脱氢酶的作用下脱氢，生成草酰乙酸，脱下的 2H 由 NAD^+ 传递。

$$\begin{array}{l} CH_2COOH \\ | \\ CHOH \\ | \\ COOH \end{array} + NAD^+ \xrightleftharpoons{苹果酸脱氢酶} \begin{array}{l} CH_2COOH \\ | \\ C=O \\ | \\ COOH \end{array} + NADH + H^+$$

苹果酸 　　　　　　　　　　　草酰乙酸

三羧酸循环是一个复杂的过程，其要点可归结于图 12-8。

(2) **糖有氧代谢的生理意义**

① **糖有氧代谢的基本功能是氧化供能**　1 分子葡萄糖在体内彻底氧化成 CO_2 和 H_2O 时，可净生成 38（或 36）分子 ATP（见表 12-1），是糖酵解产能的 19 倍，其中 24 分子 ATP 由三羧酸循环产生，因此一般生理条件下许多组织细胞皆从糖的有氧代谢获得能量。

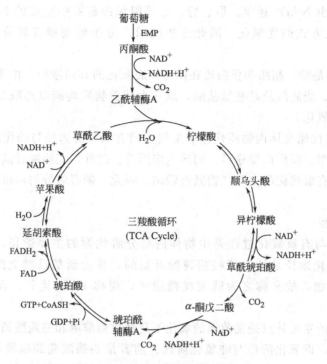

图 12-8 三羧酸循环示意图

表 12-1 1mol 葡萄糖在有氧分解时所放出的 ATP 的物质的量

反应阶段	反 应	ATP 的生成与消耗/mol			
		消耗	合成		净得
			底物磷酸化	氧化磷酸化	
酵解	葡萄糖→6-磷酸葡萄糖	1			-1
	6-磷酸果糖→1,6-二磷酸果糖	1			-1
	3-磷酸甘油醛→1,3-二磷酸甘油酸			3×2(2×2)	6(4)
	1,3-二磷酸甘油酸→3-磷酸甘油酸		1×2		2
	2-烯醇式丙酮酸→烯醇式丙酮酸		1×2		2
丙酮酸氧化脱羧	丙酮酸→乙酰 CoA			3×2	6
三羧酸循环	异柠檬酸→草酰琥珀酸			3×2	6
	α-酮戊二酸→琥珀酰 CoA			3×2	6
	琥珀酰 CoA→琥珀酸		1×2		2
	琥珀酸→延胡索酸			2×2	4
	苹果酸→草酰乙酸			3×2	6
总计		2	6	34(36)	38(36)

不同组织中 1 分子葡萄糖氧化分解净生成 ATP 的分子数稍有差别。原因是 3-磷酸甘油醛脱氢反应生成的 NADH 不能直接进入线粒体，只有通过间接方式才能进入线粒体呼吸链，这种间接方式称为穿梭。NADH 有两种穿梭方式：一种为磷酸甘油穿梭，在线粒体内最终由 FAD 递氢，脑、骨骼肌等组织细胞液中生成的 NADH 是通过 3-磷酸甘油穿梭方式氧化，故这些组织葡萄糖有氧分解可净生成 36 分子 ATP；另一种是苹果酸-天门冬氨酸穿

梭，线粒体内最终由 NAD^+ 递氢，肝、肾、心等组织细胞液中生成的 NADH 是通过苹果酸-天门冬氨酸穿梭方式彻底氧化，因此这些组织 1 分子葡萄糖有氧分解可净生成 38 分子 ATP。

② 三羧酸循环是糖、脂肪和蛋白质在体内彻底氧化的共同途径　由于乙酰 CoA 不仅来自糖，也来自甘油、脂肪酸及某些氨基酸，故三大营养物质均能以乙酰 CoA 的形式进入三羧酸循环，被彻底氧化。

③ 糖有氧分解代谢是体内物质代谢的主线　糖有氧分解途径与糖代谢的其他途径联系密切，如糖无氧代谢、磷酸戊糖途径、糖异生作用等。此外，三脂酰甘油合成和分解、氨基酸的代谢都与糖的有氧代谢的中间产物紧密联结。因此，糖有氧分解可以看成是体内物质代谢的中枢。

3. 磷酸戊糖途径

糖的无氧酵解与有氧氧化过程是生物体内糖分解代谢的主要途径，但不是唯一的途径。糖的另一条氧化途径是从 6-磷酸葡萄糖开始的，称为磷酸己糖支路，因为磷酸戊糖是该途径的中间产物，故又称之为磷酸戊糖途径，简称 HMP 途径。反应是在液泡中进行的。

磷酸戊糖途径的主要特点是葡萄糖的氧化不是经过糖酵解和三羧酸循环，整个磷酸戊糖途径分为两个阶段，即氧化阶段与非氧化阶段。前者是 6-磷酸葡萄糖脱氢、脱羧，形成 5-磷酸核糖；后者是磷酸戊糖经过一系列的分子重排反应，再生成磷酸己糖和磷酸丙糖。

（1）磷酸戊糖途径的反应历程

① 氧化阶段

a. 6-磷酸葡萄糖脱氢酶以 $NADP^+$ 为辅酶，催化 6-磷酸葡萄糖脱氢，生成 6-磷酸葡萄糖酸内酯。

b. 6-磷酸葡萄糖酸内酯在内酯酶催化下，水解为 6-磷酸葡萄糖酸。

c. 6-磷酸葡萄糖酸脱氢酶以 $NADP^+$ 为辅酶，催化 6-磷酸葡萄糖酸脱羧，生成五碳糖。

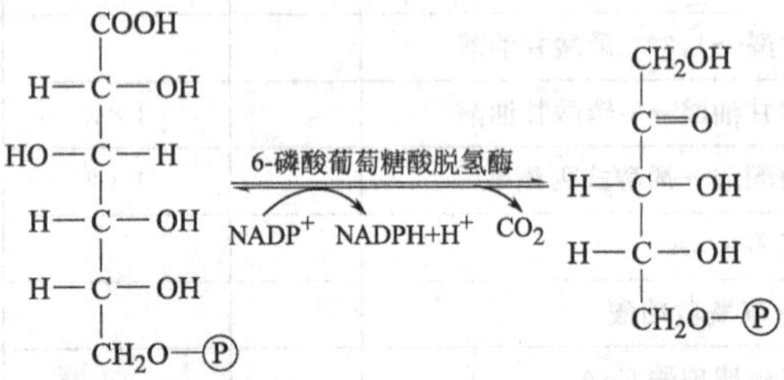

② 非氧化阶段　5-磷酸核酮糖异构为 5-磷酸核糖和 5-磷酸木酮糖。这些磷酸戊糖相互反应，发生分子间的基团转移和重排，经三、四、五、六、七碳糖等一系列中间物，重新生成 6-磷酸葡萄糖（G-6-P）。非氧化阶段的整体反应可以理解为由 6 分子 5-磷酸核酮糖转化为 5 分子 6-磷酸葡萄糖，如图 12-9 所示。

（2）磷酸戊糖途径的生理意义

① 磷酸戊糖途径中生成的 5-磷酸核糖是核酸合成所必需的，核酸分解产生的戊糖也要经此途径进行代谢。

② 反应中较多的 $NADPH+H^+$ 是许多化合物如脂肪酸、类固醇等生物合成时的供氢体，$NADPH+H^+$ 还是谷胱甘肽还原酶的辅酶，对维持红细胞膜的完整性有重要意义。

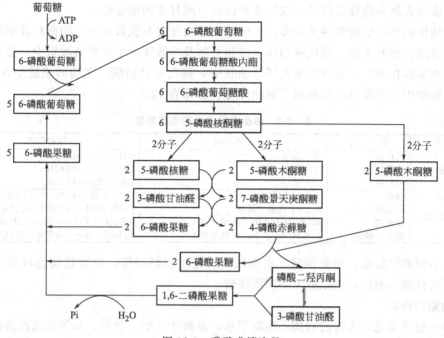

图 12-9　磷酸戊糖途径

③ 磷酸戊糖途径与糖酵解、糖有氧分解相互联系，3-磷酸甘油醛是三种途径的交叉点。如果某一途径因受某种因素的影响不能进行时，则可通过 3-磷酸甘油醛进入另一种分解途径，从而保证糖的分解继续进行。

④ 磷酸戊糖途径也能提供能量。反应中生成的 NADPH＋H$^+$ 可经生物氧化使其 2H 与 [O] 结合成水，并产生 ATP。

第四节　脂类与脂肪的分解代谢

脂类是油脂和类脂的总称，包括油脂、磷脂、胆固醇等。脂类具有重要的生物功能。磷脂和胆固醇是构成生物膜的主要物质，对于维持细胞膜系统的完整性具有重要的作用。油脂是机体储存能量的主要物质。脂类物质也可为动物机体提供溶解于其中的必需脂肪酸和脂溶性维生素，参与细胞的营养、代谢及调节活动。

一、油脂

1. 油脂的组成和结构

油脂是高级脂肪酸和甘油所形成的酯。它是植物和动物细胞贮脂的主要组分。一般在室温下为液态的称为油，在室温下为固态的称为脂肪。油脂的通式为：

$$R^2-C-O-CH \quad \begin{matrix} CH_2-O-C-R^1 \\ \\ CH_2-O-C-R^3 \end{matrix}$$

如果三个脂肪酸是相同的，称为简单三脂酰甘油，如三硬脂酰甘油、三软脂酰甘油、三油脂酰甘油等。如果含有两个或三个不同的脂肪酸，称为混合三酰甘油，如一软脂酰二硬脂酰甘油。多数天然油脂都是简单三酰甘油和混合三酰甘油的混合物。

组成油脂的高级脂肪酸种类很多，其中绝大多数是含有偶数碳原子的饱和或不饱和的直链高级脂肪酸，带有支链、取代基和环状的脂肪酸及奇数碳原子的脂肪酸很少。在饱和脂肪酸中以软脂酸存在最广，它含在绝大部分油脂中，其次是硬脂酸，在动物脂肪中含量较多。不饱和脂肪酸中，最常见的是油酸、亚油酸等，参见表 12-2。

表 12-2　油脂中常见的高级脂肪酸

类　别	俗　名	系统命名	结构简式
饱和脂肪酸	月桂酸	十二碳酸	$CH_3(CH_2)_{10}COOH$
	软脂酸	十六碳酸	$CH_3(CH_2)_{14}COOH$
	硬脂酸	十八碳酸	$CH_3(CH_2)_{16}COOH$
不饱和脂肪酸	油酸	9-十六碳烯酸	$C_6H_{13}CH = CHC_7H_{14}COOH$
	亚油酸	9,12-十八碳二烯酸	$C_5H_{11}(CH = CHCH_2)_2C_6H_{12}COOH$
	亚麻酸	9,12,15-十八碳三烯酸	$CH_3(CH_2CH = CH_3)_3C_7H_{14}COOH$
	花生四烯酸	5,8,11,14-二十四碳四烯酸	$C_5H_{11}(CH = CHCH_2)_4C_2H_4COOH$

有些不饱和脂肪酸，如亚油酸、亚麻油酸、花生四烯酸等，是哺乳动物自身不能合成的，必须从食物中摄取，所以称为必需脂肪酸。

2. 油脂的性质

油脂一般是无色、无味的物质。不溶于水，易溶于乙醚、氯仿、苯等非极性溶剂。油脂的熔点是由其脂肪酸的组成决定的，由于油脂是混合物，所以没有明确的熔点和沸点，在沸腾前即发生分解。但各种油脂都有一定的熔点范围，如猪油为 $36\sim46℃$。

（1）油脂的水解及皂化　在酸或酶的催化下，油脂可水解生成甘油和脂肪酸。在碱性条件下可以完全水解，生成脂肪酸的盐类，即日常所用的肥皂，所以脂类的碱水解反应一般称为皂化反应。完全皂化 1g 油脂所消耗的氢氧化钾的质量（mg）称为皂化值，用以评估油脂质量，计算该油脂平均相对分子质量。

（2）油脂的酸败　油脂在空气中暴露过久会产生难闻的臭味，这种现象称为"酸败"。其化学本质是油脂水解放出游离的脂肪酸，氧化成醛或酮。油脂酸败的程度一般用酸值来表示，即中和 1g 油脂中的游离脂肪酸所消耗的氢氧化钾的质量（mg）。一般油脂的酸值都很低。当油脂酸败后，酸值便会显著升高。一般来说，酸值超过 6 的油脂不宜食用。因此酸值是衡量油脂品质好坏的重要数据之一。

（3）氢化和卤化　油脂中的不饱和键可以在催化剂的作用下发生氢化反应。工业上常用镍粉等催化氢化，使液状的植物油适当氢化成固态三酰甘油，以便于运输。

油脂中的不饱和键可与卤素发生加成反应，生成卤代脂肪酸，这一作用称为卤化作用。100g 油脂所能吸收碘的质量（g）称为碘值。不饱和程度越高，碘值越高。

二、磷脂

磷脂是分子中含有磷酸基团的复合酯。由于所含醇的不同，可分为甘油磷脂类和鞘氨醇磷脂类。

1. 甘油磷脂

甘油磷脂（简称磷脂）是细胞膜、细胞器膜的主要组成成分，是生物体内含量最多的一类磷脂。重要的有卵磷脂和脑磷脂。

（1）磷脂酰胆碱（卵磷脂）　磷脂酰胆碱是白色蜡状物质，易吸水氧化成棕黑色物质。在各种动物组织、脏器中含量丰富，具有控制动物机体代谢、防止脂肪肝形成的作用。其结构如下：

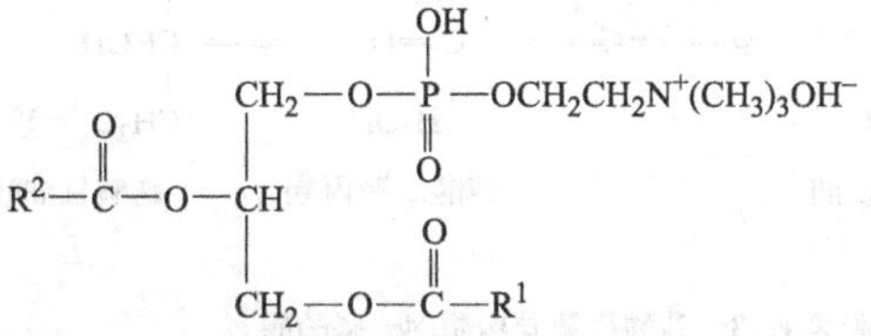

$$L\text{-}\alpha\text{-卵磷脂}$$

（2）磷脂酰乙醇胺（脑磷脂）　磷脂酰乙醇胺也是动植物中含量最丰富的磷脂，主要存在于脑和神经组织中，理化性质与磷脂酰胆碱相似。磷脂酰乙醇胺与血液凝结有关。其结构如下：

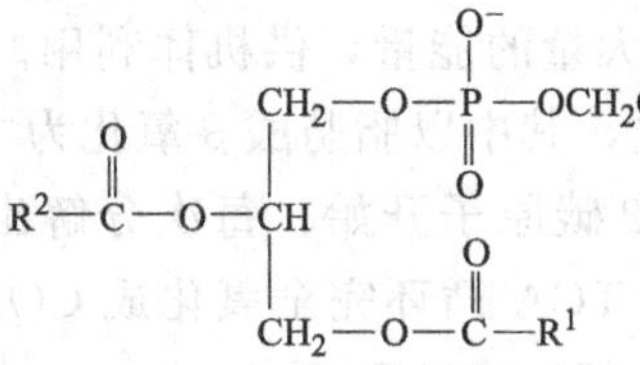

$$L\text{-}\alpha\text{-脑磷脂}$$

2. 鞘氨醇磷脂

鞘氨醇磷脂是长的、不饱和的氨基醇的衍生物。在鞘氨醇磷脂中，鞘氨醇的氨基以酰胺键连接到脂肪酸上，其羟基以酯键与磷酸胆碱相连。其结构如下：

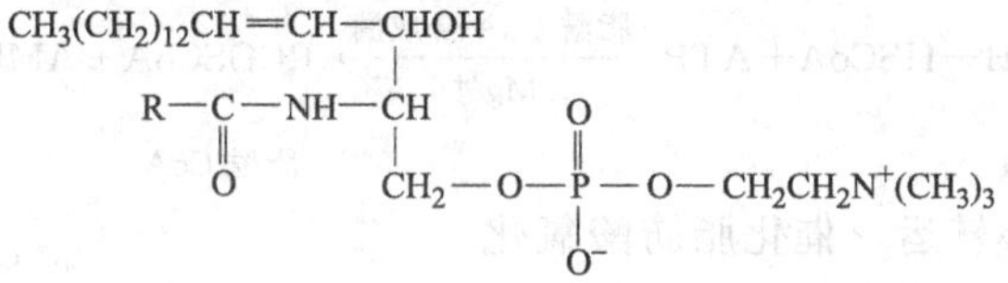

鞘氨醇磷脂主要存在于神经和脑组织中。鞘磷脂是鞘脂类的典型代表，它是高等动物组织中含量最丰富的鞘脂类。

三、脂肪的分解代谢

1. 脂肪的水解

脂肪（三脂酰甘油）在脂肪酶的作用下逐步水解成甘油和脂肪酸，称为脂肪的动员。

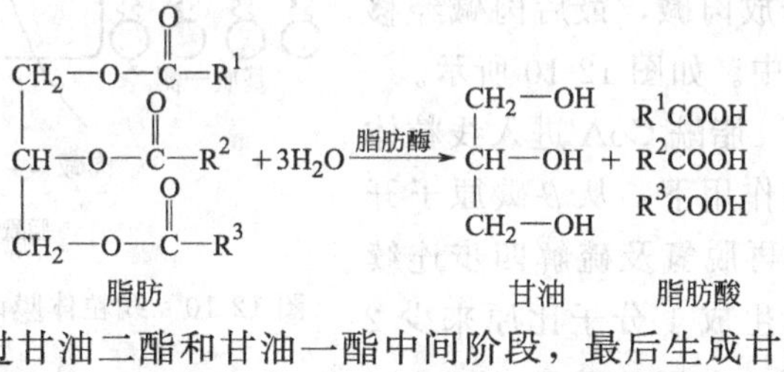

脂肪水解时，先经过甘油二酯和甘油一酯中间阶段，最后生成甘油和脂肪酸。脂肪酶的活性受激素的调节，激素敏感脂肪酶是控制脂解速率的限速酶。肾上腺素、去甲肾上腺素、胰高血糖素等可加速脂解作用。胰岛素、前列腺素作用相反，具有抗脂解作用。

2. 甘油的水解及转化

脂肪水解后产生的甘油经血液循环运输到肝、肾、肠等组织中，在甘油激酶的催化下转变为 α-磷酸甘油，然后脱氢生成磷酸二羟丙酮，沿糖酵解途径分解代谢或经糖异生作用转变为糖，还可以重新转变为 α-磷酸甘油，作为体内脂肪和磷脂等的合成原料。脂肪组织及骨骼肌因甘油激酶活性很低，不能直接利用甘油。

$$
\underset{\text{甘油}}{\begin{array}{c} CH_2OH \\ | \\ CHOH \\ | \\ CH_2OH \end{array}} \xrightarrow[\underset{4}{\overset{ATP \quad Mg^{2+} \quad ADP}{\underset{1}{\curvearrowright}}}]{} \underset{\alpha\text{-磷酸甘油}}{\begin{array}{c} CH_2O-\textcircled{P} \\ | \\ CHOH \\ | \\ CH_2OH \end{array}} \xrightarrow[\overset{NAD^+ \quad NADH+H^+}{\underset{2}{\curvearrowright}}]{} \underset{\text{磷酸二羟丙酮}}{\begin{array}{c} CH_2O-\textcircled{P} \\ | \\ C=O \\ | \\ CH_2OH \end{array}} \underset{3}{\rightleftharpoons} \underset{\text{3-磷酸甘油醛}}{\begin{array}{c} CHO \\ | \\ CHOH \\ | \\ CH_2O-\textcircled{P} \end{array}}
$$

糖原或葡萄糖

$$
\begin{array}{c} COOH \\ | \\ C=O \longrightarrow CH_3COSCoA \\ | \\ CH_3 \end{array}
$$

丙酮酸

$$CO_2 + H_2O$$

三羟酸循环

1—甘油激酶; 2—磷酸甘油脱氢酶; 3—磷酸丙糖异构酶; 4—磷酸酶

（上述反应中,实线为甘油分解,虚线为甘油合成）

3. 脂肪酸的氧化分解

细胞中的脂肪酸除了一少部分重新合成脂肪作为贮存脂外,大部分的脂肪酸在 O_2 供应充足时分解为 CO_2 和 H_2O,并释放大量的能量,供机体利用。因此,脂肪酸是动物的主要能量物质。脂肪酸的氧化有多种形式,其中以脂肪酸 β-氧化为主。在线粒体脂肪酸氧化酶系作用下,脂肪酸的氧化从羧基端的 β-碳原子开始,每次分解出一个二碳单位的乙酰 CoA,这一过程叫 β-氧化。乙酰 CoA 再经 TCA 循环完全氧化成 CO_2 和 H_2O,并释放大量能量。偶数碳原子的脂肪酸经 β-氧化最终全部生成乙酰 CoA。

（1）脂肪酸的活化 脂肪酸的化学性质比较稳定,在氧化前必须在线粒体外进行活化。脂酰 CoA 合成酶在 ATP、HSCoA、Mg^{2+} 存在的条件下催化脂肪酸活化,生成脂酰 CoA。反应过程中消耗 2 个高能磷酸键,相当于消耗 2 分子 ATP。

$$\underset{\text{脂肪酸}}{RCOOH} + HSCoA + ATP \xrightarrow[Mg^{2+}]{\text{脂酰 CoA 合成酶}} \underset{\text{脂酰 CoA}}{RCOSCoA} + AMP + \underset{\text{焦磷酸}}{PPi}$$

（2）脂酰 CoA 跨膜转运 催化脂肪酸氧化的酶系存在于线粒体的基质内,因此活化的脂酰 CoA 必须进入线粒体内才能代谢。线粒体内膜中存在脂肪酸的载体——肉碱,它在线粒体膜外侧与脂酰 CoA 结合生成脂酰肉碱,脂酰肉碱通过线粒体内膜中的脂酰肉碱移位酶穿过内膜,脂酰基与线粒体基质中的 HSCoA 结合,重新产生脂酰 CoA,释放肉碱,最后肉碱经移位酶协助又回到细胞质中。如图 12-10 所示。

（3）脂肪酸 β-氧化 脂酰 CoA 进入线粒体基质后,在一系列酶的作用下,从 β-碳原子开始,经过脱氢、加水、再脱氢及硫解四步连续反应,将脂酰基断裂,生成 1 分子比原来少 2 个碳原子的脂酰 CoA 及 1 分子乙酰 CoA。

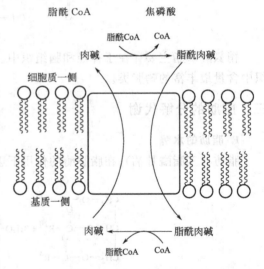

图 12-10 线粒体膜内外脂肪酸的转还示意图

① 脱氢 脂酰 CoA 在脂酰 CoA 脱氢酶的催化下,在 α 与 β 碳位之间脱氢,形成 α,β-反式烯脂酰 CoA。脱下的 2H 由 FAD 接受,生成 $FADH_2$。

$$\underset{\text{脂酰 CoA}}{RCH_2CH_2COSCoA} + FAD \xrightarrow{\text{脂酰 CoA 脱氢酶}} \underset{\alpha,\beta\text{-烯脂酰 CoA}}{RCH=CHCOCoA} + FADH_2$$

② 水化 在 α,β-烯脂酰 CoA 水化酶的催化下,α,β-烯脂酰 CoA 的双键上加 1 分子水,形成 β-羟脂酰 CoA。

$$\underset{\alpha,\beta\text{-烯脂酰CoA}}{RCH=CHCOCoA}+H_2O \xrightarrow[\text{水化酶}]{\alpha,\beta\text{-烯脂酰CoA}} \underset{\beta\text{-羟脂酰CoA}}{RCHCH_2COSCoA}^{OH}$$

③ 再脱氢 经 β-羟脂酰 CoA 脱氢酶催化，在 β-羟脂酰 CoA 的羟基上脱氢，氧化成 β-酮脂酰 CoA。脱下的 2H 由 NAD 接受，生成 NADH 和 H^+。

$$\underset{\beta\text{-羟脂酰CoA}}{RCHCH_2COSCoA}^{OH}+NAD^+ \xrightarrow[\text{脱氢酶}]{\beta\text{-羟脂酰CoA}} \underset{\beta\text{-酮脂酰CoA}}{RCOCH_2COSCoA}+NADH+H^+$$

④ 硫解 在硫解酶催化下，β-酮脂酰 CoA 加上 HSCoA 碳链断裂，生成 1 分子乙酰 CoA 和少 2 个碳原子的脂酰 CoA。少 2 个碳原子的脂酰 CoA 可再进行脱氢、加水、再脱氢及硫解反应。如此反复进行，直至最后生成丁酰 CoA，后者再进行一次 β-氧化，即完成脂肪酸的 β-氧化。

$$\underset{\beta\text{-酮脂酰 CoA}}{RCOCH_2COSCoA}+HSCoA \underset{\text{硫解酶}}{\rightleftharpoons} RCOSCoA+\underset{\text{乙酰 CoA}}{CH_3COSCoA}$$

脂肪酸 β-氧化可归纳于图 12-11。

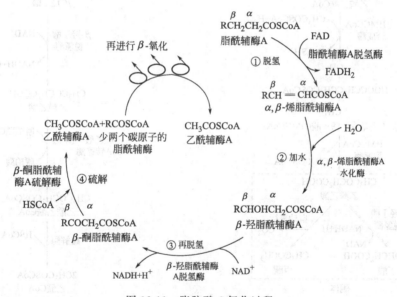

图 12-11 脂肪酸 β-氧化过程

（4）奇数碳脂肪酸的 β-氧化 生物界的脂肪酸大多数为偶数碳原子，但是还有部分奇数碳脂肪酸存在，它们按 β-氧化进行，除产生乙酰 CoA 外，最后还剩下一个丙酰 CoA。丙酰 CoA 不能再按 β-氧化继续降解，它经 3 步酶促反应转变成琥珀酰 CoA，再经过三羧酸循环彻底被氧化。

（5）酮体的生成和利用 脂肪酸 β-氧化产生的乙酰 CoA 在肌肉细胞中可进入三羧酸循环进行彻底氧化分解，但在肝脏及肾脏细胞中还有另外一条去路，即形成乙酰乙酸、β-羟丁酸和丙酮，这三者统称为酮体。

① 酮体的生成 脂肪酸 β-氧化产生的乙酰 CoA 是合成酮体的原料。在肝细胞线粒体中酶的催化下，2 分子乙酰 CoA 缩合为乙酰乙酰 CoA，后者在 β-羟基-β-甲基戊二酸单酰 CoA 合成酶催化下与另 1 分子乙酰 CoA 缩合生成 β-羟基-β-甲基戊二酸单酰 CoA（HMGCoA），

HMGCoA 裂解为乙酰乙酸和乙酰 CoA，乙酰乙酸在 β-羟丁酸脱氢酶催化下由 NADH 供氢，还原生成 β-羟丁酸，或脱羧生成丙酮。除肝脏外，反刍动物的瘤胃也是生成酮体的重要场所，肾脏也能生成少量酮体。肝脏是生成酮体的主要场所，但肝脏缺乏氧化利用酮体的酶类，因此酮体生成后须通过血液运输到肝外组织氧化利用。如图 12-12 所示。

② 酮体的利用　在心、肾、脑等肝外组织的线粒体中具有活性很强的氧化酮体的酶类。β-羟丁酸由 β-羟丁酸脱氢酶催化，重新脱氢生成乙酰乙酸，在不同肝外组织中乙酰乙酸可在乙酰乙酸-琥珀酰 CoA 转移酶作用下转变为乙酰乙酰 CoA，然后裂解为 2 分子乙酰 CoA，进入三羧酸循环彻底氧化。丙酮可经肾、肺排出，或在酶的作用下转变为丙酮酸或乳酸，异生成糖。如图 12-13 所示。

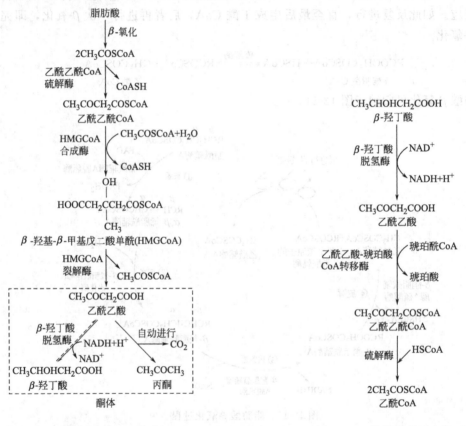

图 12-12　酮体的生成过程　　　　　图 12-13　酮体的利用途径

③ 酮体的生理意义　肝脏将不易氧化的脂肪酸加工为酮体。酮体分子小，极性强，能透过血脑屏障，易于氧化利用，成为肝脏为肝外组织特别是大脑提供的能源形式。在饥饿、糖供应不足时，酮体生成量增加，可成为大脑、肌肉的主要能源。此外，酮体利用的增加可减少糖的利用，有利于维持血糖水平恒定，节省蛋白质的消耗。

④ 酮病　正常情况下，肝脏中产生的酮体迅速地被肝外组织利用，所以在血液中的含量很低。但是在长期饥饿、禁食、高产乳牛开始泌乳、绵羊妊娠后期等情况下，持续的低血糖导致机体大量动员脂肪，引起肝脏中酮体的生成量相应地增多。如果酮体的生成量超过肝脏外组织的利用能力，酮体就会在体内积存。由于酮体主要是酸性物质，其大量积存导致动物代谢性酸中毒，引起酮病。

第五节　蛋白质与蛋白质的分解代谢

蛋白质是含氮的大分子有机化合物，是生物体内最重要的物质之一。蛋白质是细胞原生质的主要成分，与核酸共同构成了生命的物质基础，具有极其重要的生物学意义。

一、α-氨基酸

氨基酸是肽和蛋白质的基本组成单位。氨基酸通过肽键连接在一起，形成不同长度的肽链。每一个肽链都有自己专一的氨基酸序列。天然的氨基酸有 300 多种，但组成蛋白质的氨基酸只有 20 种，这些氨基酸被称为标准氨基酸或蛋白质氨基酸。

1. α-氨基酸的结构、分类和命名

氨基酸是具有氨基（—NH$_2$）或亚氨基（—NH）和羧基（—COOH）的有机分子。除脯氨酸为亚氨基酸外，其余的氨基酸都是 α-氨基酸。结构通式为：

$$R—CH—COOH$$
$$|$$
$$NH_2$$

α-氨基酸可按烃基不同分为脂肪族氨基酸、芳香族氨基酸和杂环族氨基酸，还可以根据分子中羧基和氨基的数目不同分为中性氨基酸（一氨基一羧基氨基酸）、酸性氨基酸（一氨基二羧基氨基酸）和碱性氨基酸（二氨基一羧基氨基酸）。

氨基酸的命名，习惯上多用俗名，根据其来源和性质命名，如天冬氨酸最初由天门冬的幼苗发现而得名，甘氨酸因有甜味而得名。国际上用氨基酸的英文名字前三个字母组成符号表示氨基酸，如甘氨酸用 Gly 表示，我国用汉文名称的缩写"甘"表示。

表 12-3 列出的是由多数蛋白质水解后所得到的 α-氨基酸。蛋白质在动物消化道内可以水解为 α-氨基酸。动物所需要的氨基酸有些可以在体内由其他物质自行合成。表中标有（*）的氨基酸是哺乳动物不能由本身合成，也不能通过食物代谢途径转化，而必须从食物中摄取的，称为必需氨基酸。若缺少这些氨基酸，会影响人体和动物的生长、发育。人体必需的氨基酸有 8 种，它们分别是赖氨酸、色氨酸、苏氨酸、缬氨酸、亮氨酸、异亮氨酸、蛋氨酸和苯丙氨酸。动物除上述 8 种氨基酸外还需要组氨酸和精氨酸。

表 12-3　组成蛋白质的氨基酸

俗　名	汉字符号	英文符号	结构式	等电点 pI
			脂肪族氨基酸	
甘氨酸	甘	Gly	H$_2$N — CH$_2$ — COOH	5.97
丙氨酸	丙	Ala	CH$_3$ — CH — COOH | NH$_2$	6.00
*缬氨酸	缬	Val	CH$_3$ — CH — CH — COOH |　　| CH$_3$　NH$_2$	5.97
*亮氨酸	亮	Leu	CH$_3$ — CH — CH$_2$ — CH — COOH |　　　　| CH$_3$　　　NH$_2$	5.98
*异亮氨酸	异亮	Ile	CH$_3$ — CH$_2$ — CH — CH — COOH |　| CH$_3$　NH$_2$	6.02

脂肪族氨基酸

俗　名	汉字符号	英文符号	结构式	等电点 pI
丝氨酸	丝	Ser	$HO-CH_2-\underset{\underset{NH_2}{\mid}}{CH}-COOH$	5.68
*苏氨酸	苏	Thr	$CH_3-\underset{\underset{OH}{\mid}}{CH}-\underset{\underset{NH_2}{\mid}}{CH}-COOH$	6.53
天冬氨酸	天冬	Asp	$HOOC-CH_2-\underset{\underset{NH_2}{\mid}}{CH}-COOH$	2.97
谷氨酸	谷	Glu	$HOOC-CH_2-CH_2-\underset{\underset{NH_2}{\mid}}{CH}-COOH$	3.22
精氨酸	精	Arg	$H_2N-\underset{\underset{NH}{\parallel}}{C}-NH-CH_2-CH_2-CH_2-\underset{\underset{NH_2}{\mid}}{CH}-COOH$	10.76
*赖氨酸	赖	Lys	$H_2N-CH_2-CH_2-CH_2-CH_2-\underset{\underset{NH_2}{\mid}}{CH}-COOH$	9.74
*蛋氨酸	蛋	Met	$CH_3-S-CH_2-CH_2-\underset{\underset{NH_2}{\mid}}{CH}-COOH$	5.75
半胱氨酸	半胱	Cys	$HS-CH_2-\underset{\underset{NH_2}{\mid}}{CH}-COOH$	5.02
天冬酰胺	天酰	Asn	$H_2N-\underset{\underset{O}{\parallel}}{C}-CH_2-\underset{\underset{NH_2}{\mid}}{CH}-COOH$	5.41
谷氨酰胺	谷酰	Gln	$H_2N-\underset{\underset{O}{\parallel}}{C}-CH_2-CH_2-\underset{\underset{NH_2}{\mid}}{CH}-COOH$	5.65

芳香族氨基酸

俗　名	汉字符号	英文符号	结构式	等电点 pI
*苯丙氨酸	苯丙	Phe	$\text{C}_6\text{H}_5-CH_2-\underset{\underset{NH_2}{\mid}}{CH}-COOH$	5.48
酪氨酸	酪	Tyr	$HO-\text{C}_6\text{H}_4-CH_2-\underset{\underset{NH_2}{\mid}}{CH}-COOH$	5.66

杂环族氨基酸

俗　名	汉字符号	英文符号	结构式	等电点 pI
组氨酸	组	His	咪唑环$-CH_2-\underset{\underset{NH_2}{\mid}}{\overset{\alpha}{CH}}-COOH$	7.59
*色氨酸	色	Trp	吲哚环$-\overset{\beta}{CH_2}-\underset{\underset{NH_2}{\mid}}{\overset{\alpha}{CH}}-COOH$	5.89
脯氨酸	脯	Pro	吡咯烷$-COOH$	6.30

2. 氨基酸的理化性质

（1）物理性质　α-氨基酸一般是白色晶体，熔点大于 200℃，加热至熔点时容易分解。氨基酸易溶于水，难溶于有机溶剂。通常酒精能把氨基酸从其溶液中沉淀析出。

（2）化学性质

① 两性解离与等电点　氨基酸在水溶液中或在晶体状态时都以离子形式存在，同一个氨基酸分子上带有能释放出质子的—NH_3^+ 和能接受质子的—COO^-，因此，氨基酸是两性电解质。当氨基酸在某一 pH 值的溶液中，氨基酸所带正电荷和负电荷相等，即净电荷为 0，此时的溶液的 pH 值称为氨基酸的等电点，用 pI 表示。氨基酸在等电点时以两性离子的形式存在，在电场中不移动。

$$
\underset{\substack{\text{阳离子}\\pH<pI}}{R-\underset{NH_3^+}{\underset{|}{CH}}-COOH} \; \underset{\overset{OH^-}{\rightleftharpoons}}{\overset{OH^+}{}} \; \underset{\substack{\text{两性离子}\\pH=pI}}{R-\underset{NH_3^+}{\underset{|}{CH}}-COOH} \; \underset{\overset{OH^-}{\rightleftharpoons}}{\overset{OH^+}{}} \; \underset{\substack{\text{阴离子}\\pH>pI}}{R-\underset{NH_2}{\underset{|}{CH}}-COO^-}
$$

② 与亚硝酸反应　在室温下亚硝酸能与含游离 α-氨基的氨基酸起反应，定量地放出氮气，氨基酸被氧化成羟酸（含亚氨基的脯氨酸不能与亚硝酸反应）。其反应式如下：

$$R-\underset{NH_2}{\underset{|}{CH}}-COOH + HNO_2 \longrightarrow R-\underset{OH}{\underset{|}{CH}}-COOH + N_2\uparrow + H_2O$$

在标准条件下测定生成的氮气体积，可计算出氨基酸的量。此反应很快，也较为准确，是定量测定氨基酸的方法之一。此法还可用于蛋白质水解程度的测定。

③ 脱氨基反应　氨基酸与过氧化氢或高锰酸钾等氧化剂作用，使氨基氧化脱氨，生成α-酮酸并放出氨气。这个反应称为氧化脱氨反应。

$$R-\underset{NH_2}{\underset{|}{CH}}-COOH + H_2O_2 \xrightarrow{[O]} R-\underset{NH}{\underset{\|}{C}}-COOH + H_2O$$

$$R-\underset{NH}{\underset{\|}{C}}-COOH \xrightarrow{H_2O} R-\underset{NH_2}{\overset{OH}{\underset{|}{\underset{|}{C}}}}-COOH \xrightarrow{-NH_3} R-\underset{O}{\underset{\|}{C}}-COOH$$

在生物体内，蛋白质分解代谢过程中，在酶的催化下也发生氧化脱氨反应。

④ 脱羧反应　将氨基酸小心加热或在高沸点溶剂中回流，可失去 CO_2 而得到胺。例如赖氨酸脱羧后，便得到戊二胺（腐尸胺）。

$$\underset{NH_2}{\underset{|}{CH_2}}-CH_2-CH_2-CH_2-\underset{NH_2}{\underset{|}{CH}}-COOH \xrightarrow{\triangle} \underset{NH_2}{\underset{|}{CH_2}}-CH_2-CH_2-CH_2-\underset{NH_2}{\underset{|}{CH_2}} + CO_2$$

⑤ 与水合茚三酮反应　α-氨基酸与水合茚三酮弱酸溶液共热，生成蓝紫色溶液。这是鉴别 α-氨基酸常用的方法。

⑥ 成肽反应　α-氨基酸分子间氨基与羧基脱水，以酰胺键（—CONH—）相连而成的一类化合物叫做肽，酰胺键又称肽键。

$$H_2N-\underset{R^1}{\underset{|}{CH}}-\underset{O}{\overset{\|}{C}}-OH + H_2N-\underset{R^2}{\underset{|}{CH}}-\underset{O}{\overset{\|}{C}}-OH \xrightarrow{-H_2O} H_2N-\underset{R^1}{\underset{|}{CH}}-\underset{O}{\overset{\|}{C}}-NH-\underset{R^2}{\underset{|}{CH}}-\underset{O}{\overset{\|}{C}}-OH$$

由两个分子氨基酸通过肽键连接而成的产物称为二肽。二肽两端仍有游离的羧基与氨基，可以继续与另一分子氨基酸缩合而成三肽。同理可生成四肽甚至多肽。

多肽两端的氨基酸残基叫做末端氨基酸。通常将在 α-碳原子上连有游离氨基的一端叫做 N-端；而将在 α-碳原子上连有游离羧基的一端叫 C-端。习惯上常把 N-端写在肽链的左边，C-端写在肽链的右边。

$$H_2N-CH-\overset{\overset{O}{\|}}{C}-NH-CH-\overset{\overset{O}{\|}}{C}-NH-CH-\overset{\overset{O}{\|}}{C}\cdots\cdots-NH-CH-\overset{\overset{O}{\|}}{C}-OH$$
$$\underset{\underset{\text{N-端}}{R^1}}{} \qquad \underset{R^2}{} \qquad \underset{R^3}{} \qquad \underset{\underset{\text{C-端}}{R^n}}{}$$

命名时，以 C-端氨基酸为母体，称为"某氨酸"。从 N-端开始，依次把其他氨基酸的酰基名称"某氨酰"写在母体氨基酸前面，并用短线分开。用氨基酸的缩写符号来表示肽的结构。例如，由谷氨酸、半胱氨酸和甘氨酸缩合成的三肽，称为谷氨酰-半胱氨酰-甘氨酸，简写为谷·胱·甘肽或 Glu-Cys-Gly。

$$H_2N-CH-CH_2-CH_2-\overset{\overset{O}{\|}}{C}-NH-CH-\overset{\overset{O}{\|}}{C}-NH-CH_2-COOH$$
$$\underset{COOH}{} \qquad\qquad\qquad \underset{\underset{SH}{CH_2}}{}$$

二、蛋白质

1. 蛋白质的组成

根据蛋白质的元素分析，发现它们的元素组成都含有碳、氢、氧、氮，多数蛋白质中还含有硫。有些蛋白质还含有其他元素，主要是磷、铁、铜、锰、锌等。各种蛋白质含氮量变化不大，其平均值约为 16%，即 1g 氮相当于 6.25g 蛋白质。生物体中绝大部分的氮都存在于蛋白质中，因此，可以通过氮的定量分析测定生物样品中蛋白质的含量：

$$粗蛋白质(\%)=N\%\times 6.25$$

2. 蛋白质的分子结构

自然界成千上万的蛋白质都具有不同的结构，蛋白质分子在结构上最显著的特点是多层次和高度复杂性。根据对不同种类、不同形状、不同功能的蛋白质三维结构的研究，人们通常将蛋白质的结构分为一级结构和高级结构（包括二级、三级和四级结构）。蛋白质分子由低到高的结构层次：一级结构→二级结构→三级结构→亚基→四级结构。一级结构是蛋白质的基本结构，是蛋白质空间构象和特异生物学功能的基础。高级结构决定着蛋白质的分子形状、理化性质和生物学活性。

（1）蛋白质的一级结构　蛋白质的一级结构指多肽链中氨基酸的排列顺序，包括蛋白质的氨基酸组成、排序、二硫键、肽链、末端氨基酸种类等。

（2）蛋白质的二级结构　蛋白质的二级结构是蛋白质分架盘绕折叠，依靠氢键维持固定所形成的有规律性的结构。它并不涉及氨基酸残基侧链的构象。

二级结构的基础是肽平面（见图 12-14）。由于肽

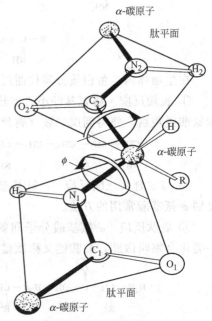

图 12-14　肽键平面示意图

链具有部分双键的性质，因而不能自由旋转，使得肽链所连接的 6 个原子处于同一个平面上，这个平面就是肽平面。蛋白质的二级结构主要有 α-螺旋、β-折叠、β-转角、无规则卷曲等几种形式，维持二级结构稳定的主要是氢键。

① α-螺旋（见图 12-15）　α-螺旋是主链骨架围绕中心轴盘绕折叠所形成的有规则的结构。α-螺旋结构特征如下所示。

a. 天然的蛋白质分子一般为右手 α-螺旋。多肽链中的各个肽平面围绕同一轴旋转，形成螺旋结构。螺旋一周，沿轴上升的距离（即螺距）为 0.54nm，含 3.6 个氨基酸残基。两个氨基酸残基之间的距离为 0.15nm。

b. 肽链内形成氢键，氢键的取向几乎与轴平行，第一个氨基酸残基的酰胺基团的 —CO—基与第四个氨基酸残基酰胺基团的 —NH—基形成氢键。

c. 肽链中氨基酸残基的 R 侧链基团位于螺旋的外侧，其性质对 α-螺旋的形成和稳定有很大的影响。

② β-折叠（见图 12-16）　β-折叠是由两条或两条以上几乎完全伸展的肽链平行排列，通过链间氢键交联而成。肽链的主链成锯齿状折叠构象。结构特征如下所示。

a. 在 β-折叠中，α-碳原子总是处于折叠的角上，氨基酸残基的 R 基团处于折叠的棱角上并与棱角垂直，两个氨基酸残基之间的轴心距为 0.35nm。

b. β-折叠结构的氢键主要是在两条肽链之间形成的；也可以在同一肽链的不同部分之间形成。几乎所有肽键都参与链内氢键的交联，氢键与链的长轴接近垂直。

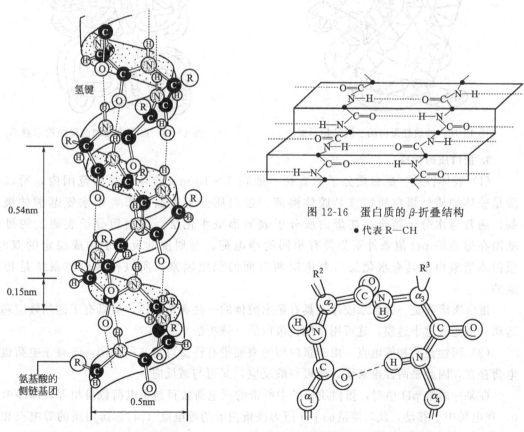

图 12-16　蛋白质的 β-折叠结构

● 代表 R—CH

图 12-15　α-螺旋结构示意图

图 12-17　β-转角结构示意图

　　c. β-折叠有两种类型：一种为平行式，即所有肽链的 N-端都在同一边；另一种为反平行式，即相邻两条肽链的方向相反。

　　β-折叠的形成有一定的条件，肽链上的氨基酸残基的 R 基团较小，才能容许两条肽段彼此靠近。

　　③ β-转角（见图 12-17）和无规卷曲　为了紧紧折叠成紧密的球蛋白，多肽链常常反转方向，形成发夹形状。在 β-转角中弯曲处的第一个氨基酸残基的—C＝O 和第四个氨基酸残基的—NH—之间形成氢键，形成一个不很稳定的环状结构。无规卷曲是没有确定规律性的那部分肽链结构。

　　（3）蛋白质的三级结构（见图 12-18）　蛋白质的三级结构是在二级结构基础上，肽链的不同区段的侧链基团相互作用，在空间进一步盘绕、折叠形成的包括主链和侧链构象在内的特征三维结构，即肽链中所有原子在三维空间的排布位置。维系这种特定结构的作用力主要有氢键、二硫键、疏水键、离子键和范德华力等。尤其是疏水键，在蛋白质三级结构中起着重要作用。

　　（4）蛋白质的四级结构（见图 12-19）　有些蛋白质分子含有两条或多条多肽链，每一条多肽链都有完整的三级结构，称为亚基。蛋白质分子中各亚基的空间排布及亚基接触部位的布局和相互作用就形成了蛋白质的四级结构。

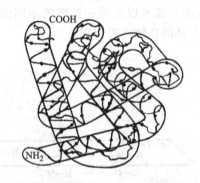

图 12-18　鲸肌红蛋白的三级结构示意图

图 12-19　血红蛋白的四级结构示意图

3. 蛋白质的性质

　　（1）胶体性质　蛋白质分子的直径一般在 $1\sim100$ nm 胶体颗粒的范围内，所以蛋白质是胶体物质，蛋白质溶液是胶体溶液。蛋白质分子表面分布着亲水氨基酸的极性 R 基，通常与水分子结合，在蛋白质分子表面形成水化层。蛋白质分子表面上的可解离基团在适当的 pH 值条件下都带有相同的净电荷，与周围的反离子构成稳定的双电层。蛋白质溶液由于具有水化层与双电层两方面的稳定因素，所以作为胶体系统是相对稳定的。

　　蛋白质溶液是一种亲水胶体，具有亲水胶体的一些典型性质，如具有丁达尔效应和布朗运动、不能通过半透膜，这可用于纯化蛋白质（透析法）。

　　（2）两性性质和等电点　由于蛋白质的表面带有许多可解离的基团，既有正电荷也有负电荷存在，因此是两性电解质，既可与酸反应，又可与碱反应。

　　在某一溶液 pH 值时，蛋白质分子中所带的正电荷数目与负电荷数目相等，即净电荷为 0，在电场中不移动，此时溶液的 pH 值为该蛋白质的等电点（pI）。蛋白质的等电点和它所含的酸性氨基酸和碱性氨基酸的数量比例有关。

$$Pr\diagdown^{COOH}_{NH_2}$$

$$Pr\diagdown^{COO^-}_{NH_2} \underset{OH^-}{\overset{H^+}{\rightleftharpoons}} Pr\diagdown^{COO^-}_{NH_3^+} \underset{OH^-}{\overset{H^+}{\rightleftharpoons}} Pr\diagdown^{COOH}_{NH_3^+}$$

$$pH < pI \qquad pH = pI \qquad pH > pI$$

蛋白质在等电点时,以两性离子的形式存在,其净电荷为 0,这样的蛋白质颗粒在溶液中因为没有相同电荷互相排斥的影响,所以最不稳定,溶解度最小,极易借静电引力迅速结合成较大的聚集体沉淀析出。

(3) 变性和复性 由于受某些物理(高温、高压、紫外线等)或化学作用(强酸、强碱、重金属、有机溶剂等)的影响,分子空间构象破坏,导致其理化性质和生物学性质改变的现象,称为蛋白质的变性。蛋白质的变性只是高级结构上的变化,一级结构没有变化。变性后的蛋白质处于伸展状态,溶解度降低,易酶解。

当变性因素除去后,变性蛋白质又可重新恢复到天然构象的现象,称为蛋白质的复性。

蛋白质变性已有许多实际应用。例如在临床医学上变性因素常被应用于消毒及灭菌。高温、高压、紫外线、乙醇等措施可使病原微生物蛋白变性,失去致病性和繁殖能力。临床分析化验血清中非蛋白质成分,常加三氯醋酸或钨酸使血液中的蛋白质变性沉淀而除去。

(4) 蛋白质的沉淀作用 蛋白质在溶液中的稳定性是有条件的、相对的。如果条件改变,破坏了蛋白质溶液的稳定性,蛋白质就会从溶液中沉淀出来。若向蛋白质溶液中加入适当的试剂,破坏它的水膜或中和它的电荷,就很容易使其失去稳定而发生沉淀。

沉淀蛋白质的方法有以下几种。

① 盐析法 向蛋白质溶液中加入大量的中性盐(硫酸铵、硫酸钠或氯化钠等),使蛋白质脱去水化层而聚集沉淀。盐析一般不会引起蛋白质变性。

② 有机溶剂沉淀法 向蛋白质溶液中加入一定量的极性有机溶剂(甲醇、乙醇或丙酮等),因引起蛋白质脱去水化层以及降低介电常数而增加带电质点间的相互作用,致使蛋白质颗粒容易凝集而沉淀。

③ 重金属盐沉淀法 当溶液 pH 值大于等电点时,蛋白质颗粒带负电荷,这样就容易与重金属离子(Pb^{2+}、Cu^{2+}、Ag^+ 等)结合成不溶性盐而沉淀。

④ 某些酸类沉淀法 如苦味酸、单宁酸、三氯乙酸等能和蛋白质化合成不溶解的蛋白质盐而沉淀。这类沉淀反应经常被临床检验部门用来除去体液中干扰测定的蛋白质。

⑤ 加热变性沉淀法 几乎所有的蛋白质都因加热变性而凝固。少量盐促进蛋白质加热凝固。当蛋白质处于等电点时,加热凝固最完全和最迅速。我国很早便创造了将大豆蛋白质的浓溶液加热并点入少量盐卤(含 $MgCl_2$)的制豆腐方法,这是成功地应用加热变性沉淀蛋白的一个例子。

(5) 蛋白质的颜色反应 在蛋白质的分析工作中,常利用蛋白质分子中某些氨基酸或某些特殊结构与某些试剂产生颜色反应作为测定的根据。重要的颜色反应有以下几种。

① 双缩脲反应 蛋白质和缩二脲在 NaOH 溶液中加入 $CuSO_4$ 稀溶液时会呈现红紫色。蛋白质与碱性二价铜离子生成紫红色溶液,凡分子中含有 2 个或 2 个以上酰胺键的化合物,如多肽、蛋白质等,都能发生缩脲反应,而氨基酸无此反应。通常可用此反应来定性鉴定蛋白质,也可根据反应产生的颜色比色定量测定蛋白质。

② 黄蛋白反应　含有芳香族氨基酸的蛋白质，遇浓硝酸后产生白色沉淀，加热后沉淀变黄色，再加碱，颜色较深而显橙色。实际上是苯环上的硝化反应，生成黄色硝基化合物。皮肤被硝酸玷污后变黄就是这个反应。可利用此反应来鉴别蛋白质，如临床分析中检验尿蛋白。

③ 水合茚三酮反应　含有 α-氨基酸的蛋白质也能与水合茚三酮反应生成蓝紫色化合物，所以一切蛋白质、肽和 α-氨基酸都能与水合茚三酮反应而呈蓝紫色。这也是检查蛋白质最常用的一种方法。

三、蛋白质的分解代谢

蛋白质是生命活动的基础。体内的大多数蛋白质均不断地进行分解与合成代谢，使蛋白质的生物活性得到调节，以适应外界环境条件的变化和生理机能的需要，如图 12-20 所示。此外，还可以维持体内氨基酸的平衡和碳氮等元素的再利用。

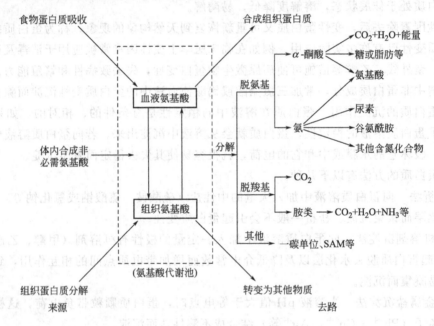

图 12-20　氨基酸代谢概况框图

1. 氨基酸的一般分解代谢

细胞内的蛋白质代谢是以氨基酸为中心的代谢。动物体内的氨基酸有两个来源：一是外源性氨基酸，是食物蛋白质在消化道中被蛋白酶水解成氨基酸，通过小肠吸收，进入血液；二是内源性氨基酸，是机体蛋白被组织蛋白质酶水解产生的和由其他物质合成的。内源性氨基酸和外源性氨基酸共同组成了动物体内的氨基酸代谢库，它们只是来源不同，在代谢上没有差别，共同参与体内的代谢活动。

氨基酸的分解代谢大多数首先脱去氨基，形成的氨以适当的形式被安全地排出；另一产物为 α-酮酸，可进入糖酵解、三羧酸循环和酮体代谢途径氧化分解供应能量。氨基酸还可以通过特殊的代谢途径转化成胺类、激素、生物碱等生理活性物质。

组成蛋白质的氨基酸都含有 α-氨基和羧基，在代谢上有共同的代谢途径。氨基酸的一般分解代谢就是指这种共同的代谢途径。氨基酸的共同代谢途径有脱氨基作用和脱羧基作用。

（1）氨基酸的脱氨基作用　氨基酸的脱氨基作用是指氨基酸在酶的催化下脱去氨基生成 α-酮酸的过程。这是氨基酸在体内分解的主要方式。动物的脱氨基作用主要在肝脏、肾脏和肌肉中进行，主要有氧化脱氨基作用、转氨基作用、联合脱氨基作用等几种方式，其中以联合脱氨基作用最为重要。

① 氧化脱氨基作用　氧化脱氨基作用是指在酶的催化下氨基酸在氧化脱氢的同时脱去氨基的过程。动物体内有 L-氨基酸氧化酶、D-氨基酸氧化酶和 L-谷氨酸脱氢酶等，所以催化氨基酸的氧化脱氨基反应。L-氨基酸氧化酶和 D-氨基酸氧化酶的作用都不大，而在氨基酸代谢中起重要作用的是 L-谷氨酸脱氢酶，它广泛存在于肝、肾和脑等组织中，具有较强的活性，可以催化 L-谷氨酸氧化脱氨生成 α-酮戊二酸。

$$
\begin{array}{ccc}
\underset{\text{(CH}_2)_2}{\underset{\text{COOH}}{\overset{\text{NH}_2}{\text{CH—COOH}}}} & \xrightarrow[\substack{\text{NAD}^+ \\ \text{或 NADP}^+}]{\substack{\text{L-谷氨酸脱氢酶} \\ \text{NADH+H}^+ \\ \text{或 NADPH+H}^+}} & \underset{\text{(CH}_2)_2}{\underset{\text{COOH}}{\overset{\text{NH}}{\text{C—COOH}}}} \xrightarrow[-\text{H}_2\text{O}]{+\text{H}_2\text{O}} \underset{\text{(CH}_2)_2}{\underset{\text{COOH}}{\overset{\text{O}}{\text{C—COOH}}}} + \text{NH}_3
\end{array}
$$

L-谷氨酸　　　　　　　　　　　　　　　α-亚氨基戊二酸　　α-酮戊二酸

L-谷氨酸脱氢酶具有很强的专一性，只能催化 L-谷氨酸氧化脱氨基反应，对于其他的氨基酸没有作用。所以单靠此酶不能使体内的大多数氨基酸发生脱氨基作用，还需要借助其他的方式进行。

② 转氨基作用　转氨基作用是 α-氨基酸和 α-酮酸之间的氨基转移反应。α-氨基酸的氨基在相应的转氨酶催化下转移到另一种 α-酮酸的酮基上，结果是原来的氨基酸转变成相应的 α-酮酸，而原来的 α-酮酸则形成了相应的氨基酸。催化转氨基反应的酶称为转氨酶或氨基转移酶。

$$
\underset{\text{COOH}}{\overset{\text{R}^1}{\text{CH—NH}_2}} + \underset{\text{COOH}}{\overset{\text{R}^2}{\text{C=O}}} \xrightleftharpoons{\text{转氨酶}} \underset{\text{COOH}}{\overset{\text{R}^1}{\text{C=O}}} + \underset{\text{COOH}}{\overset{\text{R}^2}{\text{CH—NH}_2}}
$$

α-氨基酸　　　α-酮酸　　　　　α-酮酸　　　α-氨基酸

上述反应可逆。因此，转氨基作用既是氨基酸的分解代谢过程，也是体内某些非必需氨基酸合成的重要途径。反应的实际方向取决于四种反应物的相对浓度。

动物体内参与蛋白质合成的 20 种 α-氨基酸中，除甘氨酸、赖氨酸、苏氨酸和脯氨酸不参加转氨基作用，其余均可由特异的转氨酶催化参加转氨基作用。体内的转氨酶目前已经发现 50 多种，它们对于氨基的供体要求不严格，但氨基受体一般是以 α-酮戊二酸为主。转氨酶的辅酶都是磷酸吡哆醛，起着传递氨基的作用。下面介绍动物体内的两个最重要并且分布最广泛的转氨酶——谷草转氨酶（GOT）和谷丙转氨酶（GPT）。

谷丙转氨酶在肝脏中活性最高，它催化谷氨酸和丙氨酸之间的氨基转移作用，在氨的转运中起重要的作用。谷草转氨酶在许多组织中都具有很高的活性，尤其在肝脏中，谷草转氨酶的活性远远高于其他的转氨酶，生成的天冬氨酸是合成尿素的前体物质。此外，此酶还参与糖的氧化过程中重要的苹果酸穿梭作用。它们催化的反应如下：

$$\text{谷氨酸} + \text{丙酮酸} \xrightleftharpoons{\text{GPT}} \alpha\text{-酮戊二酸} + \text{丙氨酸}$$

$$\text{谷氨酸} + \text{草酰乙酸} \xrightleftharpoons{\text{GOT}} \alpha\text{-酮戊二酸} + \text{天冬氨酸}$$

正常时上述转氨酶主要存在于细胞内，血清中的活性很低，各组织器官中以心和肝的活性为最高。但当组织细胞受到炎症性损害，细胞膜通透性增高或细胞破坏时，转氨酶大量释放入血清，造成血清中转氨酶活性明显升高。例如，患急性肝炎或其他肝脏疾病者血清 GPT 活性显著升高，患心肌梗塞等疾病者血清中 GOT 活性明显上升。所以，临床上可以根据它们在血清中含量的变化，作为疾病诊断和愈后的指标之一。

③ 联合脱氨基作用　动物体内氧化脱氨基作用一般只能催化谷氨酸氧化脱氨；转氨基作用虽然普遍存在，但仅仅是氨基的转移，并没有把氨基最终脱去。所以体内大多数氨基酸脱氨基是通过氧化脱氨基作用和转氨基作用两种方式联合起来进行的，称为联合脱氨基作用。联合脱氨基作用是机体内不同氨基酸迅速脱氨的主要方式，主要有两种反应途径。

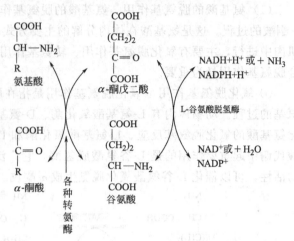

图 12-21　由 L-谷氨酸脱氢酶和转氨酶联合
催化的联合脱氨基作用

a. 由 L-谷氨酸脱氢酶和转氨酶联合催化的联合脱氨基作用（见图 12-21）　由于大多数氨基酸优先利用 α-酮戊二酸作为氨基的受体，所以在转氨酶催化下各种氨基酸先将 α-氨基转移到 α-酮戊二酸上生成谷氨酸，然后在 L-谷氨酸脱氢酶催化下生成游离氨和 α-酮戊二酸，而 α-酮戊二酸可以再继续参与转氨基作用。此种联合脱氨作用是可逆的过程，主要在肝、肾、脑等组织中进行，也是体内合成非必需氨基酸的重要途径。

b. 由转氨基作用和嘌呤核苷酸循环联合催化的脱氨基作用　骨骼肌和心肌组织中 L-谷氨酸脱氢酶含量很少，活性很低，而腺苷酸脱氨酶、腺苷酸代琥珀酸合成酶和腺苷酸代琥珀酸裂解酶的含量及活性都很高。因此，这些组织中存在着另一种氨基酸脱氨基反应。

氨基酸首先通过连续的转氨基作用将氨基转移给草酰乙酸生成天冬氨酸，天冬氨酸与次黄嘌呤核苷酸（IMP）反应生成腺苷酸代琥珀酸，再经过裂解释放出延胡索酸并生成腺嘌呤核苷酸（AMP），腺嘌呤核苷酸在腺苷酸脱氨酶催化下脱去氨基生成次黄嘌呤核苷酸（IMP），最终完成氨基酸的脱氨基作用。IMP 还可以继续参加上述反应，所以，这种联合脱氨基作用称为嘌呤核苷酸循环（见图 12-22）。

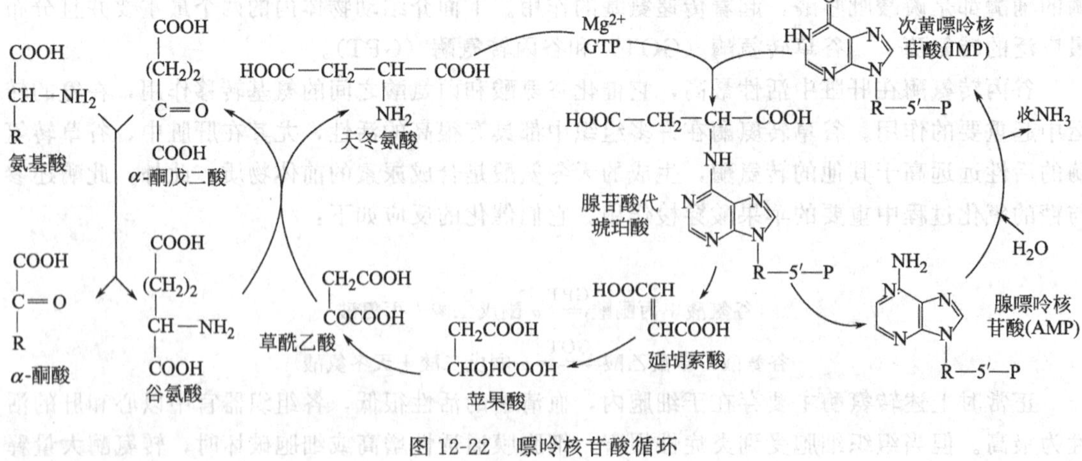

图 12-22　嘌呤核苷酸循环

　　嘌呤核苷酸循环不仅把氨基酸代谢与糖代谢、脂代谢联系起来，也把氨基酸代谢与核苷酸代谢联系起来。

　　(2) 氨基酸的脱羧基作用　机体内的氨基酸除了通过脱氨基作用进行主要的代谢外，部分氨基酸还可以在氨基酸脱羧酶的催化下脱去羧基生成 CO_2 和相应的胺，此过程称为氨基酸的脱羧基作用，这是氨基酸分解代谢的次要途径。催化这些反应的酶是脱羧酶，其辅酶为磷酸吡哆醛。

$$R-\underset{\underset{NH_2}{|}}{CH}-COOH \longrightarrow R-\underset{\underset{NH_2}{|}}{CH_2} + CO_2$$

　　氨基酸脱羧形成的胺，含量虽然不高，但大多数具有重要的生理功能，故称为生物胺。

　　但这类物质聚集时对动物有毒害作用，会引起机体中毒，发生神经系统和心血管系统机能紊乱。正常情况下，胺类物质发挥其生理作用后，立即在胺氧化酶的催化下氧化成醛和氨，醛再进一步氧化成脂肪酸，最后彻底氧化分解成 CO_2 和 H_2O。

　　(3) 氨的代谢　氨基酸经过脱氨、脱羧作用所生成的 α-酮酸、氨、胺和 CO_2，将进一步参加代谢或排出体外。

　　① 尿素的形成和鸟氨酸循环　氨基酸脱氨产生的游离氨对机体组织有毒害作用，因此必须将氨转变为无毒的含氮化合物，以消除氨的毒害。哺乳动物体内的氨主要去路是合成尿素并随尿排出体外。肝脏是尿素合成最主要的器官，肾和脑等组织也能合成少量的尿素。尿素的生成过程是从鸟氨酸开始，最后又重新生成鸟氨酸，形成了一个循环反应过程，所以称为鸟氨酸循环（见图 12-23）。反应过程如下。

　　a. 氨甲酰磷酸的生成　肝细胞液中由各种氨基酸经转氨基作用生成的谷氨酸通过线粒体膜进入线粒体基质内，在谷氨酸脱氢酶的催化下形成游离的氨。这些 NH_3 和 CO_2、ATP 在氨甲酰磷酸合成酶 I（CPS-I）的催化下合成氨甲酰磷酸。

　　b. 瓜氨酸的生成　氨甲酰磷酸是高能磷酸化合物，性质活泼。在鸟氨酸氨基甲酰基移换酶（OCT）催化下，氨甲酰磷酸易将其氨甲酰基转移给鸟氨酸，形成瓜氨酸。

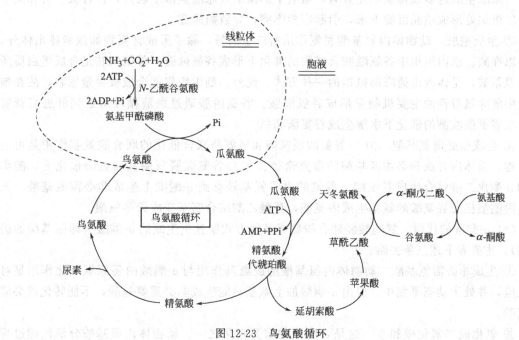

图 12-23　鸟氨酸循环

此反应也是不可逆反应，发生在线粒体内，产生于细胞液中的鸟氨酸必须通过线粒体膜上的特异性转运系统进入线粒体内。

c. 精氨酸的生成　鸟氨酸循环的后几步都是在细胞液中进行的，瓜氨酸穿过线粒体膜进入细胞液中。进入细胞液中的瓜氨酸在 ATP 与 Mg^{2+} 存在时，通过精氨酸代琥珀酸合成酶的催化与天冬氨酸缩合为精氨酸代琥珀酸，同时产生 AMP 及焦磷酸。接着，精氨酸代琥珀酸在精氨酸代琥珀酸裂合酶的催化作用下分解为精氨酸和延胡索酸。

d. 精氨酸的水解　精氨酸在精氨酸酶的催化下水解，产生尿素和鸟氨酸。此反应中生成的尿素是无毒的物质，可以经过血液循环运输到肾脏部位，随尿液排出体外。生成的鸟氨酸则可以再进入鸟氨酸循环，在线粒体中与氨甲酰磷酸反应，用于瓜氨酸的合成。周而复始地进行，完成尿素合成的过程。

鸟氨酸循环的前两个步骤是在肝细胞的线粒体中进行的，这样可以防止过量游离的氨积累于血液中而引起机体中毒；后几步都是在胞液中完成的，形成的尿素无毒性、易溶于水，通过血液循环的运输送到肾脏，以尿的形式被排出。

尿素是哺乳动物的蛋白质代谢的最终产物。尿素在肝脏中形成后，通过鸟氨酸循环不但消除氨毒，还消耗了一部分由三羧酸循环产生的 CO_2，减少体内多余的 CO_2 溶于血液所产生的酸性。因此，鸟氨酸循环对动物具有十分重要的生理意义。

② 生成尿酸　家禽体内氨的代谢和哺乳动物有共同之处，也有不同之处。家禽体内的氨可以合成谷氨酰胺、一些氨基酸和含氮物质，但不能合成尿素，大部分的氨通过合成尿酸排出体外。鸟类、爬行动物和灵长类动物（包括人）也可以将嘌呤核苷酸转变成尿酸排泄。大多数动物还可以把尿酸进一步降解，分别生成尿囊素、尿囊酸、乙醛酸、尿素、CO_2、NH_3 等物质。

尿酸主要由细胞代谢分解的核酸和其他嘌呤类化合物以及食物中的嘌呤经酶的作用分解而来，因此，尿酸的合成过程与核苷酸的代谢密切相关。

当尿酸生成过多或排泄不充分时，血液中的尿酸及尿酸盐浓度较高，在肾脏、舌和关节等的软组织处形成结晶沉淀下来，引起剧烈疼痛，导致痛风症。

③ 生成酰胺　动物体内氨基酸脱氨作用所产生的氨，除了形成含氮物如尿素排出体外，还可以在脑、肌肉组织中谷氨酰胺合成酶的催化下形成谷氨酰胺。谷氨酰胺是合成蛋白质所需的氨基酸，是体内迅速降解氨毒的一种方式。此外，脑组织仅能合成极少量尿素，故在脑组织中解除氨毒性的主要机制是形成谷氨酰胺。谷氨酰胺通过血液循环运送到肝脏或肾脏后，在谷氨酰胺酶的催化下水解生成谷氨酸和氨。

④ 合成非必需氨基酸　由 L-谷氨酸脱氢酶和转氨酶联合催化的联合脱氨基作用是可逆的过程，是体内合成非必需氨基酸的重要途径。在 L-谷氨酸脱氢酶和转氨酶催化下，游离氨和 α-酮戊二酸结合生成谷氨酸，谷氨酸再将氨基转移到 α-酮酸上生成非必需氨基酸。例如，丙酮酸接受谷氨酸的氨基生成丙氨酸，草酰乙酸结合氨基变成天冬氨酸。

（4）α-酮酸的代谢　氨基酸经联合脱氨或其他方式脱氨所生成的 α-酮酸（即氨基酸的碳骨架），主要有下述三条去路。

① 生成非必需氨基酸　动物体内氨基酸的脱氨基作用与 α-酮酸的还原氨基化作用是可逆反应，并处于动态平衡中。但由 α-酮酸加上氨基只能生成非必需氨基酸，不能转化成必需氨基酸。

② 氧化成二氧化碳和水　这是 α-酮酸的重要去路之一。动物体内氨基酸分解代谢过程

中，20 种氨基酸脱氨基后可以分别生成不同的 α-酮酸，例如丙氨酸、甘氨酸等转变成乙酰 CoA，精氨酸、组氨酸等转变成 α-酮戊二酸，蛋氨酸、苏氨酸等转变成琥珀酰 CoA，酪氨酸和苯丙氨酸转变成延胡索酸，天冬氨酸、天冬酰胺转变成草酰乙酸。虽然各种氨基酸的氧化分解途径各异，但它们脱氨基后生成的 α-酮酸都是三羧酸循环的中间产物，可进一步氧化分解生成 CO_2 和 H_2O，释放出能量，用于合成 ATP。

③ 转变成糖和酮体　当体内不需要将 α-酮酸再合成氨基酸，并且体内的能量供给又极充足时，α-酮酸可以转变为糖及脂肪。在体内可以转变为糖的氨基酸称为生糖氨基酸，按糖代谢的途径进行代谢；能转变成酮体的氨基酸称为生酮氨基酸，按脂肪酸代谢途径进行代谢；二者兼有的称为生糖兼生酮氨基酸，部分按糖代谢，部分按脂肪酸代谢途径进行。

2. 个别氨基酸的代谢

氨基酸在动物体内除了共同的一般代谢途径外，每个氨基酸都还有其特别的代谢途径，并且在代谢途径之间与其他代谢物之间存在密切的联系。某些氨基酸的代谢中间产物还具有特殊的生理功能。

甘氨酸、丝氨酸、组氨酸、蛋氨酸等在代谢过程中能生成含一个碳原子的一碳单位，参与生物合成过程。芳香族氨基酸可转变成许多重要的生物活性物质，如多巴胺、去甲肾上腺素、肾上腺素、黑色素等调节新陈代谢，其代谢过程与苯丙酮酸尿症、白化病等疾患有关。含硫的蛋氨酸、半胱氨酸可以合成体内重要的生物还原剂谷胱甘肽（GSH），对动物体解毒、氨基酸转运及代谢均有重要作用。蛋氨酸中的甲基可参与多种转甲基的反应，生成多种生物活性物质，如肾上腺素、胆碱、甜菜碱、肉毒碱等。此外，蛋氨酸与甘氨酸、精氨酸在肝和肾中合成肌酸和磷酸肌酸，作为能量储存、利用的重要化合物。

四、糖、脂类和蛋白质的代谢关系

生物体的新陈代谢是一个完整统一的过程，是在各个反应过程相互作用与制约下进行的。体内的各类物质代谢密切联系、相互影响、相互转化。因此，动物的生命活动是各种物质代谢的总结果。现将生物体内糖类、脂类、蛋白质的代谢关系概述如下（见图 12-24）。

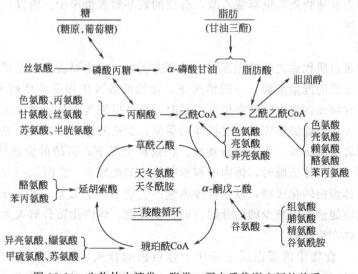

图 12-24　生物体内糖类、脂类、蛋白质代谢之间的关系

1. 相互联系

(1) 糖的脂类代谢的联系　糖是体内主要的碳源和能源，它与脂类的关系最为密切。在动物体内糖可以转化成脂肪，但体内不能由糖合成必需脂肪酸。因此，食物或饲料中不可绝对缺少脂肪的供应，尤其是含必需脂肪酸的脂类物质。

糖氧化分解可以生成磷酸二羟丙酮、丙酮酸等中间产物。当摄入的糖过量时，磷酸二羟丙酮可以还原成 α-磷酸甘油。丙酮酸氧化脱羧转变成乙酰 CoA，由线粒体进入细胞液中，在脂肪酸合成酶系的催化下合成脂酰 CoA。α-磷酸甘油与脂酰 CoA 再合成甘油三酯。

乙酰 CoA 是糖代谢的重要中间产物，也是合成脂肪和胆固醇的主要原料。但脂肪分解产生的乙酰 CoA 不能逆向转变成丙酮酸，通常是进入三羧酸循环彻底氧化成 CO_2 和 H_2O，或在肝脏中合成酮体被输出利用，也可以重新被利用合成脂肪。所以，脂肪转化成糖类比较困难。反刍动物比较特殊，饲料中的纤维素在瘤胃微生物消化下生成低级脂肪酸，这些低级脂肪酸可以进入糖的异生作用生成糖。

(2) 蛋白质的糖代谢的联系　糖是生物体最重要的能源和碳源。糖可用于合成各种碳链结构，经氨基化作用后即生成相应的非必需氨基酸。非必需氨基酸之间有的可以互相转变，其碳链部分可以由糖来提供。但糖不能在动物体内合成必需氨基酸，所以，不能完全用糖来替代食物中的蛋白质。

组成蛋白质的许多氨基酸是生糖氨基酸，在体内可以转化成糖。蛋白质转变成糖的步骤是：首先分解为氨基酸，经脱氨基作用可变为 α-酮酸，α-酮酸再经过一系列反应转化成糖代谢途径中的某种中间产物（如丙酮酸、草酰乙酸、α-酮戊二酸、延胡索酸、琥珀酰 CoA），再沿糖的异生作用途径合成糖，以满足机体对糖的需要和维持血糖水平的恒定。但由于饲料中的蛋白质价格较高，用蛋白质替代糖饲喂动物是不经济的。

(3) 蛋白质和脂类代谢的联系　蛋白质在动物体内可以转变成脂肪。氨基酸分解产生丙酮酸、乙酰 CoA、丙二酸单酰 CoA 等产物，可用于脂肪的合成；甘氨酸、丝氨酸中的胆碱、胆胺可用于磷脂的合成；也可以通过糖的异生作用先合成糖，再由糖转变成脂肪。

脂肪代谢中产生的乙酰 CoA 经三羧酸循环转变的 α-酮酸虽然可以通过氨基化作用合成谷氨酸，但必须由其他物质提供草酰乙酸，合成的氨基酸数量很少。所以，动物体内很少利用脂肪合成蛋白质。

2. 相互影响

糖、脂类和蛋白质代谢之间的相互影响是多方面的，但主要表现在能量的供应上。糖和脂肪是动物体内主要的能量来源，一般情况下，动物的各种生理活动所需要的能量 70% 以上由糖供应。当食物或饲料中的糖类供应充足时，机体以糖类作为能量的主要来源，脂肪和蛋白质的分解减少。若糖的供应量超过机体的需要，少量的糖转变成糖原进行贮存，绝大部分过量的糖类则转变成脂肪，作为储备物质。在这种情况下，脂肪的合成代谢增强。反之，当食物中糖类不足或机体饥饿时，体内的糖原很快地消耗减少。此时，一方面糖的异生作用加强，主要动员体蛋白转化成糖，以维持体内糖的含量不至于太少。另一方面则动用体内贮存的脂肪分解供应能量，以减少糖的分解。但长期饥饿，体内脂肪分解大大加快，酮体产生过多，会导致机体产生酮病。

一般情况下，食物中的蛋白质主要用于体蛋白的合成，以满足动物生长、修补组织及更新各种酶、蛋白类激素等生物活性物质。合成蛋白质需要的能量主要依靠糖的有氧氧化，其次来自于脂肪的分解功能。所以，当蛋白质合成代谢增强时，糖和脂肪的分解代谢也必然加强。此外，糖的分解代谢的一些中间产物还可以合成某些非必需氨基酸作为蛋白质合成的原料。所以，当食物或饲料中供能物质不足时，蛋白质的合成也受到影响。

【思考与习题】

1. 组成蛋白质的基本单位是什么？有什么样的结构特点？

2. 什么是蛋白质的一级结构、二级结构、三级结构、四级结构？稳定各级结构的作用力有哪些？

3. 单糖、二糖、多糖的组成有什么不同？

4. 写出 β-果糖、β-半乳糖、α-葡萄糖的透视式。

5. 什么是蛋白质的变性？变性的机制是什么？举例说明蛋白质变性在实践中的应用。

6. 简述动物体内氨基酸的代谢概况。

7. 简述脂肪酸 β-氧化的过程。

8. 什么是酮体？它有什么生理意义？

9. 简述糖、脂类、蛋白质代谢之间有什么关系。

10. 试用化学方法区别下列各组化合物：

(1) 葡萄糖与蔗糖   (2) 麦芽糖与淀粉

(3) 蔗糖、麦芽糖、果糖   (4) 氨基酸与蛋白质

实训十五　自行设计糖、氨基酸、蛋白质的性质检验
——糖、氨基酸、蛋白质未知溶液的分析

【实训目的】

1. 通过本实验全面复习与专业课有关的糖类、氨基酸、蛋白质的化学性质和常见糖类、氨基酸和蛋白质鉴定的方法。

2. 应用所学的知识和操作技术，独立设计未知液的分析实验方案。

3. 能够独立设计，独立操作，提高学生独立工作和解决实际问题的能力。

【设计提示】

1. 拟定实验方案

首先复习有机化学教材中关于糖类、氨基酸和蛋白质的主要化学性质，然后根据实验室提供的实验条件，拟定未知液的分析实验方案。

2. 实验室给定的化学试剂

浓硫酸、3mol·L^{-1}硫酸；浓盐酸；α-萘酚试剂；间苯二酚试剂；斐林试剂；本尼迪克特试剂；20% NaOH、10% NaOH、0.5%NaOH 溶液；酚酞指示剂；甲基橙指示剂；2%甘氨酸溶液；3mol·L^{-1}、1%、10%醋酸；10% HCl 溶液；0.1%茚三酮乙醇溶液；1%CuSO$_4$ 溶液；饱和 Na$_2$CO$_3$ 溶液；饱和 (NH$_4$)$_2$SO$_4$ 溶液；10%磺基水杨酸溶液；碘溶液；浓 NH$_3$·H$_2$O；5% AgNO$_3$。

3. 教师提供的未知液

将以下样品放在编有号码的试剂瓶中：2%葡萄糖、2%果糖、2%麦芽糖、2%蔗糖、2%淀粉溶液、1∶10鸡蛋白溶液 1mL 和甘氨酸溶液。学生根据上述化合物的类型和所给的化学试剂，预先拟定好分析实验方案。

【设计要求】

1. 设计实验方案

用给定的化学试剂独立设计性质和鉴定方案（包括目的要求、实验原理、实验用品、操作步骤和预期结果，以及有关的化学方程式）。

2. 实验操作

实验方案经指导教师审查允许后，独立完成实验。实验操作过程中，应认真观察和记录实验现象，正确进行未知液分析。

3. 完成实验报告

完成实验后，应当立即写出实验报告，将实验方案、实验报告一并交给指导教师。

实训十六 血糖含量的测定

【实训目的】

掌握无蛋白血滤液制备和血糖测定的原理及方法。

【实训仪器】 锥形瓶；试管及试管架；离心机；电炉；血糖管；奥氏吸管；分光光度计。

【实训药品】 动物全血；$1/3mol \cdot L^{-1}$ 硫酸溶液；10％钨酸钠溶液；碱性铜试剂（称取无水 Na_2CO_3 40g，溶于 100mL 蒸馏水中，溶后加酒石酸 7.5g。若不易溶解可稍加热，冷却后移入 1000mL 的容量瓶中。另取纯结晶 $CuSO_4$ 4.5g，溶于 200mL 蒸馏水中，溶后再将此溶液倾入上述容量瓶内，加蒸馏水定容至 1000mL，混匀，贮存于棕色瓶中保存）；磷钼酸试剂〔取钼酸 70g，钨酸钠 10g，溶于 10％ NaOH 溶液 400mL 中，再加蒸馏水 400mL，加热煮沸 $30\sim40min$，除去钼酸中可能存在的 NH_3（直到无氨味为止）。冷却后，加 80％ H_3PO_4 250mL，加蒸馏水定容至 1000mL〕；0.25％苯甲酸溶液；葡萄糖应用标准溶液 $0.1mg \cdot mL^{-1}$（准确取葡萄糖贮存标准溶液 1.0mL，移入 100m 容量瓶中，加 0.25％苯甲酸溶液至刻度）。

【实训原理】

1. 无蛋白血滤液的制备

血液中所含的蛋白质常影响其他成分的测定，可以采用钨酸法除去蛋白质，制备无蛋白血滤液，供非蛋白氮、血糖、氨基酸、尿素等测定使用。

钨酸钠与硫酸混合生成钨酸。在 pH 值小于等电点的溶液中，钨酸与血液中的蛋白质分子的阳离子形成不溶性的蛋白盐沉淀，沉淀液过滤或离心，上清液即为无色、透明、pH 值约为 6 的无蛋白滤液。

2. 血糖测定

葡萄糖是一种多羟基的醛类化合物，具有还原性，与碱性铜试剂混合加热，葡萄糖分子中的醛基被氧化成羧基，而铜试剂中的二价铜被还原成砖红色的氧化亚铜沉淀。氧化亚铜可使磷钼酸还原成钼蓝，使溶液成蓝色。其生成蓝色的深度与血滤液中葡萄糖浓度成正比。通过分光光度计比色，即可求出血糖的含量。

【实训内容及操作步骤】

1. 无蛋白血滤液的制备

吸取充分混匀的抗凝血 1mL，擦净管外血液，缓慢放入锥形瓶或大试管中。加入蒸馏水 7mL，混匀，使完全溶血。加入 $0.33mol \cdot L^{-1}$ 硫酸溶液 1mL，边加边摇，充分混匀。此时血液由鲜红色变成棕色，静置 5～10min，使其酸化完全。加入 10％钨酸钠溶液 1mL，边加边摇。当摇到不再产生泡沫为止，说明蛋白质已经完全变性沉淀。放置 5～10min，过滤或离心除去沉淀，即得无蛋白滤液（每毫升相当于 1/10 全血）。

2. 血糖测定

取 3 支血糖管，按下表操作：

血糖管 试剂/mL	空白管	标准管	测定管
无蛋白血滤液	—	—	1.0
蒸馏水	2.0	1.0	1.0
葡萄糖应用标准溶液	—	1.0	—
碱性铜试剂	2.0	2.0	2.0
混匀,同时放入 100℃沸水浴中煮 8min,取出置冷水中冷却 3min(切勿摇动血糖管)			
磷钼酸试剂	2.0	2.0	2.0
混匀后放置 2min(使二氧化碳气体逸出)			
蒸馏水加至	25	25	25

用蒸馏水加至 25mL 刻度处后，混匀，空白管调零，在波长 420nm 处比色，记录各管光密度。计算求出每 100mL 血液中葡萄糖的质量（mg）。

计算公式：

样品中的血糖(mg/100mL)＝(测定管光密度/标准管光密度)×0.1×100/0.1

＝(测定管光密度/标准管光密度)×100

【注意事项】

一定要等水沸后，再放血糖管。准确加热 8min，时间过久则呈色较深，反之较浅，均影响结果的准确性。为避免还原生成的亚铜被空气中的氧再氧化，冷却时切勿摇动血糖管。

实训十七　蛋白质含量的测定（双缩脲法）

【实训目的】

学习双缩脲法测定蛋白质的原理和方法。

【实训仪器】

试管及试管架；恒温水浴锅；分光光度计。

【实训药品】

双缩脲试剂［将 1.5g 硫酸铜（$CuSO_4 \cdot 5H_2O$）和 6.0g 酒石酸钾钠溶于 500mL 蒸馏水中，在搅拌下加入 300mL 10％ NaOH 溶液，用水稀释到 1000mL］；0.9％ NaCl 溶液。

标准蛋白溶液：5mg·mL^{-1}牛血清白蛋白溶液或相同浓度的酪蛋白溶液（准确称取一定量已定氮的酪蛋白或试剂级冻干牛血清白蛋白，用 0.05mol·L^{-1} NaOH 溶液配制）。

待测蛋白质溶液：动物血清（稀释 10 倍）。

【实验原理】　具有两个或两个以上肽键（—CONH—）的物质，在碱性溶液中与铜离子反应，形成紫红色络合物，称双缩脲反应。由于蛋白质含有肽键，也能发生双缩脲反应，颜色深浅与蛋白质浓度成正比，故可以用来测定蛋白质的浓度。

【实训内容及操作步骤】

取 3 支试管，按下表操作：

试剂/mL \ 试管	空白管	标准管	测定管
血清	0	0	1.0
标准蛋白溶液	0	1.0	0
蒸馏水	2.0	1.0	1.0
双缩脲试剂	4.0	4.0	4.0

充分混匀后，置于 37℃ 水浴，20min 后用分光光度计于 540nm 波长处比色，以空白管调零，测得各管光密度。

计算公式：

血清总蛋白质(g/100mL)＝(测定管光密度/标准管光密度)×0.005×100/0.1

＝(测定管光密度/标准管光密度)×5

附　　录

附录一　弱酸和弱碱的电离常数（18～25℃）

名称	化学式	电离常数 $K_a(K_b)$	pK_a (pK_b)	名称	化学式	电离常数 $K_a(K_b)$	pK_a (pK_b)
硼酸	H_3BO_3	$K_a=5.7\times10^{-10}$	9.24	酒石酸	$C_2H_4O_2(COOH)_2$	$K_{a1}=9.1\times10^{-4}$	3.04
氢氰酸	HCN	$K_a=6.2\times10^{-10}$	9.21			$K_{a2}=4.3\times10^{-5}$	4.37
碳酸	H_2CO_3	$K_{a1}=4.2\times10^{-7}$	6.38	柠檬酸	$C_3H_5O(COOH)_3$	$K_{a1}=7.4\times10^{-4}$	3.13
		$K_{a2}=5.6\times10^{-4}$	10.25			$K_{a2}=1.7\times10^{-5}$	4.76
铬酸	H_2CrO_4	$K_{a1}=1.8\times10^{-1}$	0.74			$K_{a3}=4.0\times10^{-7}$	6.40
		$K_{a2}=3.2\times10^{-7}$	6.49	苯酚	C_6H_5OH	$K_a=1.1\times10^{-10}$	9.95
氢氟酸	HF	$K_a=3.5\times10^{-4}$	3.46	苯甲酸	C_6H_5COOH	$K_a=6.2\times10^{-5}$	4.21
亚硝酸	HNO_2	$K_a=4.6\times10^{-4}$	3.37	邻苯二甲酸	$C_6H_4(COOH)_2$	$K_{a1}=1.1\times10^{-3}$	3.04
磷酸	H_3PO_4	$K_{a1}=7.6\times10^{-3}$	2.12			$K_{a2}=2.9\times10^{-6}$	4.37
		$K_{a2}=6.3\times10^{-8}$	7.20	乳酸	$CH_3CH(OH)COOH$	$K_a=1.4\times10^{-4}$	3.86
		$K_{a3}=4.4\times10^{-13}$	12.36	氨基乙酸	$NH_3^+CH_2COOH$	$K_{a1}=4.5\times10^{-3}$	2.35
氢硫酸	H_2S	$K_{a1}=1.3\times10^{-7}$	6.89			$K_{a2}=1.7\times10^{-10}$	9.78
		$K_{a2}=7.1\times10^{-15}$	14.15	水杨酸	$C_6H_4(OH)COOH$	$K_a=1.07\times10^{-3}$	2.97
亚硫酸	H_2SO_3	$K_{a1}=1.5\times10^{-2}$	1.82	甲酸	HCOOH	$K_a=1.8\times10^{-4}$	3.74
		$K_{a2}=1.0\times10^{-7}$	7.00	醋酸	CH_3COOH	$K_a=0.23$	4.47
硫酸	H_2SO_4	$K_{a2}=1.0\times10^{-2}$	1.99	草酸	$H_2C_2O_4$	$K_{a1}=5.9\times10^{-2}$	1.23
次溴酸	HBrO	$K_a=2.06\times10^{-9}$	8.69			$K_{a2}=6.4\times10^{-5}$	4.19
次氯酸	HClO	$K_a=2.95\times10^{-8}$	7.53	琥珀酸	$(CH_2COOH)_2$	$K_{a1}=6.4\times10^{-5}$	4.19
次碘酸	HIO	$K_a=2.30\times10^{-11}$	10.64			$K_{a2}=2.7\times10^{-6}$	5.57
碘酸	HIO_3	$K_a=1.90\times10^{-1}$	0.77	氨水	$NH_3\cdot H_2O$	$K_b=1.8\times10^{-5}$	4.74
高碘酸	HIO_4	$K_a=2.30\times10^{-2}$	1.64	羟胺	NH_2OH	$K_b=9.1\times10^{-9}$	8.04
亚磷酸	H_3PO_3	$K_{a1}=1.00\times10^{-2}$	2.00	苯胺	$C_6H_5NH_2$	$K_b=4.6\times10^{-10}$	9.34
		$K_{a2}=2.60\times10^{-7}$	6.59	氢氧化钙	$Ca(OH)_2$	$K_{b1}=3.74\times10^{-3}$	2.43

附录二　某些试剂溶液的配制方法

一、特种试剂的配制方法

试　　剂	配　制　方　法
甲基橙(0.1%)	溶解1g甲基橙于1L水中,并进行过滤
酚酞(0.1%)	溶解1g酚酞于90mL酒精与10mL水的混合液中
甲基红(0.1%)	溶解0.1g甲基红于60mL酒精中,加水稀释至100mL
铬黑T(0.5%)	铬黑T与固体无水Na_2SO_4或NaCl以1∶100比例混合,研磨均匀,放入干燥的棕色瓶中,保存于干燥器内
钙指示剂(1%)	钙指示剂与固体无水Na_2SO_4以2∶100比例混合,研磨均匀,放入干燥的棕色瓶中,保存于干燥器内

试 剂	配 制 方 法
钼酸铵试剂(5%)	5g $(NH_4)_2MoO_4$ 加 5mL 浓 HNO_3,加水至 100mL
铁铵矾(约 40%)	铁铵矾的饱和水溶液加浓硝酸至溶液变清
邻菲罗啉指示剂(0.25%)	0.25g 邻菲罗啉加几滴 6mol·L^{-1} H_2SO_4,溶于 100mL 水中
氯化亚锡(1mol·L^{-1})	23g $SnCl_2 \cdot 2H_2O$ 溶于 34mL 浓 HCl 溶液中,加水稀释至 100mL,临时进行配制
对氨基苯磺酸(0.4%浓度)	0.4g 试剂溶于 10mL 冰醋酸和 90mL 水中
卢卡斯试剂	溶解 34g 熔化过的无水氯化锌于 27g(约 23mL)浓盐酸(相对密度 1.18)中。配制时须不断搅拌并在冷水浴中冷却,以防氯化氢逸出
斐林试剂	斐林试剂分为 A 和 B 两部分,两种溶液分别贮藏,需在用时等量混合。A:20g 硫酸铜晶体($CuSO_4 \cdot 5H_2O$)溶于适量水中,配制成 500mL;B:100g 酒石酸钾钠晶体($KNaC_2H_4O_6 \cdot 4H_2O$)和 75g 氢氧化钠溶于水,配制成 500mL
班尼狄克试剂	取 400mL 烧杯一只,注入热水 100mL,加入 20g 柠檬酸钠和 11.5g 无水碳酸钠,使其溶解,然后在不断搅拌下,将含有 2g $CuSO_4 \cdot 5H_2O$ 的 20mL 水溶液慢慢加到烧杯中。此混合液应十分清澈,否则需过滤
2,4-二硝基苯肼试剂	取 2,4-二硝基苯肼 1g,溶于 7.5mL 浓硫酸,将此酸液加入到 75mL 95%乙醇中,用蒸馏水稀释到 250mL。必要时可过滤后使用
莫力许试剂	10% α-萘酚的酒精溶液,用时新配,久置能变质
塞利凡诺夫试剂	0.01g 间苯二酚溶于 10mL 水和 10mL 浓盐酸的混合液中
水合茚三酮试剂	溶解 0.1g 水合茚三酮于 50mL 水中即成。配制后应在两天内用毕,久置易变质

二、缓冲溶液的配制方法

pH 值	配 制 方 法
0	1mol·L^{-1} HCl 溶液(不能有 Cl^- 存在时,可用硝酸)
1	0.1mol·L^{-1} HCl 溶液
2	0.01mol·L^{-1} HCl 溶液
3.6	8g NaAc·$3H_2O$ 溶于适量水中,加 6mol·L^{-1} HAc 溶液 134mL,稀释至 500mL
4.0	60mL 冰醋酸和 16g 无水醋酸钠溶于 100mL 水中,稀释至 500mL
4.5	30mL 冰醋酸和 30g 无水醋酸钠溶于 100mL 水中,稀释至 500mL
5.0	30mL 冰醋酸和 60g 无水醋酸钠溶于 100mL 水中,稀释至 500mL
5.4	40g 六亚甲基四胺溶于 90mL 水中,加入 20mL 6mol·L^{-1} HCl 溶液
5.7	100g NaAc·$3H_2O$ 溶于适量的水中,加 6mol·L^{-1} HAc 溶液 13mL,稀释至 500mL
7.0	77g NH_4Ac 溶于适量水中,稀释至 500mL
7.5	66g NH_4Cl 溶于适量水中,加浓氨水 1.4mL,稀释至 500mL
8.0	50g NH_4Cl 溶于适量水中,加浓氨水 3.5mL,稀释至 500mL
8.5	40g NH_4Cl 溶于适量水中,加浓氨水 8.8mL,稀释至 500mL
9.0	35g NH_4Cl 溶于适量水中,加浓氨水 24mL,稀释至 500mL
9.5	30g NH_4Cl 溶于适量水中,加浓氨水 65mL,稀释至 500mL
10.0	27g NH_4Cl 溶于适量水中,加浓氨水 175mL,稀释至 500mL
11.0	3g NH_4Cl 溶于适量水中,加浓氨水 207mL,稀释至 500mL
12.0	0.01mol·L^{-1} NaOH 溶液(不能有 Na^+ 存在时,可用 KOH 溶液)
13.0	0.1mol·L^{-1} NaOH 溶液

附录三　常用酸碱溶液的相对密度和浓度表

相对密度 (15℃)	酸/mol·L⁻¹			相对密度 (15℃)	酸/mol·L⁻¹		
	HCl	HNO₃	H₂SO₄		HCl	HNO₃	H₂SO₄
1.02	1.15	0.6	0.3	1.55	—	—	10.2
1.04	2.3	1.2	0.6	1.60	—	—	11.2
1.05	2.9	1.5	0.8	1.65	—	—	12.3
1.06	3.5	1.8	0.9	0.88	18.0	—	—
1.08	4.8	2.4	1.3	0.90	15	—	—
1.10	6.0	3.0	1.6	0.91	13.4	—	—
1.12	7.3	3.6	2.0	0.92	11.8	—	—
1.14	8.7	4.2	2.3	0.94	8.6	—	—
1.15	9.3	4.5	2.5	0.96	5.6	—	—
1.19	12.2	5.8	3.2	0.98	2.8	—	—
1.20	—	6.2	3.4	1.05	—	1.25	1.0
1.25	—	7.9	4.3	1.10	—	2.5	2.1
1.30	—	9.8	5.2	1.15	—	3.9	3.3
1.35	—	12.0	6.2	1.20	—	5.4	4.5
1.40	—	14.5	7.2	1.25	—	7.0	5.8
1.42	—	15.7	7.6	1.30	—	2.8	7.2
1.45	—	—	8.2	1.35	—	10.7	8.5
1.50	—	—	9.2				

参 考 文 献

[1] 张坐省. 有机化学. 第 2 版. 北京：中国农业出版社，2006.

[2] 许新，刘斌. 有机化学. 北京：高等教育出版社，2006.

[3] 王伊强，张永忠. 基础化学实验. 北京：中国农业出版社，2001.

[4] 张金桐，叶非. 实验化学. 北京：中国农业出版社，2004.

[5] 余庆皋. 医用化学与生物化学. 长沙：中南大学出版社，2006.

[6] 张龙，张凤. 有机化学. 北京：中国农业大学出版社，2006.

[7] 石海平. 基础化学. 郑州：郑州大学出版社，2007.

[8] 彭翠珍. 农业基础化学. 北京：北京师范大学出版社，2007.

[9] 徐英岚等. 无机与分析化学. 北京：中国农业出版社，2006.

[10] 彭崇慧等. 配位滴定原理. 北京：北京大学出版社，1997.

[11] 顾明华. 无机物定量分析基础. 北京：化学工业出版社，2002.

[12] 彭崇慧等. 定量化学分析简明教程. 北京：北京大学出版社，1997.

[13] 吉林大学化学系分析化学教研室. 分析化学实验. 长春：吉林大学出版社，1992.

[14] 黄杉生. 分析化学习题集. 北京：科学出版社，2008.

[15] 赵士铎. 定量分析简明教程. 北京：中国农业出版社，2003.

[16] 林树昌，胡乃非，曾永淮. 分析化学. 北京：高等教育出版社，2004.

[17] 徐宝荣，王芬. 分析化学. 北京：中国农业出版社，2003.

[18] 高职高专化学教材编写组. 分析化学. 北京：高等教育出版社，2003.

[19] 薛华等. 分析化学. 北京：清华大学出版社，1998.

[20] 谢天俊. 简明定量分析化学. 广州：华南理工大学出版社，2003.

[21] 张成路，刘俊渤，沈勇. 分析化学实验技术. 哈尔滨：哈尔滨工程大学出版社，1999.

[22] 李秉超，孙世清，栾树学. 普通化学. 长春：吉林科学技术出版社，1999.

[23] 齐齐哈尔轻工学院等. 光化学分析法. 重庆：重庆大学出版社，1990.

[24] 刘斌. 无机及分析化学. 北京：高等教育出版社，2006.

[25] 沈同等. 生物化学. 第 2 版. 北京：高等教育出版社，1998.

[26] 张曼夫. 生物化学. 北京：中国农业大学出版社，2002.

[27] 张楚富. 生物化学原理. 北京：高等教育出版社，2004.

[28] 周顺伍. 动物生物化学. 北京：中国农业出版社，2001.

[29] 夏未铭. 动物生物化学. 北京：中国农业出版社，2006.

[30] 刘约权，李贵深. 实验化学. 北京：高等教育出版社，2002.

[31] 王秀奇，秦淑媛等. 基础生物化学实验. 北京：高等教育出版社，2004.

[32] 周顺伍. 动物生物化学实验指导. 第 2 版. 北京：中国农业出版社，2001.

[33] 曹凤云，潘亚芬，卢建国. 生物化学. 北京：化学工业出版社，2008.

[34] 王镜岩，朱胜庚，徐长法. 生物化学. 北京：高等教育出版社，2002.

[35] 查锡良，周春燕. 生物化学. 北京：人民卫生出版社，2008.

[36] 陈守良. 动物生理学. 北京：北京大学出版社，2005.

[37] 陆旋，张星海. 基础化学实验指导. 北京：化学工业出版社，2007.

[38] 张星海. 基础化学. 北京：化学工业出版社，2007.

[39] 李靖靖，李伟华. 有机化学. 北京：化学工业出版社，2008.

[40] 符明淳，王花丽. 分析化学. 北京：化学工业出版社，2008.

[41] 赵晓华. 无机及分析化学. 北京：化学工业出版社，2008.

[42] 周晓莉. 无机化学. 北京：化学工业出版社，2009.

[43] 关小变，张桂臣. 基础化学. 北京：化学工业出版社，2009.

[44] 孙成. 无机及分析化学. 北京：化学工业出版社，2009.

[45] 王和才. 无机及分析化学实验. 北京：化学工业出版社，2009.